DANS LA TÊTE D'UN CHIEN

Gregory Berns

DANS LA TÊTE D'UN CHIEN

Les dernières découvertes sur le cerveau animal

Traduit de l'anglais (États-Unis)
par René Cuillierier

Alpha ▪ Sciences

1re édition anglaise publiée par Basic Books sous le titre
What It's Like To Be A Dog.
Édition française publiée avec l'accord de Basic Books,
une marque de Perseus Books, LLC, filiale de Hachette Book Group, Inc,
New York, New York, USA.

ISBN 978-2-3838-8034-9
Dépôt légal – 1re édition, humenSciences : 2019, mai
1re édition, Alpha : 2022, janvier

170 bis, boulevard du Montparnasse 75014 Paris

SOMMAIRE

Pour Callie

« Ton chien est un philosophe qui juge en vertu de ce qu'il connaît ou ne connaît pas. Et la philosophie, qu'elle soit en l'homme ou dans la bête, est parente de la gentillesse. »

SOCRATE (Platon, *La République*)

INTRODUCTION

Avant la mort de Ben Laden, j'accordais peu d'attention à l'esprit des animaux.

Ce n'est pas Ben Laden, mais Cairo, le chien de la mission, qui m'a captivé. Cairo était un chien militaire, capable de prouesses incroyables. Son calme dans le chaos et le fracas de l'action m'inspira une idée si évidente que, rétrospectivement, il semble étrange que personne ne l'ait eue avant : si on peut apprendre à un chien à sauter d'un hélico en plein vol, on doit pouvoir le faire entrer dans un scanner IRM. Pourquoi ? Pour découvrir à quoi il pense, bien sûr !

Par le plus grand des hasards, c'était le moment idéal. Je venais de passer trente ans à faire de la science, d'abord en étudiant la bio-ingénierie, puis la médecine, avant de me spécialiser dans l'usage de l'IRM pour visualiser les mécanismes de la décision dans le cerveau humain. Mon chien préféré – un carlin appelé Newton – venait de mourir l'année précédente et, quelque part dans mon esprit, la question du sens des liens qui relient les humains et les chiens n'arrêtait pas de tourner en tâche de fond. Newton m'avait-il aimé de la même façon que je l'avais aimé, moi ? Tout cela n'avait-il été qu'un simulacre, une comédie de bon aloi que jouent les chiens en échange du gîte et du couvert ?

Après Newton, notre famille avait adopté un mince terrier noir, une chienne que nous avions baptisée Callie. Son comportement était aussi opposé à celui du carlin que son apparence. Peu sûre d'elle et nerveuse, elle avait tendance à intimider l'autre chien de la maison, un golden retriever débonnaire incapable de lui opposer la moindre résistance. Mais, en plus de sa fougue, Callie possédait un trait que je n'avais jamais observé chez mes autres chiens : la curiosité. Les tours habituels qu'on apprend aux chiens n'étaient pour elle qu'un jeu d'enfant, et Callie découvrit bien vite par elle-même plein de choses intéressantes sur la vie dans un foyer humain. Des astuces bien pratiques, comme le fonctionnement des poignées de porte, par exemple. Pas besoin d'attendre les humains pour entrer dans le garde-manger ! Callie comprit toute seule qu'en se mettant debout sur ses pattes arrière elle pouvait se servir de ses pattes avant pour appuyer sur la poignée et pousser la porte. Elle le faisait avec une telle aisance qu'on aurait dit un singe capucin pourvu de pouces opposables. Cette compétence fut hélas chèrement payée puisqu'elle la conduisit finalement aux urgences, l'estomac rempli de Dieu sait quoi.

Il fallait occuper Callie. Pourquoi ne pas mettre ses capacités au service d'un projet plus productif que l'art et la manière de chaparder sa pitance ? L'entraîner à entrer dans un scanner IRM afin que je me fasse une idée de ce qu'elle pensait vraiment, par exemple.

Je me suis tourné vers Mark Spivak, qui dirigeait une entreprise de dressage canin près de chez moi : Comprehensive Pet Therapy. Mark se montra à la hauteur du défi et nous commençâmes à envisager ensemble tous les petits détails nécessaires pour que Callie se tienne tranquille à l'intérieur d'une machine IRM, assez longtemps pour qu'on puisse observer le fonctionnement de son cerveau. Il était hors de question de l'endormir, pour deux raisons. D'abord, elle devait être complètement éveillée si nous voulions observer comment son cerveau traitait les informations olfactives ou auditives par exemple, et surtout la communication avec son maître, à savoir moi. Ensuite, nous voulions la traiter de la même façon que les humains qui participent à une étude IRM : il fallait qu'elle puisse quitter le scanner quand elle le voulait. Tout comme un être humain, notre sujet canin serait volontaire. Cela signifiait qu'on ne pouvait utiliser ni contraintes ni entraves.

Je construisis un simulateur d'IRM que j'installai dans notre salon. Nous avons bricolé des imitations de la « bobine crânienne », qui capte les signaux du cerveau, puis Mark et moi apprîmes bien vite à Callie à s'y faufiler. Nous avons essentiellement procédé par la méthode essais-erreurs et nous avons buté sur pas mal d'obstacles en chemin, mais cette partie s'est révélée moins difficile que nous ne l'avions imaginée. En l'espace de quelques mois, Callie sauta allègrement les classes. Elle passa du statut de chien abandonné dans un refuge animalier à celui de premier chien complètement éveillé et sans entraves à voir son cerveau volontairement scanné.

Encouragés par notre succès, nous sollicitâmes la communauté cynophile de la région pour qu'elle se joigne à ce projet novateur de recherche sur les rouages de l'esprit canin. À ma grande surprise, nous n'avons pas manqué de candidats. Tant et si bien que Mark et moi dûmes inventer un protocole pour identifier les chiens les plus susceptibles de réussir l'entraînement IRM. Moins d'un an après le premier scan de Callie, l'équipe s'était élargie à une vingtaine de chiens. Pour faire de la place à tous ces animaux et à tous ces gens, nos exercices d'IRM se partageaient chaque dimanche après-midi entre l' « Équipe-A » et la « Compagnie Bravo »*.

Nous commençâmes par des expériences très simples destinées à observer la réponse des cerveaux canins aux signaux de la main qu'ils associent à l'offre d'une friandise. Chez les humains, on sait déjà qu'une structure importante du cerveau, le noyau caudé, s'active quand on anticipe la présence de ce qui nous procure du plaisir comme de la nourriture, de l'argent ou de la musique. Par conséquent, lorsque nous découvrîmes que le noyau caudé du chien réagissait de façon similaire à ces signes de la main, nous comprîmes que nous étions sur la bonne piste[1]. Les chiens acceptèrent tout cela sans sourciller, comme un autre de ces jeux qu'on peut faire avec son maître. Leurs cerveaux réagirent comme celui d'êtres humains face à une expérience agréable.

Tandis que les chiens s'habituaient à l'IRM, nous pûmes concevoir des tâches de plus en plus complexes. Quand nous leur présentions des odeurs de gens ou d'autres animaux, nous observâmes que les circuits de la récompense ne s'activaient dans les cerveaux des chiens qu'en présence de l'odeur des personnes de leur foyer, et non de celles d'autres chiens. Puisque la nourriture n'était pas directement liée à ces odeurs, c'était là un premier indice concret : il se pourrait bien que les chiens éprouvent quelque chose comme de l'amour envers leurs maîtres.

Le Projet chien me prit bientôt tout mon temps, éclipsant le travail sur les humains au laboratoire. Comme ces

---

* Les téléspectateurs français connaissent l'Équipe A, « the A-team », sous le nom d'*Agence tous risques* (tah-tah-tan !). La Compagnie B (Bravo) est une unité d'infanterie américaine de la guerre du Viêt Nam rendue célèbre par les Mémoires de son capitaine, Robert Hemphill, qui ont inspiré le film *Platoon*. (N.D.T.)

travaux pouvaient potentiellement améliorer l'entraînement des chiens militaires, le Bureau de recherche naval proposa de le subventionner, ce qui nous permit d'augmenter le nombre de sujets canins et la complexité des tâches qu'ils réalisaient dans l'IRM. Non seulement c'était amusant, mais je me persuadais que nous étions sur le point de pénétrer dans l'esprit de nos meilleurs amis.

Plus j'en apprenais sur le cerveau canin, plus j'étais convaincu que nous avions beaucoup de points communs au niveau le plus fondamental. On retrouvait les mêmes structures de base associées aux émotions chez l'homme et chez le chien. Mais cela soulevait une question plus profonde qui allait au-delà de la similarité des émotions. Une question que je m'étais efforcé d'éviter jusque-là.

Je dus pourtant l'affronter à l'occasion d'une conférence végane. Ne l'étant pas moi-même, j'avais hésité à accepter l'invitation. Les organisateurs m'avaient assuré que seul les intéressait d'entendre ce que nous étions en train d'apprendre sur l'esprit canin. Les pratiques alimentaires personnelles ne seraient pas abordées. C'était peut-être prévu ainsi, mais ce n'est pas ce qui s'est passé. Après ma présentation du Projet chien, un autre orateur m'accusa d'être « spéciste » parce que j'accordais un statut spécial aux chiens au point de les nourrir avec de la chair hachée d'autres animaux (à savoir des hot-dogs). Ce fut un moment désagréable et je me sentis dupé par les organisateurs de la conférence.

Étais-je spéciste ? Probablement.

Est-ce que c'était mal ? Je ne savais pas.

Au bout de quatre ans passés sur le projet, il était devenu évident que notre travail soulevait une question plus générale : si nous avons des preuves que les chiens éprouvent des émotions similaires à celles des humains, qu'en est-il des autres animaux ?

Les gens commencèrent à me demander si on pouvait apprendre aux chats à entrer dans un scanner IRM, et même, en quelques occasions, si c'était possible pour les cochons. Je savais que c'était improbable. De plus, scanner des animaux endormis n'était ni éthique ni très utile pour étudier leurs capacités cognitives. J'étais dans une impasse : la possibilité d'étudier d'autres animaux semblait relever du fantasme.

Le tournant se produisit lorsque Peter Cook rejoignit notre labo. Peter arrivait de Santa Cruz en Californie, où il avait fait sa thèse sur la mémoire des otaries. Il voulait passionnément comprendre le fonctionnement des esprits animaux, en particulier dans leur milieu naturel. Il se trouve que les otaries californiennes s'échouaient à l'époque en grand nombre sur les côtes. Certaines pouvaient être sauvées, mais d'autres souffraient de crises épileptiques et devaient être euthanasiées. Peter s'est arrangé pour que nous puissions mettre la main sur leurs cerveaux. Je n'avais jamais imaginé que je scannerais des cerveaux morts. J'ai pourtant été surpris par ce que nous avons appris post mortem sur les animaux auxquels ils appartenaient. Il était réconfortant de savoir que, même dans la mort, ces êtres pouvaient encore nous dire quelque chose des mondes intérieurs qu'ils avaient habités. Les otaries ne furent que le commencement. En utilisant de nouvelles techniques IRM, nous avons repoussé les limites de ce que nous pouvions numériser. Nous avons eu accès à d'autres animaux. Des spécimens rangés dans les étagères de musée. Et même des cerveaux d'animaux que l'on croyait éteints.

Qu'est-ce qui, dans un cerveau humain, fait de nous des humains ? Qu'est-ce qui dans le cerveau des chiens fait d'eux des chiens ? Pendant des siècles, les anatomistes se sont focalisés sur la taille. Un plus gros cerveau signifiait un plus gros stock de neurones, l'hypothèse était donc que plus c'est gros, mieux c'est. On s'était dit que ce principe s'appliquait au cerveau dans son ensemble, raison pour laquelle on associait les cerveaux plus grands à une plus grande intelligence. On l'avait également appliqué à chaque partie du cerveau et on en déduisait que la taille de telle ou telle structure spécifique indiquait l'importance de sa fonction chez l'animal. Ce n'était pas faux. Les chiens ont un gros bulbe olfactif, qui indique effectivement l'importance de l'odorat dans le monde canin.

Mais la taille n'explique pas à elle seule le fonctionnement du cerveau. Ce qui compte vraiment, c'est la manière dont les différentes parties se connectent les unes aux autres. Telle est la nouvelle science de la connectomique. Les progrès récents de l'imagerie IRM nous ont permis d'examiner dans les moindres détails le schéma de câblage du cerveau humain. Le meilleur espoir de découvertes sur l'esprit des animaux serait d'analyser de la même manière ces connexions et la façon dont elles coordonnent les différentes activités du cerveau. Après tout, c'est là que se forgent les expériences intérieures, y compris les émotions.

Pour un neurobiologiste, c'était une période passionnante. Le Projet chien n'en était qu'à ses débuts. Plus j'en apprenais sur le cerveau canin, plus il me tardait d'apprendre davantage sur d'autres animaux. Si nous connaissions mieux leurs expériences intérieures, il serait plus facile de communiquer avec eux. Et si un chien pouvait nous dire exactement ce qu'il ressent ? Que dirait un cochon à propos des abattoirs ? Qu'est-ce qu'une baleine pense du vacarme que produisent nos navires et nos sous-marins dans les océans ? Ces recherches nous révéleraient inévitablement la richesse insoupçonnée des mondes intérieurs animaux. Mais pas uniquement : elles nous obligeraient à repenser la façon dont nous les traitons.

Ceci est un livre sur les cerveaux animaux et sur les esprits qu'ils produisent. Classiquement, de telles recherches relèvent de la neurobiologie comparée. Toutes les structures neuronales sont comparables à un certain niveau, mais peu de chercheurs approfondissent cette question en se demandant pourquoi tel cerveau a telle apparence et comment cela reflète les expériences mentales qu'il a eues de son vivant. Ce sont des questions difficiles. Elles touchent directement à ce qui fait de nous des êtres humains et soulèvent des interrogations dérangeantes sur notre similarité avec les autres créatures qui peuplent notre planète.

Le livre respecte à peu près l'ordre par lequel je suis passé, des humains aux chiens et, de là, à d'autres animaux, mais c'est la similitude entre tous ces cerveaux qui constitue le fil rouge de ces aventures. À maintes reprises, j'ai observé dans les cerveaux animaux des structures qui semblaient organisées de la même manière que dans les nôtres. De plus, il apparaissait souvent qu'elles fonctionnaient de façon identique.

La relation entre une structure cérébrale et sa fonction cognitive est complexe, et dépend souvent de sa coordination avec plusieurs autres régions. Jusqu'à récemment, il n'était pas possible de décrire en détail l'interconnexion du cerveau, mais cela a changé. Les progrès de la neuroimagerie et des logiciels d'analyse des réseaux cérébraux ont permis de mieux comprendre le fonctionnement du cerveau humain. Il n'y a pas de raison pour que les mêmes outils ne puissent être appliqués aux cerveaux animaux.

Ces techniques suggèrent un moyen d'approcher leurs expériences subjectives. Si nous observons dans le cerveau d'un animal une relation structure-fonction similaire à ce que l'on trouve dans notre propre cerveau, alors il est probable que l'animal vive une expérience subjective similaire à la nôtre. Je pense que c'est la voie à suivre si nous voulons comprendre ce que cela fait d'être un chien, un chat ou n'importe quelle autre bête.

Les chiens figurent en bonne place dans plusieurs chapitres. Ils sont familiers à tous les lecteurs et, selon moi, ce sont aussi les meilleurs partenaires de recherche imaginables. Je me suis également aventuré dans l'océan afin de découvrir à quoi ressemble l'esprit de nos cousins les mammifères marins. Vous trouverez plusieurs chapitres les concernant, qu'il s'agisse des otaries, des phoques ou des animaux les plus mystérieux de la planète, les dauphins. Leur intelligence et leur sociabilité intriguent le public comme les scientifiques depuis toujours, mais ils sont longtemps restés impénétrables. Désormais, les nouvelles techniques d'imagerie révèlent le câblage de leur cerveau et laissent entrevoir le point de vue sous-marin qu'ils ont sur la vie. Nous pourrions bientôt être en mesure de communiquer les uns avec les autres.

Et puis il y a le tigre de Tasmanie, de son nom officiel le « thylacine ». Le tigre « Tassie » était un marsupial carnivore qui ressemblait étrangement à un petit loup. On pense qu'il s'est éteint en 1936, lorsque le dernier spécimen mourut dans le zoo de Hobart en Australie, bien qu'on rapporte encore des observations de cette mystérieuse créature de nos jours. J'ai longtemps cherché des cerveaux de thylacine intacts pour me faire une idée de leur vie intérieure jusqu'à ce que j'en repère finalement un bien préservé – l'un des quatre seuls existants au monde – dans les coffres de la

Smithsonian Institution. J'ai eu la permission de le scanner avec les nouveaux outils IRM. C'était le début d'une odyssée qui m'emmenerait en Australie à la recherche du plus proche parent vivant du thylacine, j'ai nommé le diable de Tasmanie.

Le livre se termine comme il commence, avec des chiens. Bien que j'admette être un incorrigible spéciste, j'ai fini par considérer les chiens non seulement comme les meilleurs amis de l'homme, mais aussi comme les ambassadeurs du monde animal. Ils ont encore assez de loup en eux pour nous apprendre quelque chose sur ce que c'est que d'être un animal sauvage. Le défi, c'est de trouver le moyen de communiquer. Je crois que la réponse se trouve dans leur cerveau. Les derniers chapitres traitent des limites canines quant à la compréhension du langage humain et de ce que cela implique pour les droits des chiens, et de tous les animaux.

CHAPITRE 1

QU'EST-CE QUE ÇA FAIT D'ÊTRE UN CHIEN ?

Au début du printemps 2014, des bénévoles dévoués avaient persuadé leurs chiens d'entrer dans un simulateur de scanner IRM.

Tandis qu'il attendait son tour, un gros chien jaune du nom de Zen s'est approché de moi pour faire copain-copain, baissant la tête, levant l'arrière-train, remuant la queue pour réclamer que je joue avec lui. J'ai accédé à sa demande et nous avons commencé à chahuter gentiment. Après quelques minutes, Zen en a eu assez ; il portait bien son nom. Il posa son derrière sur le sol et, sans hâte, laissa glisser ses pattes antérieures devant lui. Puis il me fixa, aussi paisible et impénétrable que le Sphinx.

Je me suis demandé ce que cela faisait d'être Zen.

Zen était un croisement de labrador et de golden retriever, et c'était un vétéran du Projet chien. Lorsqu'il était encore chiot, il avait été sélectionné pour devenir chien d'utilité, mais à l'adolescence il s'était montré trop distrait pour cette tâche. Il fut libéré du programme et adopté par son éleveur. Traditionnellement, les chiens d'une même année portent des noms commençant par la même lettre. Il se trouve que Zen était né une année en Z. La personne qui l'avait baptisé ne pouvait pas se douter de sa personnalité future. Peut-être les chiens finissent-ils par ressembler à leur nom ? Je crois plutôt ici à la coïncidence karmique.

Zen. (Gregory Berns)

La salle d'exercice était occupée par un groupe disparate de chiens et d'humains. Zen et ses copains les chiens d'utilité recalés formaient une vague meute dans un coin de la pièce. Parmi eux, il y avait Pearl, une golden retriever petite et énergique qui s'était, comme lui, révélée trop distraite. Il y avait aussi Eddie, diminutif d'Edmond, un autre croisement de labrador et de golden qui aurait pu être le frère jumeau de Zen. Il avait été libéré de ses obligations pour cause de prédisposition à la dysplasie de la hanche. Ohana, un pur golden retriever, était légèrement moins agité que

Pearl. Quant à Kady, doux croisement de retriever et de labrador, elle avait échoué parce qu'elle était trop timide. Et puis il y avait Big Jack, un flegmatique golden retriever de quarante-cinq kilos qui commençait à faire son âge et n'était jamais aussi heureux que lorsqu'on lui assurait un stock confortable de hot-dogs.

De l'autre côté de la pièce, Peter Cook, un postdoctorant de Santa Cruz spécialiste des otaries, supervisait un second groupe moins socialisé que les retrievers. Ces chiens fougueux étaient dirigés par Libby, pit croisé marron à la queue raide qui se tenait pour l'heure aussi immobile qu'une statue, le museau dans la mentonnière conçue pour aider les chiens à garder la tête en position pendant le scan. Sa propriétaire, Claire Pearce, l'avait trouvée errant au bord d'une route en Californie. Libby était assez socialisée pour fréquenter les humains grâce à Claire qui était une dresseuse expérimentée. Mais côtoyer d'autres chiens, c'était une autre histoire. Leur simple présence suffisait à la lancer dans un accès d'aboiements furieux. Claire s'était attribué un coin de la pièce où elle pouvait contrôler Libby afin qu'elle ne dérange pas les autres chiens.

Au sein du Projet chien, beaucoup d'humains n'aimaient pas Libby. Moi, je l'adorais. Elle me rappelait Callie, le terrier noir croisé que ma femme avait introduit dans la société humaine. Callie était distante sur le plan émotionnel. Elle était inquiète et avait tendance à pratiquer l'intimidation. Mais elle adorait travailler. C'était elle qui, la première, s'était entraînée à passer une IRM. Les liens que nous avions forgés à cette occasion valaient tous ceux que j'ai pu avoir avec un chien.

Zen et sa bande de retrievers étaient d'excellents chiens : les animaux que tous les enfants rêvent d'avoir. Libby et Callie étaient légèrement moins domestiquées, plus

Libby. (Gregory Berns)

sauvages. Elles semblaient sorties droit de la dernière glaciation, à l'époque où nos ancêtres préhistoriques se sont liés aux loups et en ont fait des chiens. Vivre avec des chiens comme Libby ou Callie, c'était accepter une certaine dose d'imprévu. Personne ne pouvait dire si ces différences de personnalité découlaient de la génétique, de leur éducation à la sociabilité ou des différences dans le fonctionnement de leurs cerveaux. Moi, je voulais découvrir ce qui dans le cerveau de Zen faisait qu'il était Zen, ce qui le différenciait de Libby et des autres chiens.

Cela n'a pas été sans son lot de controverses. Beaucoup d'universitaires rejetaient catégoriquement l'idée que nous puissions connaître l'esprit d'un animal même à l'aide des techniques modernes. Le fond du problème est présenté dans un essai très influent rédigé en 1974 par le philosophe Thomas Nagel et intitulé *Qu'est-ce que cela fait d'être une chauve-souris ?*[1]. Les neurosciences, déclarait Nagel, ne rendraient jamais compte de l'expérience subjective qui consiste à avoir des pensées ou à éprouver des sentiments. Savoir exactement comment fonctionne leur cerveau ne nous rapprocherait pas d'un iota de ce que c'est que d'être une chauve-souris. Les chauves-souris, disait-il, sont trop différentes des êtres humains. Prenez leur sonar, par exemple. Comme nous, les humains, n'avons pas cette faculté, nous ne pourrons jamais imaginer ce que c'est que de palper son environnement à l'aide d'un sonar. Quant au fait de voler, n'en parlons même pas ! Selon Nagel, rien dans le cerveau de la chauve-souris ne pourrait nous donner la sensation de voler.

L'essai de Nagel se dresse au-dessus de l'interprétation des données neuroscientifiques telle la statue du Commandeur. Les neurosciences traitent des propriétés mesurables du cerveau, mais les expériences subjectives ne sont pas aussi facilement quantifiables. Aucun instrument ne mesure la sensation que provoque le parfum d'une rose ou ce qu'un chien ressent lorsque son maître rentre chez lui. Et plus nous essayons de cerner les qualités objectives de ces émotions, plus nous nous éloignons de l'expérience subjective unique qu'elles représentent. Faute de pouvoir quantifier une expérience subjective, on ne pourrait donc pas l'étudier dans le cadre des neurosciences. Selon Nagel, nous aurions beau démonter les cerveaux pièce par pièce, en l'absence de lien entre le subjectif et l'objectif, le ressenti de l'animal nous demeurerait inconnu. L'argument s'applique aussi aux humains. De quelque façon qu'on s'y prenne, il est impossible de savoir exactement ce que c'est que d'être quelqu'un d'autre. Selon cette logique, regarder dans son cerveau ne nous apporte rien.

Ces deux exemples, le vol et l'écholocalisation, semblent au premier abord effectivement très éloignés de l'expérience humaine. Pourtant, de nos jours, les amateurs de sensations fortes enfilent régulièrement des *wingsuits*, sortes de combinaisons ailées grâce auxquelles ils planent au-dessus des vallées alpines. On dirait des chauves-souris humaines. Ces gens qui osent faire l'expérience du vol peuvent nous décrire la sensation du vol. L'argument sur l'écholocalisation tombe lui aussi un peu à plat. Nous avons tous la capacité rudimentaire de sonder une pièce grâce à ses propriétés acoustiques. Le simple fait de parler dans une salle de bains, une salle de danse ou un auditorium de concert nous permet de nous faire une idée de sa taille et de la nature des murs.

Lorsque nous nous demandons ce que signifie être une chauve-souris ou un chien, nous nous interrogeons sur l'expérience interne, intime, de l'animal. Appelez ça un état mental. Le problème est de relier l'interne à l'externe. Nagel jugeait impossible de savoir ce que c'est que d'être une chauve-souris (ou même une autre personne), parce que l'expérience subjective est un point de vue essentiellement interne – ce qu'un individu ressent – et que cela diffère fondamentalement de la façon dont il pourrait décrire ses sentiments ou de ce qu'un tiers pourrait observer. Décrire ses sentiments intimes est un moyen de les partager, mais, comme Nagel le faisait remarquer, ce n'est pas la même chose que de les ressentir directement.

Pourtant, ce n'est pas parce qu'il est impossible d'être un autre que nous ne pouvons pas nous mettre à sa place[2]. Le langage joue ici un rôle important, car il nous permet de communiquer et de décrire tout un tas de choses. Mais il n'est peut-être pas aussi crucial qu'il y paraît. La principale raison pour laquelle nous nous comprenons, c'est que tous les humains partagent les mêmes attributs physiques et habitent des environnements comparables. Nous sommes si semblables que le langage peut s'appuyer sur ces points communs pour agir comme une sorte de raccourci symbolique entre nous.

Or, de tels points communs, nous en avons aussi avec les animaux[3]. Nous partageons les mêmes processus physiologiques élémentaires avec nombre d'entre eux, surtout avec les mammifères. Nous respirons tous de l'air. Nous avons quatre membres. Nous dormons. Nous mangeons. Nous nous reproduisons sexuellement et nous donnons naissance à des jeunes sur lesquels il faut veiller pendant un certain temps. Beaucoup de mammifères sont de surcroît des animaux très sociaux. En fait, nos similitudes physiques sont telles que nos expériences internes ont peu de chances d'être aussi différentes qu'on ne l'a souvent supposé.

Ces similitudes physiques suggèrent un moyen de comprendre l'expérience interne d'un autre individu. Au lieu d'essayer de répondre à la grande question générale : « Qu'est-ce que cela fait d'être un chien ? », essayons d'être plus spécifiques. Que ressent un chien qui éprouve de la joie ? Plus précisément encore, que ressent Zen quand il éprouve de la joie ? Que ressent Libby quand elle se retient d'aboyer sur les autres chiens ? Les domaines évidents que nous pouvons sonder incluent la perception, les émotions et le mouvement. Même chose pour les domaines nécessaires au maintien des fonctions corporelles telles que le sommeil, la soif et la faim. L'addition de tous ces domaines constitue une expérience mentale[4].

L'expérience humaine se déploie dans quelques dimensions supplémentaires, notamment le langage et la représentation symbolique. En plus de communiquer entre nous, le langage nous permet de mener un monologue interne. Il se situe au-dessus des autres domaines et permet d'étiqueter différents aspects de notre ressenti. Nous ne pouvons pas nous en empêcher. Certains ont fait valoir que le langage est si essentiel à l'expérience humaine que les mots changent tout. William James, le père de la psychologie américaine, a écrit quelque part que si un homme craint un ours, c'est uniquement parce qu'il prend conscience de l'accélération de son cœur et qu'il se dit intérieurement: « J'ai peur! »

La primauté du langage a conduit de nombreux chercheurs à abandonner l'idée même de savoir ce que vit un animal. Comme un chien ne peut pas se dire: « J'ai peur », certains scientifiques décidèrent de restreindre la définition de l'émotion animale la plus étudiée – la peur – à un programme comportemental préinstallé servant à éviter d'éventuelles souffrances[5]. C'était un pas en arrière, un retour à l'idée cartésienne de l'animal automate.

On pourrait penser qu'un scientifique n'a pas à prendre position. Mais, c'est le genre d'attitude attentiste qui a dominé trop longtemps le débat sur le changement climatique. On ignore encore beaucoup de choses sur le climat, mais les preuves deviennent difficiles à ignorer et toute personne rationnelle doit en conclure que la planète se réchauffe à cause de l'activité humaine. C'est la même chose pour la vie mentale des animaux. Le fait de nier son existence a des conséquences (tout comme le fait de nier le changement climatique). C'est la persistance de notre agnosticisme concernant les émotions animales et leur degré de conscience qui a permis qu'on les exploite. Et puis, cela a commencé à changer.

Avant les techniques modernes des neurosciences, le seul moyen d'accéder aux états mentaux était d'observer le comportement ou, dans le cas des humains, de demander à une personne ce qu'elle pensait ou ressentait. Dans les deux cas, il s'agit de mesures imparfaites des états mentaux.

L'observation du comportement exige que nous formulions des hypothèses sur ce qui se passe dans les têtes. Avec les gens, cela fonctionne assez bien à cause de nos similitudes physiques et de notre culture commune, mais, quand il s'agit du comportement des animaux, le gouffre qui nous sépare de leurs états internes est nettement plus grand. Si un animal ne fait rien, que nous reste-t-il pour deviner ce qu'il ressent ? Ce genre de questions constituaient le fondement de l'argumentation de Nagel à l'encontre de la compréhension des animaux.

Il est possible que des raisons égoïstes aient incité les scientifiques à nier les émotions animales. Les chercheurs devaient en effet justifier les méthodes de recherche invasives qu'ils pratiquaient sur les animaux. J'ai toujours trouvé fallacieuses de telles rationalisations intéressées. L'incapacité des animaux à étiqueter un état mental interne ne signifie pas qu'ils ne vivent pas quelque chose de similaire à ce qu'un être humain ressentirait dans les mêmes circonstances. Et je n'ai pas été le seul à remettre en question le statu quo. Quarante années de progrès depuis l'essai de Nagel ont fait pencher la balance en faveur des neurosciences. Deux avancées récentes ont montré que nous pouvions effectivement nous baser sur l'observation du cerveau pour accéder à une expérience mentale, même en l'absence de comportement extérieur.

En 2006, Adrian Owen, à Cambridge, a eu recours à l'imagerie par résonance magnétique fonctionnelle (IRMf) pour étudier les réponses neuronales d'une femme de vingt-trois ans dont le corps ne manifestait plus aucune réaction après un accident de la route qui avait provoqué un traumatisme cérébral grave[6]. Selon toutes les mesures cliniques, elle était dans un état végétatif. Pourtant, quand Owen et son équipe lui ont parlé, ils ont observé une activité accrue dans le cortex frontal gauche, en particulier lorsque les phrases qu'ils prononçaient avaient une signification ambiguë. Encore plus remarquable : lorsque la femme reçut pour instruction de s'imaginer jouer au tennis ou de visiter les pièces de sa maison, Owen constata une activité accrue dans les régions de son cortex associées à la navigation dans l'espace. Les résultats d'Owen étaient extrêmement importants. Ils démontraient que les expériences subjectives internes pouvaient être déconnectées du comportement extérieur, et que, dans ce cas, l'imagerie cérébrale permettait d'y accéder.

En 2008, Jack Gallant, psychologue à l'université de Californie à Berkeley, a encore repoussé les limites du décodage cérébral. Gallant a démontré qu'il pouvait déterminer ce que regardait une personne simplement en mesurant l'activité dans son cortex visuel. Au cours des années suivantes, Gallant a de plus en plus perfectionné la technique au point de pouvoir déterminer non seulement ce que regarde une personne, mais également le type d'image concerné (un objet ou un paysage, par exemple), même lorsque le sujet se remémore l'image au lieu de la regarder directement[7]. Les techniques de Gallant ont démontré sans doute possible que les mesures de l'activité physique dans le cerveau décrivent des états mentaux spécifiques. Dans l'expérience de Gallant, ces mesures décrivaient une image mentale. C'était une confirmation triomphale du matérialisme réductionniste. Les domaines mentaux spécifiques peuvent être décodés à partir du cerveau.

Si ces techniques fonctionnaient sur les humains, des approches similaires devaient pouvoir être utilisées pour décoder les états d'esprit des animaux. Et nous pourrions enfin savoir ce que cela fait d'être une chauve-souris ou un chien.

Après un premier échauffement, Claire libéra Libby de la mentonnière. Libby croisa mon regard tandis que je l'observais et prit cela pour une invitation à jouer. Elle tenta d'accélérer, mais, faute d'appuis sur ce sol glissant, elle dut alterner course et sautillements pour se jeter sur moi tout excitée. Anticipant son bond vers mon visage, je l'ai esquivée et Libby m'a dépassé en vol plané. Ce n'est qu'à ce moment-là que je me suis agenouillé pour accepter ses coups de langue agressifs sur mon visage.

Claire s'est approchée et lui a mis sa laisse. « Libby. Assez. »

Libby posa son derrière sur le sol, son regard passant frénétiquement de Claire à moi. Il lui fallait mobiliser toute sa maîtrise de soi pour ne pas me sauter à nouveau au visage. Si sa queue n'avait pas été raide, elle aurait proprement balayé le sol.

« Allez, mettons-la dans le tube », fit Peter.

Le tube en question était un morceau de Sonotube d'un peu moins de deux mètres utilisé normalement pour le coffrage des piliers en béton. J'avais détourné son usage pour simuler l'intérieur d'un scanner IRM. Il était monté horizontalement sur une table au centre de la salle d'entraînement et contenait un morceau de contreplaqué servant de civière pour le patient.

Claire conduisit Libby jusqu'au petit escabeau menant à l'ouverture du tube. Libby participait au Projet chien depuis trois ans et elle savait quoi faire. Elle gravit les marches comme une fusée et glissa la tête dans la mentonnière, un bloc de mousse découpé en demi-cercle pour épouser la forme du museau de Libby. La mentonnière était fixée à une maquette de la « bobine crânienne », la partie de l'IRM qui capte les signaux émanant du cerveau. La version humaine ressemble à un casque de Stormtrooper tout droit sorti de *Star Wars*, mais pour les chiens nous n'utilisions que la partie inférieure de la bobine, qui repose normalement autour du cou.

Libby s'étant couchée la tête dans la bobine, Claire entama une série d'essais en vue d'une nouvelle expérience. Toutes nos études précédentes avaient été des tests passifs. Dans ces expériences, nous présentions des stimuli sous la forme de signaux de la main, d'images numériques, de friandises et d'odeurs. Les chiens n'avaient rien d'autre à faire que de se tenir tranquilles tandis que nous mesurions les réponses de leur cerveau. Ces expériences avaient été un franc succès. Nous avions dressé plus d'une vingtaine de chiens pour ce faire et nous avions déjà publié plusieurs articles sur le fonctionnement du circuit de la récompense dans les cerveaux canins. Mais désormais Claire et Libby s'essayaient à quelque chose de bien plus complexe. Elles travaillaient sur une tâche active. Libby allait, pour la première fois, adopter un comportement précis pendant qu'on lui faisait passer un scan IRM en temps réel.

Étudier le comportement d'un chien pendant le scan allait à l'encontre de toutes les exigences d'immobilité que nous avions établies lors des études passives, mais il fallait en passer par là si nous voulions comprendre ce qui faisait que Libby était Libby et ce qui, dans son cerveau, la rendait si différente de Zen. Leurs comportements extérieurs révélaient assez clairement qu'ils étaient très différents, mais nous ne pouvions pas facilement les faire réagir à la présence des gens ou des autres chiens dans l'IRM. Zen, fort de son aplomb caractéristique, aurait peut-être été capable de rester immobile, mais Libby certainement pas.

Nous avons donc emprunté à la psychologie humaine un test très simple, à la portée des enfants, le « Go-NoGo ».

Libby installée dans le simulateur, Claire se munit d'un sifflet en plastique, regarda son chien par le tube et souffla.

Sans hésiter, Libby poussa du museau une petite cible en plastique collée à son repose-menton à environ un centimètre de son nez. Claire pressa le bouton d'une petite boîte qui émit un clic sonore. Ce bruit indiquait à Libby qu'elle avait adopté le bon comportement, après quoi Claire la récompensait d'une friandise.

Jusqu'ici tout allait bien. Libby avait appris ce que le sifflet voulait dire : « Touche la cible. » Il avait été remarquablement facile d'apprendre cela à la plupart des chiens. Nous avions commencé avec des cibles sur le sol. Rien qu'en pointant la cible du doigt, nous pouvions signaler aux chiens qu'ils avaient la permission d'y aller, ce qu'ils faisaient avec plaisir. Il était très facile de siffler en même temps qu'on pointait la cible du doigt et, lorsqu'un chien la touchait, son propriétaire le récompensait d'une friandise. Très vite, le pointage est devenu inutile.

Les difficultés venaient ensuite. Le sifflet dans la bouche, Claire leva les bras et les croisa en forme de X. Cela signifiait : « Ne bouge pas. Même si tu entends le sifflet. » Les bras croisés, Claire siffla doucement.

Libby la fixait, impassible.

« Bien, fit Peter. Récompense-la. »

Pour s'assurer que ce n'était pas une erreur, Claire baissa les bras et siffla à nouveau. Là, Libby toucha la cible.

« Bonne fille ! » s'exclama Claire en lui offrant une autre friandise.

Libby avait manifestement compris que le sifflet signifiait « Go » et que les bras croisés signifiaient « NoGo » et qu'ils avaient la priorité sur le sifflet.

« Ça m'a l'air parfait. Souffle plus fort, cette fois », proposa Peter.

Tandis qu'on répétait l'exercice, les bras croisés et le coup de sifflet de plus en plus fort, Libby restait immobile dans sa mentonnière. J'étais aux anges. C'est une tâche difficile, même pour les humains.

Le test Go-NoGo est un élément essentiel de la boîte à outils du psychologue, depuis des décennies. Nous utilisions le sifflet pour indiquer à Libby de toucher une cible avec son nez, tandis qu'aux humains on demande d'appuyer sur une touche de clavier. Ils ont eux-mêmes besoin de beaucoup de self-control pour réussir le Go-NoGo, et la capacité à le faire correctement varie beaucoup d'un individu à un autre. Les jeunes enfants, dont les lobes frontaux ne sont pas encore développés, n'y arrivent pas du tout. J'espérais observer la même variabilité chez les chiens. Cela ouvrirait une fenêtre sur les différences entre leurs cerveaux.

Les chiens n'ont pas un très gros cerveau. Il fait à peu près la taille d'un citron et, en proportion, les lobes frontaux sont beaucoup plus petits que ceux de l'homme. Il n'est donc pas surprenant que les chiens ne soient pas de grands champions de la maîtrise de soi. Bien sûr, ils peuvent apprendre des trucs et on peut les faire rester assis pendant de longues périodes en attendant que leur humain leur jette des friandises. Mais, chez moi, nos chiens sont constamment à l'affût, prêts à se jeter sur tout objet interdit qui passe à leur portée, nourriture ou sous-vêtements. Même Callie qui peinait à atteindre le comptoir de la cuisine se débrouillait pour y dérober des morceaux de viande en inclinant la tête sur le côté et en tendant la langue comme un fourmilier. Soit elle était incapable de s'en empêcher, soit elle possédait au contraire un immense self-control et savait très exactement jusqu'où on pouvait abuser de la patience des humains avant que quelqu'un ne commence à lui crier dessus.

La maîtrise de soi, ou plutôt son absence, conduit souvent les chiens dans un refuge. Les morsures, les aboiements, la destruction de biens ou le fait d'uriner dans les maisons sont les principales raisons pour lesquelles les gens abandonnent leur chien. Un des objectifs majeurs du Projet chien était de comprendre quelles parties du cerveau canin sont responsables du contrôle des pulsions et comment ces régions fonctionnent. Si nous pouvions progresser dans ce domaine, nous serions peut-être en mesure de réduire le nombre de chiens restitués à des centres d'accueil pour y être euthanasiés.

Libby troublait notre équipe. En présence d'autres chiens, elle était incapable de contrôler ses pulsions, mais dans le simulateur IRM elle se transformait en citoyenne modèle. L'idée simpliste selon laquelle le self-control était une qualité qu'un chien possédait ou ne possédait pas était manifestement incomplète. Si Libby faisait preuve d'une grande maîtrise de soi dans une situation et pas dans une autre, il fallait que cette faculté dépende du contexte. Nous voulions savoir comment.

Les autres chiens pourtant moins nerveux que Libby eurent du mal à apprendre le Go-NoGo. Certains mirent plusieurs mois à atteindre le niveau de compétence de Libby. Je ne pouvais pas leur en vouloir. Beaucoup participaient au projet IRM depuis sa création et ils avaient appris que quand ils avaient la tête dans la bobine, à l'entraînement ou dans le vrai scanner, ils ne devaient pas bouger. Le Go-NoGo allait à l'encontre de toute leur formation. Libby avait su s'adapter facilement aux nouvelles circonstances, mais les autres chiens, plus passifs, semblaient coincés dans leurs vieilles habitudes. Je ne savais pas s'ils étaient têtus ou déconcertés.

Cette inertie mentale était très nette chez Kady. Comme Zen, c'était un croisement de golden retriever et de labrador. Elle arborait une dense robe blonde, presque blanche, qui faisait ressortir ses grands yeux couleur chocolat. Kady était l'un des chiens les plus adorables que j'aie jamais rencontrés, mais je devais aussi admettre qu'elle semblait plutôt hagarde, à la dérive, sauf quand sa maîtresse, Patricia King, lui disait quoi faire. C'était sans doute en grande partie génétique. Kady, destinée initialement à devenir un chien d'assistance, était issue d'une longue lignée de chiens sélectionnés pour répondre aux attentes des humains. Tout se passait comme si Patricia était le cerveau auxiliaire de Kady. Chez de tels animaux, il n'était pas clair que l'on puisse distinguer leurs souhaits propres de ceux de leur maître, ni même si cela avait un sens d'essayer.

Son comportement ne serait donc pas suffisant pour nous dire ce que c'est que d'être Kady, car il peut être motivé de différentes manières. Ce n'est qu'en lisant l'état de son cerveau que nous pouvions espérer comprendre pourquoi elle faisait ou non telle ou telle chose. Libby et Kady ainsi placées aux deux extrémités du spectre comportemental canin, l'occasion était parfaite de comprendre comment un chien gère les interactions entre ce qu'il veut et ce qui est autorisé.

Encore fallait-il que Kady accepte de s'engager dans ce nouveau type de tâche…

Kady refusait de toucher la cible. C'était étrange, car son jeu préféré était par ailleurs de jouer à la balle. J'avais naïvement pensé que courir après une balle ou taper dans une cible en plastique lui apparaîtraient comme des activités semblables puisqu'il s'agissait chaque fois de faire quelque chose avec le nez et la bouche. Encore une fois, je m'étais laissé aller à penser en humain au lieu de penser en chien.

Quand Kady avait la tête dans la bobine, elle ne bougeait jamais. Elle avait été le meilleur et le plus fiable des sujets du projet jusqu'ici. Elle nous avait rendu les scans extraordinairement faciles. L'inconvénient, c'est que dès que nous avons changé le contexte de la tâche, Kady n'a pas suivi. Plutôt que d'essayer de comprendre ce qu'on lui demandait, elle avait, semblait-il, trouvé plus simple de rester immobile et d'attendre les instructions de Patricia.

Heureusement, nous pûmes tirer profit de la capacité presque surnaturelle des chiens à suivre le pointage humain. Brian Hare, anthropologue évolutionniste à l'université Duke, a étudié ce talent chez plusieurs espèces, y compris les chiens et les primates. Les chiens, a-t-il découvert, semblent comprendre tout de suite que lorsqu'un humain pointe quelque chose du doigt il faut regarder ce qu'il désigne. Cela peut sembler évident, mais les primates non humains n'y arrivent pas sans un entraînement poussé, quand ils y arrivent. Un singe peut bien souvent se contenter de regarder votre doigt. Les chercheurs se demandent si la capacité à suivre le pointage est innée ou acquise. Monique Udell, comportementaliste des canidés de l'université d'État de l'Oregon, a démontré que les loups élevés par des humains depuis leur naissance font aussi bien que les chiens dans ce domaine. Selon elle, les mains humaines ont une signification particulière pour les chiens ou les loups socialisés, car ils apprennent rapidement qu'elles sont susceptibles de distribuer des friandises. À son avis, le fait de regarder dans la direction pointée est une extension naturelle de l'importance de la main aux yeux des canidés, en particulier quand la main est vide et ne contient pas elle-même de nourriture. Hare, à l'inverse, soutient que ce comportement est inné et qu'il a été sélectionné chez les chiens au cours des millénaires. Quoi qu'il en soit, nous avons exploité cette capacité pour apprendre à Kady ce qu'elle devait faire.

Tout d'abord, nous avons posé la cible en plastique au sol et Patricia l'a pointée du doigt. La première fois, Kady s'est dirigée vers le doigt de Patricia et a commencé à renifler les alentours, l'arrière-train en l'air et la queue battante. Nul doute qu'elle espérait une friandise. Tandis qu'elle fouinait, Kady a renversé sa cible par inadvertance. C'était bien entendu l'objectif, et Patricia s'est écriée : « Bonne fille ! » et lui a offert un biscuit.

Kady n'avait pas bien compris ce qui s'était passé, mais elle avait trouvé ça marrant.

Et, ainsi, elles ont répété l'exercice encore et encore.

Au bout d'environ vingt répétitions, elle a finalement tilté. Lorsque Patricia pointait la cible, Kady accourait et la renversait avec détermination. Ce n'est qu'après avoir atteint la cible qu'elle pouvait se tourner vers Patricia dans l'attente de ses éloges et de son cadeau. Elle avait compris que les friandises étaient conditionnées au renversement de la cible.

Maintenant que Kady avait compris que faire tomber la cible était un jeu amusant, il était temps de lui présenter le sifflet. Lorsqu'elle pointait le doigt vers la cible, Patricia sifflait. Là encore, après vingt répétitions, Kady a associé l'ordre de toucher la cible au coup de sifflet et Patricia n'a plus eu besoin de l'aiguiller.

Puisque Kady se servait désormais de son museau de façon fiable, il était temps de positionner la cible auprès de la bobine crânienne. Pour que cette expérience fonctionne, tous les chiens, qu'ils soient timides ou non, allaient devoir toucher la cible du nez tandis qu'ils auraient la tête dans la bobine de l'IRM. Mais les chiens sont étonnamment sensibles au contexte. Ce n'était pas parce que Kady avait appris à la toucher du nez sur le sol qu'elle ferait de même dans le scanner. Il nous semblait évident que la cible était la même, mais nous n'avions aucune garantie que Kady considérerait les choses de cette façon. En fait, nous ne savions pas encore ce que c'est que d'être Kady.

Kady avait désormais sa tête dans la bobine, la cible collée à la mentonnière à environ un centimètre de son nez. Patricia siffla. Kady se contenta de regarder Patricia. Je ne lisais aucune expression dans les yeux de Kady.

Patricia essaya plusieurs fois avant de lever les yeux au ciel, exaspérée. « Qu'est-ce qu'on fait maintenant ? »

La solution, bien sûr, était de faire exactement ce qu'elle avait fait lorsque la cible était par terre. Pointer et, si nécessaire, toucher la cible en même temps qu'elle sifflait, jusqu'à ce que Kady comprenne.

Pour les chiens comme Kady, c'était lent. Contrairement à Libby, ils refusaient simplement de bouger la tête. Finalement, tous les chiens ont appris à toucher la cible du nez et, à des degrés divers, à se retenir de le faire quand les bras de leur maître étaient croisés. Certains ont pris le pli en deux mois, d'autres en six.

Nous étions prêts à lancer le scanner pour de bon. Avec de la chance, nous découvririons bientôt ce qui se passait dans la tête de ces chiens, pour peu que notre expérience ait été bien conçue.

CHAPITRE 2

LE TEST DU CHAMALLOW

Patricia préférait se rendre à l'IRM tôt le matin de sorte qu'elle et Kady passèrent en premier pour cette belle journée d'avril 2014. J'étais arrivé trente minutes plus tôt pour démarrer les ordinateurs et préparer la salle. Je posai des draps frais sur la couchette et plaçai l'escabeau à ses pieds afin que les chiens puissent monter d'eux-mêmes dans le tube. Peter est arrivé quelques minutes après pour installer son équipement à l'arrière de l'aimant. Il y avait d'abord le boîtier qu'il utiliserait pour horodater chaque essai. Il appuierait sur un bouton lorsque Patricia sifflerait et sur un autre lorsque Kady toucherait la cible. Ensuite, Peter scotcha un miroir dans le trou de l'aimant afin que nous puissions observer directement Kady. Finalement, nous avons attaché le repose-museau de Kady à la bobine crânienne à l'aide d'un ruban adhésif et, en appuyant sur un bouton situé sur le côté du scanner, nous avons envoyé le tout au centre de l'aimant.

Kady entra dans la salle de contrôle, la queue et les fesses frétillant dans tous les sens. C'était la dixième fois qu'elle faisait ça et elle n'avait pas la moindre anxiété. Après avoir attendu quelques minutes qu'elle prenne ses marques, Patricia lui lança : « Bobine ! »

Kady gravit les marches, plongea la tête dans la mentonnière et attendit que Patricia vienne se placer à l'arrière de l'aimant pour lui faire face. Notre idée était de s'échauffer en pratiquant dix essais Go et dix essais NoGo sans faire de scan. Nous ne nous attendions pas à des performances parfaites, une précision proche de 80 % sur les deux types de tâches nous aurait paru suffisante.

Hélas, Kady s'était remise en mode « je ne bouge pas dans l'IRM ». Aucun coup de sifflet au monde ne lui ferait changer d'avis. C'était le moment d'avoir des idées. Mark a suggéré qu'on la sorte du scanner et qu'on la replace en situation de jeu.

« C'est fini ! » dit Patricia.

Kady recula et redescendit les marches pour nous regarder comme si de rien n'était.

Nous avons posé des cibles en plastique sur le sol, comme lorsque nous l'avions dressée. Nous préférions en général que les chiens soient calmes, mais, dans le cas présent, j'ai exploité la personnalité de Kady et je me suis mis à la chahuter pour qu'elle soit plus excitée et plus encline au jeu. Patricia siffla et désigna une cible. Kady courut vers elle et renversa les cibles. Nous avons tous applaudi.

Après dix minutes passées à jouer avec les cibles au sol, Kady semblait prête à essayer de nouveau le scanner. Cette fois, cela marcha. Elle ne fut pas parfaite, mais elle toucha la cible après 75 % des coups de sifflet. Il était temps de passer aux choses sérieuses.

L'IRM est un outil formidable. C'est de loin la technologie la plus efficace pour regarder à l'intérieur du corps. On n'a besoin ni de rayons X ni d'aucune autre forme de rayonnement ionisant : il suffit d'un aimant extrêmement puissant et d'une batterie de logiciels hautement performants pour construire les images. Et, comme il n'y a pas de radiations, l'IRM est sans danger.

Mais les scanners IRM sont des machines parfois capricieuses. Certaines pièces tombent en panne, de mystérieux messages d'erreur apparaissent sur le panneau de commande qui nécessitent l'attention des membres d'une confrérie occulte : les réparateurs d'IRM. Si tout est si compliqué, c'est principalement parce que l'aimant doit être maintenu très froid. Il faut générer un champ magnétique 60 000 fois plus puissant que celui de la Terre, et le seul moyen de le faire est d'enrouler des kilomètres de fil électrique autour d'un tube, puis d'y faire passer un courant. Le courant électrique crée un champ magnétique aligné avec l'axe du tube. Le problème, c'est qu'il faut beaucoup de courant pour produire des champs magnétiques intenses – tellement que n'importe quel fil de cuivre fondrait en le transportant. Ce n'est que dans les années 1970, avec la découverte d'une classe spéciale de matériaux appelés « supraconducteurs », qu'on a trouvé la solution. Dans les machines IRM, les fils sont en niobium et en titane. Lorsque ces métaux exotiques sont refroidis à des températures extrêmement basses, ils perdent toute résistance électrique et peuvent encaisser autant de courant que nécessaire. Les fils ne chauffent pas et le courant ne se dissipe pas. Une fois qu'il est alimenté, un aimant supraconducteur est toujours activé.

Ces basses températures ne peuvent être obtenues qu'avec de l'hélium liquide. Dans les conditions normales, l'hélium est un gaz plus léger que l'air, mais, si vous le refroidissez suffisamment, il finira par se condenser sous forme liquide. Cela se produit aux alentours de – 269 °C.

Si vous ne faites rien d'autre, l'hélium s'évapore alors tranquillement dans la pièce. C'est pourquoi vous devez garder tout le système sous cloche, comme dans un autocuiseur. Et, même ainsi, les lois de la thermodynamique font que l'hélium redeviendra progressivement gazeux. Une pompe le comprime donc en permanence pour le maintenir à l'état liquide le plus longtemps possible.

Toutes ces pompes et ces tuyaux donnent à l'IRM un air de créature vivante. Le compresseur, appelé aussi « tête froide », fait un bruit de ventilateur. C'est la première chose que vous entendez quand vous entrez dans la salle d'imagerie, le « kachunk-kachunk » de la tête froide. Ça ne s'arrête jamais. Du moins ce n'est pas censé s'arrêter. Lorsque nous avons installé notre nouveau scanner IRM dans le bâtiment de psychologie de l'université Emory, il présentait une fuite d'hélium, ce qui a entraîné la perte de la supraconductivité et l'effondrement du champ magnétique, un événement coûteux appelé « *quench* ». Du fait de l'instabilité en température de notre aimant, nous l'avons baptisé « Penny », en référence au personnage tout aussi imprévisible de *The Big Bang Theory*.

Le champ principal de l'IRM est toujours activé, mais le scan implique l'allumage et l'extinction de petits champs supplémentaires à des emplacements bien précis. Ces champs supplémentaires sont contrôlés par des aimants auxiliaires appelés « bobines de gradient », qui sont situés juste à l'intérieur du tunnel du scanner. Lorsque vous envoyez le courant électrique dans les bobines de gradient, vous isolez des emplacements spécifiques du cerveau. Un logiciel sophistiqué contrôle ces bobines de gradient de sorte que tous les points du cerveau sont repérés les uns après les autres très rapidement.

Si les bobines de gradient opéraient en coulisse, rien de tout cela n'aurait d'importance. Mais le cycle rapide de ces champs est très bruyant. Chaque fois que les courants de gradient sont modifiés, les bobines vibrent et ces vibrations sont transmises à travers tout le scanner. L'IRM agit alors comme un gros haut-parleur et votre chien est en plein dedans.

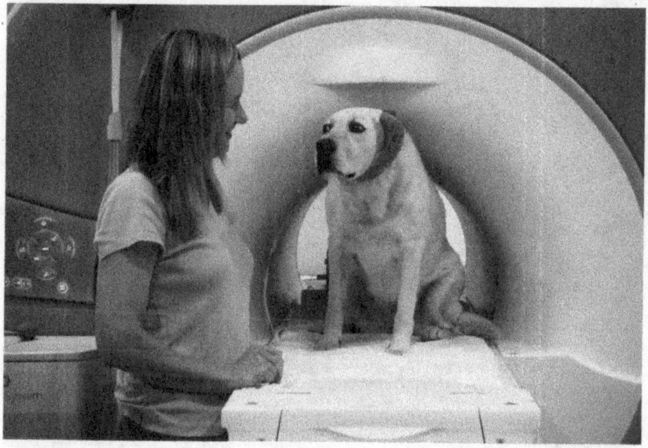

Patricia enveloppe les oreilles de Kady en prévision du scanner. (Helen Berns)

Au début de leur entraînement, nous avons habitué les chiens au bruit du scanner en diffusant des enregistrements au volume approprié. Cependant, le bruit des bobines de gradient est si fort qu'il fallait fournir aux chiens une protection auditive. Nous nous servions des mêmes bouchons d'oreilles en mousse que ceux qu'on donne aux humains qui passent un IRM, sauf que dans le cas des chiens les bouchons devaient être maintenus en place à l'aide d'un bandage. Et, pour les chiens qui n'aimaient pas qu'on leur mette des trucs dans le conduit auditif, on fournissait des cache-oreilles.

Notre sujet avait désormais la tête bien enveloppée et Peter était à son poste, aussi Patricia a-t-elle ordonné : « Kady, bobine ! »

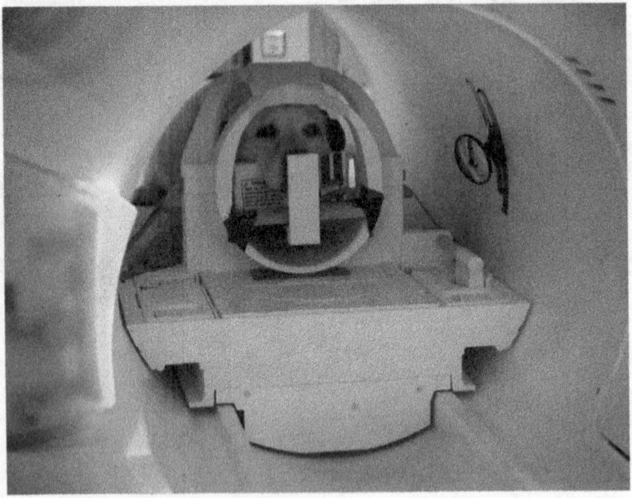

Kady s'installe dans sa mentonnière à l'intérieur du scanner. (Gregory Berns)

De la salle de contrôle, tout ce que je pouvais voir, c'était l'arrière-train de Kady. Quand il m'a semblé qu'elle était confortablement installée, j'ai vérifié son positionnement avec un scan de localisation. Il s'agit d'un balayage de dix secondes qui donne un instantané de tout ce qui se trouve dans la bobine. Pour ce type d'analyse, les gradients émettent un bourdonnement grave qui ne semble pas beaucoup déranger les chiens. Comme prévu, le cerveau de Kady était au centre de l'image.

Il était temps de passer aux analyses fonctionnelles, la séquence de scans qui capturerait le cerveau de Kady en action. Dans le cadre de l'IRM fonctionnelle, ou IRMf, le scanner est programmé pour acquérir les unes après les autres des images rapides de tout le cerveau. La rapidité dépend de la taille de l'organe. Pour les humains, l'acquisition de l'intégralité du cerveau prend environ deux secondes, mais, comme le cerveau d'un chien fait la taille d'un citron, cela prend moitié moins de temps. Le résultat final est une séquence d'images comparables à un film. Comme l'IRMf allume et éteint les bobines de gradient en séquences très rapides, le volume sonore s'élève à quatre-vingt-quinze décibels, ce qui équivaut au bruit d'un marteau-piqueur à moins de deux mètres de distance D'où la nécessité d'une protection auditive !

J'appuyai sur le bouton de numérisation sur le panneau de commande. Le martèlement sonore avertit Peter et Kady qu'on était désormais en direct. Au moment où Patricia adressait à son chien le premier signal de la main, les images du cerveau de Kady ont commencé à affluer. Comme toutes les images fonctionnelles, elles ne contenaient pas beaucoup de détails. Les scans avaient été réglés pour détecter les modifications du niveau d'oxygène dans les vaisseaux sanguins qui entourent les neurones. Lorsque les neurones se déchargent, les vaisseaux sanguins voisins se dilatent pour leur faire parvenir du sang frais et leur permettre de recharger les batteries. En IRMf, le scanner détecte les modifications du débit sanguin, révélant ainsi la localisation de l'activité neuronale. C'est ce qu'on appelle la « réponse dépendante du niveau d'oxygénation sanguin », ou BOLD en abrégé (et en anglais).

La réponse BOLD est très faible – moins de 1 % du signal total. Pour ne rien arranger, le signal IRMf est lui-même bruyant et connaît des variations d'intensité de 5 à 10 %. Une partie de ce bruit provient de l'agitation thermique des molécules d'eau, mais, pour l'essentiel, il est d'origine physiologique. Le sang pulsé fait bouger le cerveau à chaque battement de cœur. Le cycle respiratoire induit aussi un mouvement et modifie la concentration en oxygène et en dioxyde de carbone dans le sang. Ces sources de bruit écrasent complètement le signal BOLD. Fort heureusement, la loi des grands nombres nous permet de le surmonter en calculant sa moyenne sur de nombreuses répétitions. Un bruit aléatoire diminue comme la racine carrée du nombre d'itérations. Autrement dit, après cent essais dans le scanner, le bruit de fond est réduit d'un facteur dix.

Il m'était difficile de voir le corps de Kady dans l'IRM, mais je pouvais entendre les coups de sifflet à travers l'interphone de la salle de contrôle. Si Patricia ne donnait pas le signal NoGo, Kady touchait généralement la cible, ce qui se manifestait immédiatement sur le flot d'images IRM par un mouvement brusque de la tête. Je surveillais de près pour m'assurer qu'après chaque coup de truffe la tête de Kady revenait bien dans la même position.

Après dix minutes de numérisation, Peter est sorti de derrière la machine et m'a fait signe. Ils avaient finalisé la première série de tests et j'éteignis le scan. Kady sortit du tunnel et descendit l'escalier en remuant la queue.

« Qu'est-ce que ça donne ? m'a demandé Peter.

– Pas mal, ai-je répondu. Pas de mouvement de la tête entre les essais.

– Ça, c'est parce qu'elle était prudente. »

« Prudente », car Kady avait tendance à rester immobile même quand elle était censée bouger. C'était simplement une conséquence de sa personnalité timide. Kady avait du mal à prendre des initiatives. Après une pause de cinq minutes, elle remonta dans le scanner. Nous avons répété trois fois le cycle de tests, après quoi Patricia et Kady en eurent terminé. Finalement, Kady affichait un taux de succès de 75 % sur les signaux Go, mais aussi un taux étonnamment élevé de faux départs sur les signaux NoGo : 56 %. En gros, elle touchait la cible du nez plus de la moitié des fois où elle n'y était pas autorisée. En plus de son manque d'initiative, Kady présentait donc des problèmes de maîtrise de soi. Nous espérions que son cerveau nous dirait pourquoi.

Pendant ce temps, Claire et Libby étaient arrivées. Libby fit le tour de la salle de contrôle, bondissant sur chacun de nous à tour de rôle. Vu ce que je savais de sa personnalité, je m'attendais à ce qu'elle ait encore moins de self-control que Kady. Encore une fois, mes intuitions étaient fausses.

Libby se montra encore plus « prudente » que Kady. Comme elle, elle avait tendance à ne pas bouger dans le scanner. Là encore, nous avons procédé à des exercices d'échauffement avec des cibles posées au sol afin que Libby passe en mode « je touche la cible du nez », puis nous lui avons demandé d'entrer dans le scanner. Les scores de Libby furent mitigés. Bien qu'elle ait démontré une maîtrise presque parfaite du test Go-NoGo durant les entraînements, elle n'a réussi que 46 % des essais Go. Sa précision sur les essais NoGo était, quant à elle, de 96 %. Ainsi, alors que le fait de passer au scanner semblait détériorer les performances de Kady sur les deux types d'essais, Libby devenait plus prudente, ce qui n'affectait que ses performances sur les essais Go. Du coup, sa performance sur les essais NoGo était meilleure.

Big Jack fut l'un des chiens qui a le plus brillé sur les deux types de tests. Du haut de ses neuf ans, c'était le plus vieux du projet. Son âge le rendait lent, d'autant qu'il était sérieusement en surpoids. C'était toujours un peu l'aventure de lui faire monter les marches du scanner. Je me tenais d'un côté de la couchette pour le retenir chaque fois qu'il vaçillait. Mais une fois sur la table, il y restait toute la session.

Les réponses de Jack étaient presque parfaites à l'échauffement, aussi sommes-nous passés directement au scan. Lui et sa maîtresse, Cindy Keen, ont survolé l'ensemble de l'expérience avec aisance. Jack était tellement doué qu'il n'avait eu besoin que d'une seule pause. Son taux de réussite était de 70 % sur les essais Go et un remarquable 96 % sur les essais NoGo.

En l'espace de quelques mois, nous avons numérisé treize chiens pendant qu'ils passaient le test Go-NoGo. J'étais fier du chemin parcouru depuis que le Projet chien avait commencé quelques années auparavant, avec ma petite Callie et un seul autre chien. Le nombre de chiens formés à l'IRM ne cessait d'augmenter et la complexité des tâches qu'ils effectuaient se rapprochait désormais de celle des études IRMf humaines. Bien que Callie ait continué à participer à toutes les expériences, y compris les Go-NoGo, je préférais de loin manipuler le scanner plutôt que d'être un participant actif quand ma chienne était dans la machine. C'était en partie dû aux contraintes croissantes imposées par la direction du projet qui me laissait de moins en moins de temps pour m'entraîner avec Callie. Mais comme elle et moi avions été la première équipe chien-humain à réaliser une IRMf canine sur un animal complètement réveillé, je me sentais obligé d'atteindre les performances standard lorsque notre tour venait.

Callie s'en sortait bien. Son taux de réussite était de 83 % pour les Go et elle parvenait à inhiber sa réponse dans 89 % des essais NoGo. Seul Eddie faisait mieux. Hélas, en examinant les images, nous avons constaté que Callie bougeait trop pendant les périodes d'attente pour produire des données utiles.

Le moindre mouvement produit des ravages dans l'interprétation des résultats d'une IRMf. Si la tête du chien bouge pendant l'acquisition, les signaux émanant de régions cérébrales adjacentes se mélangent. L'amplitude tolérable de mouvement dépend de la résolution des images. La plupart des expériences d'IRMf explorent le cerveau avec une résolution de trois millimètres, ce qui signifie qu'il est divisé en cubes de trois millimètres de côté appelés des « voxels » (abréviation d'éléments de volume), l'analogue tridimensionnel des pixels (abréviation d'éléments d'image). Des artefacts apparaissent dans les images lorsque l'amplitude du mouvement se rapproche de la taille des voxels. Par prudence, nous avons éliminé toutes les analyses durant lesquelles le cerveau s'était déplacé de plus d'un millimètre d'un scan à l'autre.

C'est Peter qui m'a annoncé la mauvaise nouvelle quant aux scans de Callie :

« Après traitement du mouvement, il lui reste moins d'un tiers d'images exploitables. »

Ce n'était pas suffisant pour effectuer nos analyses. Il faudrait la sortir de cette partie de l'expérience. J'étais déçu, mais je ne pouvais pas laisser mes sentiments entraver la rigueur de nos travaux. Callie ne fut pas la seule dans ce cas. Ohana aussi avait trop bougé.

Peter a calculé la réponse BOLD moyenne lors des essais NoGo réussis à partir des résultats des onze autres chiens. Comme ces chiens inhibaient la pulsion de taper la cible du nez, leur tête ne bougeait pas, ce qui permettait de déceler l'activité cérébrale qui leur permettait de se retenir. À titre de comparaison, nous avions également inclus des essais dans lesquels le propriétaire levait la main. Il s'agissait d'un signal que tous les chiens avaient appris dès le début de leur participation à la formation. Une main levée signifiait : « Tiens-toi tranquille et tu recevras une friandise. » Cela formait un contraste idéal avec le signal NoGo, les mains croisées qui signifiaient : « Ne bouge pas, même quand tu entends le sifflet, et tu seras récompensé. » Dans les deux cas les instructions étaient données par un signal manuel et, dans les deux cas, les chiens recevaient une friandise en cas de succès. La seule différence, c'était la nécessité de se maîtriser au coup de sifflet.

En comparant la réponse moyenne au cours des essais NoGo réussis et la réponse moyenne au cours des tests témoins, Peter a mis en évidence les parties du cerveau qui s'activaient lorsque les chiens se refrénaient activement.

Une seule région ressortait clairement : une petite zone du lobe frontal.

Contrairement aux têtes humaines, l'essentiel d'une tête de chien est constitué de muscles, d'os et d'air. Les muscles attachés à la mâchoire et au cou confèrent aux chiens la puissance de leurs morsures, tandis que les espaces vides dans leur crâne forment des sinus caverneux adaptés à leur odorat développé. Le cerveau, bien protégé sous toutes ces couches, occupe en gros le quart du volume de la tête. Le lobe frontal est une petite bande de tissu située derrière les globes oculaires. Chez l'homme, il représente le tiers avant du cerveau, ce qui est considérable, même pour un primate. Chez les chiens, il ne représente qu'un dixième environ du cerveau.

Chez les humains, le lobe frontal s'occupe de beaucoup de choses : le langage, la pensée abstraite, la planification et l'intelligence sociale, ainsi que de nombreux autres processus cognitifs que nous ne comprenons pas encore. Mais ce n'est pas parce que les chiens ont de petits lobes frontaux qu'ils n'ont pas de processus cognitifs analogues (à part l'absence de langage, qui semble évidente). Le lobe frontal est défini anatomiquement comme la région située entre l'avant du cerveau et, vers l'arrière, un sillon particulièrement important. Chez les primates, ce sillon court du sommet du cerveau jusqu'à une région adjacente à l'oreille. Les anatomistes l'appellent le « sillon central » ou *sulcus centralis*. Sur la rive antérieure de ce sillon se trouvent des neurones qui contrôlent le mouvement, tandis que la rive postérieure contient les neurones qui détectent le toucher. Le sillon central est la ligne de partage entre sensation et action.

Les chiens n'ont pas de sillon central. À la place, ils possèdent un sillon qui s'avance à partir du sommet du cerveau et présente la forme d'un chevron inversé. On parle de « sillon cruciforme ». La zone identifiée par Peter se situe dans la partie inférieure de ce sillon. D'autres chercheurs avaient décelé l'activation d'une région analogue chez l'homme et chez d'autres primates lors de tâches similaires[1], ce qui suggérait que nous avions bel et bien localisé la partie du cerveau canin qui, comme sa contrepartie chez nous, inhibe l'impulsion de mouvement.

Mais cela ne faisait que confirmer que nous étions sur la bonne voie. Ce qu'il nous fallait vraiment découvrir, c'était comment cette région permettait la maîtrise de soi. Nous pourrions alors commencer à comprendre ce qui différenciait des chiens comme Kady, de Libby, de Jack ou de Callie. Nous pourrions peut-être même aider les chiens qui ont du mal à se maîtriser à ne pas finir à la SPA.

Les premiers indices nous vinrent des différences d'habileté dont les chiens faisaient preuve lors des tests Go-NoGo. Tout comme les humains, certains chiens obtenaient de meilleurs résultats que d'autres, et il semblait y avoir une corrélation directe entre le niveau d'activité dans les régions préfrontales et leur performance à la tâche. Une activité préfrontale plus élevée était associée à un taux de faux départs plus faible. Cette relation suggérait que les chiens qui utilisaient le plus intensément le peu de lobe frontal dont ils disposent réussissaient mieux que ceux qui s'en servaient moins. Il restait à vérifier si les chiens qui obtenaient de bons résultats au test Go-NoGo étaient aussi ceux qui réussiraient le mieux d'autres tâches de self-control.

Les expériences les plus célèbres sur le self-control humain ont été menées par le psychologue de Stanford Walter Mischel[2]. Dès le début des années 1970, Mischel et ses collègues ont étudié la capacité des enfants à retarder une gratification. Au cours de ce test qu'on appellerait plus tard « le test du Chamallow », Mischel proposait à des enfants d'à peine quatre ans de choisir entre leur friandise préférée, comme un biscuit, et une autre friandise qu'ils aimaient moins. Mais il y avait un truc. L'expérimentateur quittait la pièce, en général pendant quinze minutes, et l'enfant devait attendre son retour pour obtenir sa friandise préférée. À moins qu'il ne décide de faire sonner une cloche, auquel cas l'expérimentateur revenait immédiatement, mais apportait l'autre friandise.

Des années plus tard, alors que les sujets avaient atteint l'adolescence, Mischel découvrit que les enfants qui avaient été capables de retarder la gratification à l'âge de quatre ans étaient désormais décrits par leurs parents comme plus concentrés sur leurs études que les enfants qui n'avaient pas attendu. Ils présentaient également moins de problèmes de frustration et étaient mieux à même de résister à la tentation. Peut-être n'était-il pas si surprenant que des enfants impatients soient devenus des adolescents impatients.

Des travaux ultérieurs ont montré que la capacité à retarder la gratification est le résultat de plusieurs facteurs cognitifs. Le plus fondamental de tous est peut-être la capacité d'un individu à transformer la réponse émotionnellement chargée de la gratification immédiate en quelque chose de plus abstrait. Mischel apprit ainsi à certains enfants que visualiser par l'imagination leur friandise préférée facilitait l'attente. En revanche, quand la friandise réelle était dans la pièce, cela devenait impossible.

Presque quarante ans plus tard, la psychologue de Cornell B. J. Casey réalisa les premières études d'imagerie cérébrale sur les sujets de Mischel[3]. Ils furent soumis à une version émotionnelle de la tâche Go-NoGo. Dans le scanner, on leur montrait des images de visages. Les visages d'un sexe étaient considérés comme les stimuli « Go », nécessitant de presser un bouton, tandis que ceux de l'autre sexe étaient les stimuli « NoGo », face auxquels il ne fallait pas presser le bouton. Certains visages arboraient une expression neutre, d'autres au contraire exprimaient des émotions heureuses ou tristes. Étonnamment, les participants qui, quarante ans plus tôt, n'avaient pas pu retarder la gratification au test de Mischel avaient un taux de faux départs plus élevé que les autres sur les visages exprimant des émotions.

Lorsque Casey examina les schémas d'activation cérébrale, elle découvrit qu'une petite région du cortex préfrontal appelée « gyrus frontal inférieur » (IFG) s'activait au cours des essais NoGo réussis. De plus, les participants qui, dans leur enfance, avaient une meilleure capacité à retarder la gratification présentaient une activité de l'IFG plus intense lors des tests Go-NoGo que leurs pairs moins patients. Casey en conclut que la capacité à différer les gratifications dépendait pour toute la vie de la réactivité de l'IFG.

Ces résultats concordaient avec ce que nous avions trouvé chez les chiens. La région du cerveau repérée dans les cerveaux canins et associée aux tests NoGo réussis semblait être analogue à la région que Casey avait découverte chez l'homme. Pour tester le lien, il nous fallait inventer une version canine du test du Chamallow.

Nous ne pouvions pas demander aux chiens d'attendre comme avait fait Mischel avec les enfants, car il n'existait aucun moyen simple d'enseigner aux chiens qu'ils recevraient une friandise moins attrayante s'ils ne se pliaient pas à la consigne. D'ailleurs, tant qu'on le récompensait, il n'était même pas évident qu'un chien se soucie le moins du monde de la nature de la friandise. Nous devions simplifier le test du chamallow.

Peter suggéra de mettre un biscuit devant un chien et de l'obliger à attendre avant de l'obtenir. Vous avez sûrement déjà vu ces vidéos de chiens qui maintiennent des friandises en équilibre sur leur nez avant de les gober lorsque leur maître leur en donne l'ordre. Hélas, aucun des chiens du projet ne connaissait ce tour. Il allait falloir le leur apprendre.

Pour faciliter les choses, nous avons demandé à chaque maître de placer son chien en position couchée. Ensuite, nous mettions une friandise dans une coupelle placée deux mètres devant l'animal, où Peter avait installé un système de poulie. Si le chien rompait la position couchée, Peter soulevait simplement le récipient hors de portée. Le chien n'accédait à son contenu que lorsque son maître lui donnait l'instruction de se lever.

Nous projetions de voir combien de temps chaque chien resterait couché avant de rompre la discipline de soi. Le temps durant lequel un chien aurait patienté serait une mesure de sa maîtrise de soi. Mais nous avons eu tout de suite des problèmes.

Kady ne bougea pas d'un poil. Elle se contenta de poser sa tête sur ses pattes et regarda Patricia, attendant d'autres instructions. Au bout de cinq minutes, elle s'endormit. Il fallut moult incitations de la part de Patricia pour que Kady finisse par aller chercher sa récompense.

Un tapageur chien d'eau portugais, Tug, s'est comporté comme Kady, mais pour des raisons différentes. Tug était dans le projet depuis deux ans et c'était l'un des chiens qui avait eu le plus de mal à apprendre à rester immobile dans l'IRM. Il n'avait que deux ans quand il avait commencé et c'était donc en partie à cause de son jeune âge, mais c'était de toute façon un chien très énergique. Il n'avait finalement appris à réaliser l'expérience IRM que parce que sa maîtresse, Jessa Fagan, l'avait très bien dressé. Lors de notre test du Chamallow, Jessa n'eut aucun mal à lui ordonner de se coucher. Je m'attendais à ce que Tug se jette néanmoins très vite sur la friandise, vu son caractère. Et il en avait manifestement très envie. Il fixait la coupelle intensément, jetait quelques coups d'œil à Jessa, puis se mit à aboyer. Mais il ne rompit pas sa position.

Kady et Tug mettaient en lumière un problème plus profond. Notre version canine du test du Chamallow ne permettait pas de différencier l'autoapprentissage du dressage. Bien que Kady et Tug soient tous deux restés en place, leurs comportements suggéraient des raisons très différentes. Tug voulait aller chercher la friandise, mais resta discipliné tout en exprimant sa frustration par des aboiements. Kady ne se souciait pas de la friandise ou était trop inhibée pour se mettre en action sans le consentement explicite de Patricia.

À mi-parcours au cours de ces essais, nous décidâmes finalement d'abandonner le test du Chamallow. Il nous faudrait autre chose, une expérience qui exploite le self-control et ne dépende pas autant du dressage préalable du chien.

Une fois encore, nous nous sommes inspirés de la littérature existante sur le développement humain. Cette fois, nous dûmes remonter plus loin que Mischel, jusqu'au grand-père de la psychologie du développement : Jean Piaget. Piaget est surtout connu pour sa théorie globale du développement cognitif chez l'enfant, selon laquelle les compétences cognitives apparaissent dans un ordre bien précis. Au stade sensori-moteur, qui commence à la naissance et se poursuit jusqu'à ce que l'enfant acquière les rudiments du langage (environ deux ans), le nourrisson apprend la nature de son environnement en interagissant avec celui-ci. Aux alentours de son premier anniversaire, un bébé apprend que les objets ne disparaissent pas quand ils sont hors de vue. Comprendre cette « permanence de l'objet » est une étape cruciale. Une fois celle-ci franchie, le jeu du « coucou-caché » n'amuse plus l'enfant parce qu'il n'est plus surpris par la réapparition de sa mère.

Ce jeu ne constitue pas un test très précis, aussi Piaget en inventa-t-il un moins animé. Dans le test A-non-B, deux boîtes sont placées devant le bébé. L'expérimentateur place un jouet sous la boîte A puis, après un bref délai, le révèle, au grand plaisir du bébé. L'activité se poursuit de cette manière pendant plusieurs essais au cours desquels les enfants commencent souvent à tendre la main vers la boîte pour prendre le jouet. Ensuite, l'expérimentateur effectue un changement crucial et cache le jouet sous la boîte B. Les nourrissons âgés de moins de dix mois continuent à se diriger vers l'emplacement A, bien que le testeur place clairement le jouet sous l'autre boîte. À l'âge de douze mois, presque tous les enfants se dirigent au bon endroit.

L'erreur A-non-B indique une déconnexion entre le monde sensoriel du nourrisson – qui a vu où le jouet a été placé – et son système moteur – qui le dirige vers le mauvais emplacement. Pour un observateur extérieur, tout se passe comme si l'enfant n'arrivait pas à se refréner d'aller vers la boîte A comme dans les essais précédents. Cette erreur répétée est appelée « persévération » et elle est liée à l'immaturité des lobes frontaux[4]. Des études comparatives démontrent ce phénomène chez d'autres animaux. Les singes rhésus s'acquittent facilement de la tâche pour récupérer des aliments cachés sous les boîtes, mais s'ils ont des lésions dans le cortex préfrontal ils échouent exactement comme un bébé de neuf mois[5].

La beauté du test A-non-B réside dans sa simplicité. L'expérimentateur n'a pas besoin d'enseigner à l'enfant ce qu'il doit faire et, en substituant de la nourriture à des jouets, un large éventail d'animaux peut le pratiquer. Dans le cadre d'une étude importante menée en 2014, un consortium d'éthologues s'est efforcé de mesurer les performances de trente-six espèces au test A-non-B, notamment des anthropoïdes, de petits singes, des lémuriens, des oiseaux, des éléphants, des rongeurs et des chiens[6]. En moyenne, 89 % des chiens se sont dirigés vers l'emplacement B du premier coup. Ce niveau de performance était comparable à celui des grands singes (chimpanzé : 87 % ; bonobo : 100 % ; gorille : 100 %) et bien meilleur que celui des coyotes (29 %) ou de nombreux singes (capucin : 86 % ; macaque à longue queue : 67 % ; singe-écureuil : 16 %). La plupart des oiseaux ont eu des résultats médiocres, à l'exception peut-être de certains pigeons (55 %). De manière surprenante, aucun des éléphants ne put effectuer correctement la tâche A-non-B.

En cherchant des corrélations dans les données, les chercheurs ont constaté que le meilleur prédicteur de performances au test A-non-B était la taille du cerveau de l'animal. Les éléphants mis à part, les plus gros cerveaux s'en tiraient en général mieux. Notez qu'il y a là un risque de biais, car les plus gros animaux tendent à avoir les plus gros cerveaux. Lorsque les chercheurs prirent en compte la taille du corps de l'animal, la relation entre la taille du cerveau et les performances au test persistaient, mais pas aussi nettement. Les variables environnementales comme la proportion de fruits dans le régime alimentaire ou l'étendue du groupe social d'une espèce n'étaient pas corrélées aux performances A-non-B une fois qu'on prenait en compte la taille du cerveau.

Mais ce facteur ne pouvait expliquer toutes les différences. Proportionnellement parlant, les chiens n'ont pas de gros cerveaux. Pourtant ils réussissent le test A-non-B aussi bien que les primates. Les coyotes n'ont pas égalé le score des chiens, alors même que les chiens et les coyotes sont étroitement apparentés et leurs cerveaux à peu près identiques. Et que dire du fait que tous les membres d'une même espèce ne s'acquittent pas de cette tâche avec le même succès ? Peut-être faut-il y voir l'indice que, tout comme dans le test du Chamallow de Mischel, certains individus sont tout simplement plus doués. Et, dans ce cas, il pourrait y avoir un lien entre l'activité du lobe frontal dans une tâche Go-NoGo et les performances obtenues au test A-non-B. Nous avions peut-être trouvé notre prochaine expérience.

Quelques mois après avoir terminé l'analyse des chiens sur le test Go-NoGo, nous avons mis au point une version canine du test A-non-B. À l'aide de barrières pour bébés, nous avons bouclé dans le coin d'une pièce une coursive d'environ deux mètres de largeur pour trois de longueur au bout de laquelle se trouvaient trois seaux. Le seau du milieu servirait de diversion et nous permettrait de savoir plus facilement si un chien savait ce qu'il faisait ou s'il se contentait de deviner. Les seaux de gauche et de droite seraient les emplacements « A » et « B ». Pour nous assurer que les chiens ne se contenteraient pas de renifler pour résoudre le problème, nous avons scotché une friandise derrière chaque seau. Ce fut la petite golden retriever Pearl qui commença. Tandis que Pearl attendait avec impatience, une de mes filles, Helen, déposa une friandise dans l'un des seaux. Puis, pour éviter de lui donner des indices visuels, elle lui tourna le dos.

Pour l'assurer qu'elle avait la permission de manger, Mark conduisit Pearl jusqu'au bon seau. Pearl le suivit en battant de la queue tout du long et goba la friandise promptement.

C'était parfait, Pearl comprenait le jeu. Nous avons répété l'opération deux fois à l'identique, à la différence que, désormais, Mark libérait Pearl à l'entrée de la coursive et la laissait se diriger seule vers le seau A. Lors du quatrième essai, Helen a d'abord placé la gâterie dans le seau A, puis elle l'a déplacée vers le seau B. De derrière, je voyais la tête de Pearl suivre les faits et gestes de Helen. Pas de doute, Pearl savait où se trouvait le festin.

Mark l'a libérée.

Pearl a trotté vers le seau du milieu. Ne voyant rien à l'intérieur, elle s'est ensuite tournée vers le seau A, qui l'a également déçue.

Je regardai Peter et haussai les épaules. En toute rigueur, Pearl venait d'échouer au test A-non-B. C'était un échec encourageant, car elle a presque réussi à atteindre le seau B en se dirigeant vers le centre, mais c'était un échec tout de même.

En prévision de telles erreurs, nous avions décidé que les chiens auraient plusieurs chances de s'adapter à l'échange d'emplacement. Leur performance serait notée en fonction du nombre de tentatives. Pearl n'était pas stupide. Au deuxième essai, elle fila tout droit vers l'emplacement B. Les chiens ont montré une variété étonnante de capacités pour le test A-non-B. Zen et Big Jack ont réussi dès le premier échange, alors que Kady et Eddie ont eu besoin de onze tentatives pour s'adapter au changement d'emplacement.

Il s'est avéré que les chiens qui avaient commis le plus de faux départs lors des tests Go-NoGo étaient ceux qui avaient besoin du plus grand nombre d'essais avant de réussir la tâche A-non-B. Et, comme ces deux tests mesuraient chacun à sa façon la maîtrise de soi de ces animaux, la concordance des résultats suggérait fortement que nous avions mis le doigt sur un trait propre à chaque chien.

Les résultats de ces expériences pouvaient se résumer à l'aide d'une chaîne simple : une faible activité des lobes frontaux → taux élevé de faux départs sur Go-NoGo → plus de persévération sur A-non-B. Certes, les corrélations ne sont pas automatiquement des liens de causalité, mais les données sur le rôle crucial du lobe frontal chez l'homme et chez d'autres animaux suggèrent très fortement que ce que nous avons mis en évidence, c'est un rôle similaire du lobe frontal chez le chien. Comme pour faire écho aux expériences de Mischel et de Casey, les chiens dont les cortex préfrontaux étaient les plus actifs accomplissaient mieux les tâches cognitives qui nécessitent une forme de maîtrise de soi. Ainsi, pour savoir ce que c'est que d'être un chien qui cherche à se maîtriser, on peut scruter nos propres têtes. Qu'il s'agisse de repousser une seconde portion de dessert, de résister à un achat impulsif ou de se libérer d'une addiction, nous savons tous ce que l'on ressent quand on tente de se maîtriser. Les données cérébrales suggèrent que l'expérience vécue par un chien est très similaire.

Ces résultats sur les chiens étaient importants pour deux raisons.

Sur le plan pratique, les propriétaires de chiens recourent à une vertigineuse panoplie de tactiques pour empêcher leurs animaux de compagnie de voler de la nourriture, de déterrer les bacs à fleurs ou de mâchouiller toutes sortes de vêtements.

Les chiens seront toujours des chiens, et ce sont là des activités que les chiens apprécient. Et, pourtant, ils ne sont pas tous égaux. Je n'ai aucun problème à laisser Callie courir librement autour de la maison pendant que je suis au travail, mais impossible de la laisser sans laisse dans une zone non clôturée. Aucune dose de self-control n'empêchera ses instincts de terrier de la lancer à la poursuite de petits animaux ou, plus dangereusement, des voitures. Les privilèges dont elle dispose ne dépendent pas de sa nature de chien, mais de sa nature d'individu. Les autres chiens de la maison bénéficient de privilèges différents, en fonction de leurs capacités.

Deuxièmement, le lien entre l'activité du lobe préfrontal et le comportement du chien est comparable à celui qu'on observe chez l'homme. Des régions analogues dans le cerveau des chiens et des humains semblent remplir des fonctions identiques. C'est important, car si on peut relier des structures analogues à des fonctions similaires, alors une fenêtre s'ouvre pour comprendre ce que c'est d'être un chien ou tout autre animal. Je soupçonnais déjà que lorsque des structures cérébrales analogues étaient actives chez un animal elles lui faisaient vivre des expériences subjectives analogues. Le fait que nous ayons trouvé des différences individuelles chez les chiens, tout comme chez l'homme, rendait cette perspective encore plus vraisemblable. Après tout, le domaine des neurosciences humaines évolue dans le sens de la médecine personnalisée, où la compréhension des différences individuelles en biologie devient primordiale.

Le Projet chien était allé au-delà des aspects généraux des fonctions cérébrales canines. Nous commencions à cerner les différences subtiles entre les individus et ce que ces différences nous apprennent de leurs expériences subjectives. Mais la même approche de l'individualité au sein d'une espèce pouvait être appliquée entre espèces. En allant au-delà du chien, on peut décrire non seulement ce que c'est que d'être Kady ou Libby, mais aussi ce que c'est que d'être un chien en général ou tout autre carnivore à quatre pattes. Voire à deux pattes.

Résoudre la tension entre l'individu et l'espèce nécessite un examen plus approfondi de la relation entre structure et fonction dans le cerveau. Quelles sont les structures cérébrales communes aux différentes espèces et dans quelle mesure varient-elles au sein d'une même espèce ? Avant d'aborder ces questions, nous devons en résoudre une autre, plus fondamentale encore : à quoi sert un cerveau ?

CHAPITRE 3

UN CERVEAU, POUR QUOI FAIRE ?

Un cerveau est une machine coûteuse à entretenir. Chez l'homme, il ne représente que 2 % du poids du corps mais réclame 20 % du sang pompé par le cœur et consomme 20 % de l'oxygène que nous respirons. Il est si sensible qu'il ne peut supporter la moindre interruption du flux sanguin. Une chute un peu brusque de la tension artérielle suffit à provoquer une perte de conscience immédiate. Et, quand un cerveau est privé de sang et d'oxygène pendant plus de cinq minutes, il subit des lésions irréversibles. Dix minutes, et vous êtes mort.

Imaginez que votre voiture soit aussi capricieuse. Qui voudrait d'un engin qui, au moindre manquement au planning d'entretien, cesserait irrémédiablement de fonctionner ? Pour qu'un organe biologique aussi instable puisse exister, il faut que les avantages qu'il confère soient considérables et en dépassent de loin le coût. D'où la question : à quoi sert exactement un cerveau ?

D'un point de vue darwinien naïf, on pourrait dire qu'un cerveau permet à son porteur de survivre et de se reproduire, mais cela n'explique pas pourquoi certains animaux ont des cerveaux plus gros que d'autres, ni pourquoi les humains ont de si grands lobes frontaux. Ces différences dans les structures cérébrales reflètent des différences de fonction entre les espèces. Le défi consiste à déchiffrer cette relation structure- fonction. C'est une tâche ardue si l'on considère que le cerveau humain contient au moins 80 milliards de neurones, même s'il est difficile d'en connaître le nombre exact. À en juger par sa taille, on estime qu'un cerveau de chien en contient probablement au moins 5 milliards.

Quelque part dans cet enchevêtrement de neurones se trouvait la clé qui nous permettrait d'appréhender les expériences mentales des autres animaux. Certains chercheurs et philosophes avaient affirmé qu'il était impossible de comprendre la vie mentale d'un animal, mais je n'étais pas d'accord. Le Projet chien avait démontré l'existence de similitudes de structure et de fonction entre le cerveau canin et celui des humains. Mais il fallait aller au-delà de l'IRM fonctionnelle. Elle avait été efficace tant qu'il s'était agi de révéler les changements de l'activité neuronale, mais sa résolution était limitée. Il se passait beaucoup de choses sous la surface de ces images fonctionnelles. Pour accéder aux bases physiques de l'expérience subjective d'un chien (ou de tout autre animal, y compris un être humain), il allait falloir descendre plus profondément dans l'architecture du cerveau.

Notre compréhension du cerveau a radicalement changé au cours des cent dernières années. J'ai certes contesté l'impossibilité de savoir ce que c'est que d'être un chien. Mais je dois tout de même admettre qu'au moment de l'histoire des neurosciences où cette idée a été émise, dans les années 1970, les perspectives étaient effectivement plutôt sombres. Beaucoup de choses ont changé depuis. Non seulement la quantité de données disponibles a explosé, mais les théories sur le fonctionnement du cerveau ont évolué parallèlement aux révolutions technologiques.

La technologie dicte ce que l'on peut mesurer, mais elle sert également de métaphore pour interpréter les systèmes biologiques. Cela a toujours été le cas. En ce qui concerne le fonctionnement du cerveau, trois thèmes ressortent régulièrement : les commutateurs électriques comme métaphore des relations stimulus-réponse, les premiers ordinateurs comme métaphore de la manipulation symbolique, et les circuits intégrés comme métaphore des réseaux de neurones. L'origine de ces thèmes métaphoriques va nous aider à mieux situer les théories actuelles sur le fonctionnement des cerveaux et à en détacher quelques principes généraux. À partir de là, on peut envisager d'étudier ce que fait le cerveau d'un chien et en quoi il diffère de celui d'un humain.

Les neurosciences ont commencé sérieusement au début du XXe siècle. La révolution électrique était en marche au même moment. Thomas Edison avait breveté son ampoule en 1879 et, en 1900, Guglielmo Marconi testait sa première radio. Avant Marconi, Alexander Popov avait inventé un détecteur de foudre basé sur les ondes radio. La ville où il travaillait, Saint-Pétersbourg, en Russie, était un foyer d'activité intellectuelle. C'était aussi la ville d'Ivan Pavlov, un pionnier de l'étude des réflexes. Bien que nous ne sachions pas si Pavlov connaissait Popov, il se servait beaucoup d'appareils électriques dans ses travaux. Plus important : Pavlov démontra que les réflexes n'étaient pas simplement innés. Ils pouvaient être appris grâce à un processus qu'il appela le « conditionnement ». L'analogie avec les circuits électriques était indéniable. Comme un tableau électrique, les réflexes pouvaient être reconfigurés.

La découverte par Pavlov des réflexes conditionnés domina la psychologie pendant les cinquante années suivantes[1]. En 1911, le psychologue Edward Thorndike publia sa loi de l'effet, qui stipulait que les actions précédant des réponses agréables avaient plus de chances d'être répétées. À partir de cette simple observation, un autre psychologue, B. F. Skinner, finit par élaborer une théorie complète du conditionnement opérant.

Tout le monde savait que le cerveau fonctionnait sur une base électrochimique, mais la pensée – de Pavlov à Thorndike et jusqu'à Skinner – restait fondamentalement mécaniste. Le cerveau était traité comme une boîte noire : non observable et par conséquent sans objet pour l'étude du comportement. La première étape après la boîte noire skinnerienne a été franchie dans les années 1950, lorsque les scientifiques ont commencé à s'intéresser de plus près au cerveau et en particulier à la manière dont il stocke les informations. Cette vision du cerveau était plus sophistiquée que les relations stimulus-réponse de l'ère précédente.

La nouvelle approche découlait en grande partie de l'invention des ordinateurs, qui conduisit les psychologues à considérer le cerveau comme une machine à calculer biologique. Cette nouvelle « psychologie cognitive » mettait l'accent sur la représentation de la connaissance dans le cerveau et sur la manière dont cette information est manipulée[2]. Pourtant, cette approche centrée sur les « logiciels » qui constituent l'esprit reléguait encore une fois le cerveau en tant qu'objet biologique à l'arrière-plan. De nombreux chercheurs rêvaient du jour où nous pourrions supprimer complètement le cerveau et simplement télécharger son logiciel sur un ordinateur. La perspective de percées majeures dans notre compréhension du cerveau ainsi que les travaux en intelligence artificielle ont maintenu le mouvement cognitiviste en vie pendant les trente années suivantes.

Vers le milieu des années 1970, cependant, un nombre croissant d'étudiants ont commencé à comprendre que les cerveaux ne stockaient pas les choses de la même manière que les ordinateurs, qu'ils n'étaient pas divisés en banques de mémoire distinctes des unités logiques. Faute de comprendre les fondements du stockage de l'information dans le cerveau, les chercheurs se trouvaient dans l'incapacité de distinguer ce qui relevait du logiciel (l'esprit) de ce qui relevait du matériel (le cerveau). L'essai de Thomas Nagel a simplement soufflé sur ces braises. Dans les faits, il affirmait que déconstruire le cerveau ne permettrait jamais d'expliquer l'esprit. Nagel ne faisait que réagir aux futilités apparentes de l'approche réductionniste, mais son essai a divisé les universitaires en deux sectes distinctes : les croyants dans l'utilité des neurosciences et les autres. Une division qui perdure de nos jours.

Pour défendre l'approche biologique de l'esprit, une nouvelle génération de scientifiques émergea, qui renversa le problème. Au lieu de rechercher des fonctions informatiques dans le cerveau, ils se sont inspirés des neurosciences et ont conçu des algorithmes informatiques qui reproduisaient le fonctionnement du cerveau. La première chose qu'ils ont remarquée, c'est son haut degré de parallélisme : des milliards de neurones travaillent en même temps. Ce type de calcul massivement parallèle est très différent de celui qu'effectue un ordinateur séquentiel dans lequel l'unité logique exécute une liste d'instructions les unes après les autres. Les nouveaux « connexionnistes » démontrèrent que de simples réseaux d'automates ressemblant à des neurones pouvaient effectuer des tâches étonnamment complexes. De plus, ces réseaux de neurones artificiels étaient capables d'apprendre par eux-mêmes, sans qu'intervienne la main divine d'un programmeur[3].

Les premiers modèles de réseaux neuronaux se révélèrent très efficaces pour imiter les capacités cognitives humaines, comme reconnaître des lettres écrites à la main ou gagner contre des gens en chair et en os au backgammon. Le développement des réseaux de neurones simulés a coïncidé avec l'explosion technologique des circuits intégrés, et les laboratoires n'ont pas tardé à se lancer dans la fabrication de puces neuronales. Aujourd'hui, l'accès instantané à l'information et la puissance illimitée de calcul disponible permettent de combiner les réseaux neuronaux aux algorithmes développés par l'intelligence artificielle (IA) pour produire un nouvel hybride : le *deep-learning* (ou « apprentissage en profondeur »). Mais ces réseaux de neurones ne sont encore que des systèmes entrée-sortie. Ils modélisent un type donné d'entrées venues de leur environnement, le transforment, puis produisent un résultat.

Il n'est pas absurde de comparer les fonctions cérébrales et les systèmes entrée-sortie. Nous prenons constamment des informations autour de nous, y réfléchissons et agissons en conséquence (parfois). Mais cette analogie renverse fondamentalement les choses. Les cerveaux ne sont pas apparus dans l'évolution pour traiter l'information. Ils ont évolué pour contrôler les mouvements des créatures. En effet, tous les animaux dotés de muscles ont un système nerveux et tous les animaux dotés d'un système nerveux ont des muscles[4]. La relation bijective entre les systèmes nerveux et musculaires mène inévitablement à cette conclusion, que nous pourrions appeler le premier principe du cerveau :

Les animaux ont un cerveau parce qu'ils ont besoin de faire des choses.

Ce que l'animal a besoin de faire dépend cependant à la fois de son organisation physique et de l'environnement dans lequel il se trouve[5]. Les cerveaux traitent certes l'information, mais ce traitement n'est nécessaire que dans la mesure où il facilite l'action. De plus, les animaux choisissent les informations qu'ils traitent *via* ce qu'on appelle la « perception active[6] ». L'esprit de l'animal est profondément enchâssé dans cette relation étroite entre le cerveau et le corps[7].

Pour comprendre pourquoi c'est le cas, il nous faut examiner l'origine des animaux et de leur système nerveux.

Les premières formes de vie sont apparues il y a 4 milliards d'années, peu de temps après la formation de la planète, mais il fallut attendre plus de 3 milliards d'années pour que les premiers animaux se manifestent. Avant cela, il n'y avait probablement pas assez d'oxygène dans l'atmosphère pour entretenir des formes de vie complexes. Mais il y a environ 600 millions d'années, d'assez grandes quantités d'oxygène s'étaient accumulées et la vie a littéralement explosé (c'est ce qu'on a appelé « l'explosion cambrienne »). La complexité des organismes multicellulaires s'est rapidement accrue, et les premières créatures dont nous pouvons reconnaître le caractère animal sont apparues. Elles ressemblaient beaucoup aux actuelles méduses.

Les méduses ont un système nerveux et un anneau de muscles qui leur sert à se propulser. Mais elles n'ont pas de cerveau. Les méduses et autres créatures apparentées de la famille des cnidaires se contentent de réseaux de nerfs. La différence entre un cerveau et un réseau nerveux réside dans leur degré de centralisation. Les réseaux nerveux sont des systèmes nerveux plutôt simples, caractéristiques des animaux qui n'ont pas besoin de faire des mouvements complexes.

Cela dit, même sans nœud de commande centralisé, leurs réseaux nerveux sont capables d'un nombre surprenant de comportements différents. Une méduse prédatrice est capable de détecter une proie lorsque celle-ci entre en contact avec les tentacules qu'elle laisse traîner derrière elle, les « nématocystes ». Le contact déclenche un réflexe à travers le réseau nerveux qui entraîne la mise à feu du nématocyste et le harponnage de la proie. Il n'y a pas de conscience impliquée dans l'acte, pas de « soi » susceptible d'être au courant de ses actions, car il n'existe pas de système centralisé capable de suivre les actions de toutes les parties. Les méduses sont les zombies de l'océan.

Une des caractéristiques évidentes d'une méduse est sa symétrie radiale. C'est essentiellement un tube vivant. En raison de cette forme géométrique, son réseau nerveux est également distribué selon un arrangement tubulaire.

La grande étape suivante dans l'évolution du système nerveux a été franchie lorsque des animaux sont passés de la symétrie radiale à la symétrie gauche-droite. Imaginez que vous preniez un tube et que vous l'écrasiez dans le sens de la longueur. Désormais, il n'a plus de symétrie radiale. Il n'est symétrique que par rapport à son grand axe. En substance, nous avons créé une gauche et une droite, et incidemment un avant et un arrière. Du point de vue taxonomique, ces créatures sont les premiers bilatériens : des animaux qui présentaient une symétrie bilatérale. Dans leur forme la plus simple, ils ressemblaient à des vers plats.

Au fur et à mesure que les corps des bilatériens s'aplatissaient, leurs réseaux nerveux faisaient de même. Ce qui était jadis un filet radialement symétrique s'est transformé en un système constitué de deux cordes qui s'étendent le long des côtés gauche et droit, reliées entre elles par un réseau plus ou moins lâche de fils transverses. Tout comme chez les méduses, une extrémité du tube était différente de l'autre. Ces nouvelles créatures avaient une tête et un derrière identifiables. Le système nerveux des bilatériens illustre ce qui se passe quand les neurones sont rapprochés les uns des autres : ils ont la possibilité de créer plus de liens entre eux. Or plus de connexions permettent des calculs plus complexes. Dans un système nerveux bilatérien, l'une des tâches les plus importantes est de coordonner les actions des côtés gauche et droit. On voit mal en effet le côté gauche et le côté droit se déplacer en sens inverse. Les premiers bilatériens disposèrent donc des premiers systèmes de contrôle centraux primitifs.

Dès ce stade précoce de l'évolution animale, vous voyez à quel point le système nerveux est intimement lié au mouvement. Se déplacer nécessite un degré élevé de coordination. En fait, la coordination est si importante que l'essentiel de la moelle épinière et du tronc cérébral humain s'y consacre encore aujourd'hui – manière de nous rappeler le ver ancestral qui vit en nous.

Il n'est pas nécessaire de retracer toute l'évolution qui mène des vers aux animaux actuels pour comprendre quelques principes clés du fonctionnement du cerveau. Premièrement, bien que l'évolution ne soit pas linéaire, il semble que la coordination gauche-droite soit si importante qu'une fois que l'évolution eut « résolu » le problème, tous les animaux héritèrent de ces solutions. Deuxièmement, une fois que le système nerveux a pris le contrôle du corps, il s'est retrouvé chargé d'une autre tâche cruciale : décider quoi faire. Et, pour prendre des décisions, les animaux allaient avoir besoin de cerveaux. En fait, cela nous ramène au premier principe de tout à l'heure : *les animaux ont un cerveau parce qu'ils ont besoin de faire des choses.*

L'évolution est l'unique principe directeur de toute la biologie, mais il n'est pas facile de comprendre comment elle a abouti au cerveau actuel. Dans le sens le plus strict, comme l'a compris Charles Darwin, l'évolution agit sur l'organisme tout entier. Un animal doit survivre assez longtemps pour se reproduire. Les différentes parties du corps comme le cerveau n'évoluent que parce que ces changements confèrent à l'animal un avantage en termes de survie ou de reproduction. Ainsi, même si nous parlons de l'évolution du cerveau, ce que nous devons examiner, c'est la façon dont les modifications successives des structures cérébrales ont amélioré l'adaptation des animaux à leur environnement et non simplement la manière dont ces modifications ont rendu leur cerveau plus semblable au nôtre. Ces considérations mènent au deuxième principe de la fonction cérébrale :

Les animaux ont des cerveaux pour adapter leurs actions à leur environnement.

En d'autres termes, les animaux n'existent pas isolément. Ils sont enchâssés dans le monde qui les entoure et leur cerveau sert en partie à relier le monde extérieur à leur système de décision et, en définitive, à leur corps.

Après les vers, les animaux ont vraiment commencé à devenir intéressants quand ils ont développé des colonnes vertébrales. Les premiers vertébrés sont apparus il y a 500 millions d'années. Au début, ils n'étaient pas très différents des vers plats, juste un peu plus gros. Mais, en raison de leur taille, ils avaient besoin d'être soutenus par une structure un peu plus consistante que les tissus mous. C'est là qu'entre en scène la notochorde – un épaississement coriace des tissus qui apparut sur toute leur longueur. Au fur et à mesure qu'ils grandirent, les problèmes de contrôle et de coordination nécessitèrent des systèmes nerveux plus complexes, ce qui conduisit à une consolidation et à une centralisation plus poussées.

Les créatures vivantes les plus semblables à ces animaux sont les lamproies et les myxines, qui se nourrissent en raclant le fond des océans et sont dépourvues de mâchoires. La myxine et la lamproie sont les créatures les plus fascinantes de l'océan ou les plus effrayantes (c'est selon). La myxine est assez inoffensive et passe la majeure partie de sa vie à se tortiller dans la boue au fond de la mer. Lorsqu'elle est menacée, elle sécrète une boue épaisse. La lamproie, de son côté, ressemble plus à un monstre de science-fiction (les vers de sable de *Star Wars* et de *Dune* sont inspirés de la lamproie). Elle s'attache à des poissons plus gros qu'elle avec ses grandes ventouses buccales. Derrière ces ventouses, des anneaux de dents rongent la chair de la malheureuse victime. Comme les poissons n'étaient pas encore là du temps des premières lamproies, ces dents ont dû apparaître ultérieurement.

Les premiers vertébrés sans mâchoire disposaient de ce que l'on pourrait considérer comme le premier cerveau. Un renflement de la moelle épinière au niveau de la tête contenait toutes les parties fondamentales que l'on retrouve dans le cerveau des vertébrés actuels : un bulbe olfactif, un cortex primitif pour la prise de décision, une région pour le traitement des informations sensorielles et un espace pour la coordination et la régulation des actions nécessaires au maintien de la vie.

Ces premiers vertébrés avaient des corps et des cerveaux qui leur permettaient de contrôler leur comportement à un degré inaccessible aux invertébrés. Mais, avec tous ces animaux différents nageant dans les océans, la compétition a commencé à devenir féroce. Les réflexes ne suffisaient plus. Pour survivre dans ces océans primitifs, un animal devait faire de meilleurs choix que ses concurrents. Les animaux capables d'adapter leurs comportements avaient un avantage très net par rapport à ceux qui se contentaient de programmes moteurs préinstallés.

Cette nécessaire flexibilité du comportement nous conduit au troisième principe du cerveau :

Les animaux ont des cerveaux pour pouvoir apprendre.

En réalité, même des animaux dont le système nerveux est très simple peuvent apprendre, mais il existe différents degrés d'apprentissage. Une association stimulus-réponse est une forme d'apprentissage et vous n'avez besoin que d'une poignée de neurones pour ça. Mais le type d'apprentissage que réalise un cerveau digne de ce nom est nettement plus profond. Une créature sensible peut et doit apprendre que son environnement contient à la fois de bons et de mauvais résultats. Elle doit en particulier apprendre à reconnaître ces derniers. Un animal ne survit jusqu'à se reproduire que s'il prend une longue série de bonnes décisions et qu'il réussit à éviter tous les mauvais choix fatals. Et il n'y a en général pas de deuxième chance. Comment un animal peut-il apprendre de ses expériences sans se faire tuer ?

La réponse, c'est que les cerveaux ont évolué pour faire quelque chose de plus que de recevoir des informations et agir en conséquence. Un cerveau sophistiqué exécute en permanence des simulations d'actions et de résultats possibles, comme vous le faites lorsque vous jouez aux échecs. Au fur et à mesure que le comportement des vertébrés se diversifiait, la complexité de leur cerveau augmentait. C'était en partie dû à la nécessité d'accompagner la complexité grandissante de leurs actions, mais cela reflétait aussi le besoin toujours plus prégnant de déjouer les concurrents au jeu darwinien de la vie. Et, tandis que l'apprentissage par l'expérience est essentiellement un regard que l'on tourne vers le passé, la nécessité d'appréhender le futur et d'anticiper les différentes possibilités nous conduit tout droit au quatrième principe du cerveau :

Les cerveaux simulent les actions possibles et leurs résultats futurs afin de prendre la meilleure décision possible en fonction de la situation.

Au bout de quatre-vingts autres millions d'années d'évolution, les poissons apparurent. C'étaient d'abord des poissons cartilagineux, comme les requins et les raies. Mais l'exigence darwinienne de survie du plus fort rendait les poissons plus costauds et plus grands, ce qui nécessitait des squelettes plus solides. Il y a 400 millions d'années, les océans grouillaient d'une large gamme de poissons cartilagineux et de leurs cousins osseux. L'évolution de l'os constitua un moment clé qui permit l'apparition de plans d'organisation corporels plus complexes[8]. Des nageoires et des ailerons ont commencé à pousser à divers endroits du corps, augmentant ainsi la vitesse et la manœuvrabilité. Enfin, il y a environ 390 millions d'années, au cours de ce qui fut peut-être l'innovation la plus importante dans l'évolution des vertébrés, certaines de ces nageoires sont devenues assez robustes pour supporter le poids du corps sur la terre ferme. Les tétrapodes entrèrent en scène.

Les premiers tétrapodes, qui ressemblaient à des salamandres, vivaient principalement dans l'eau, s'aventurant parfois sur le rivage. Sans doute ont-ils trouvé là un paysage riche en plantes. Avec toute cette nourriture rien que pour eux, il est facile de comprendre comment ces premiers amphibiens ont acquis un énorme avantage en termes de survie par rapport à leurs pairs confinés à la vie aquatique.

Les amphibiens pondaient leurs œufs dans l'eau, car, ceux-ci ne disposant pas d'une pellicule protectrice, ils ne pouvaient survivre sur la terre ferme. En conséquence, l'évolution a trouvé une nouvelle niche – un avantage qu'elle accorda aux tétrapodes produisant des œufs capables de résister sur la terre ferme, hors de portée des habitants de l'océan qui auraient bien voulu y planter la dent. Il y a environ 320 millions d'années, les œufs sont devenus assez durs pour survivre hors de l'eau et les animaux qui les pondaient, les sauropsides, ont évolué pour devenir des reptiles et des oiseaux. Il fut un temps où les sauropsides dominaient le monde. Ils formaient un groupe très diversifié d'espèces. La fête s'est terminée assez soudainement dans une extinction de masse (l'extinction Permien-Trias), de cause inconnue. Les théories en vogue vont d'une énorme pluie de météores aux volcans, en passant par un effet de serre galopant. Il a fallu près de 10 millions d'années à la vie pour s'en remettre.

Les sauropsides survivants sont finalement devenus les crocodiles et les dinosaures. Les dinosaures ont même eu droit à un rab de 200 millions d'années grâce à une autre extinction de masse qui a rayé de la carte une grande partie de leurs concurrents (l'extinction Trias-Jurassique). Les non-dinosaures qui subsistaient sur la terre ferme furent contraints de devenir plus petits et plus malins pour déjouer les énormes dinosaures. Ce furent les ancêtres des mammifères.

Les premiers d'entre eux, les cynodontes, pondaient encore des œufs comme les reptiles et les oiseaux[9]. Les cynodontes existaient depuis l'extinction Permien-Trias et ressemblaient à un mélange de rat et de lézard. Leurs jambes étaient plus verticales que celles des reptiles, ce qui améliorait leur mobilité. Il est même possible que les cynodontes aient bénéficié de mécanismes de thermorégulation basiques. Si tel était le cas, ils figuraient parmi les premiers animaux à sang chaud. Les gros cynodontes avaient probablement une masse corporelle suffisante pour retenir la chaleur, mais pas les plus petits, qui étaient donc peut-être recouverts de fourrure. Avec le temps, une nouvelle stratégie de reproduction est apparue, l'incubation des œufs à l'intérieur de la mère, ce qui évitait qu'un prédateur les consomme avant leur naissance. Cette nouvelle branche de mammifères, les thériens, donnait le jour à des jeunes déjà nés. Ils sont à l'origine du « groupe couronne » des mammifères, ce qui signifie que tous les mammifères vivants actuellement sont leurs descendants.

Sans l'impact d'un gros astéroïde qui les a tous exterminés – à l'exception des oiseaux – il y a environ 66 millions d'années, les dinosaures pourraient très bien être encore parmi nous. L'événement qui marque la frontière Crétacé-Tertiaire fut la cinquième et la plus récente des extinctions de masse. Même si tous les groupes d'animaux ont été durement touchés, les mammifères ont pris le dessus au cours de la période de rétablissement qui s'ensuivit. Avec la disparition des dinosaures, ils se sont rapidement diversifiés pour occuper les niches écologiques désertées. Ils purent alors grandir, ce qui nous ramène à la question de la matière grise.

C'est une règle : les grands corps ont de gros cerveaux. Cela peut sembler évident, mais les raisons profondes et les implications de ce simple fait font l'objet de débats intenses depuis plus de cent ans[10]. Pour comprendre l'esprit des animaux d'un point de vue biologique, nous devons d'abord rendre compte de ces différences de taille et comprendre quels services un supplément de tissu neuronal rend aux grands animaux.

En 1973, le psychologue Harry Jerison proposa une règle simple pour expliquer la différence de taille des cerveaux de différentes espèces : « La quantité de tissu neuronal contrôlant une fonction particulière est proportionnée à la quantité d'information impliquée dans l'exécution de la fonction[11]. » Il a appelé cela le principe de « masse appropriée ». Selon Jerison, puisque les systèmes biologiques dépendent d'un apport constant d'énergie, toute région cérébrale ne peut évoluer que jusqu'à la taille nécessaire pour accomplir sa tâche. Au-delà, ce serait du gaspillage. Réciproquement, la taille d'une structure cérébrale nous informe sur la quantité de travail qu'elle effectue par rapport aux autres parties du cerveau.

Selon la logique de Jerison, les plus gros cerveaux doivent donc traiter plus d'informations que les petits. Mais pourquoi devrait-il en être ainsi ?

Les premiers indices se trouvent à la fois dans la géométrie des corps animaux et dans la relation mathématique que l'on observe entre le poids du cerveau et le poids du corps. Les petits oiseaux ont un ratio cerveau-corps de 1/10, les chiens et les chats, d'environ 1/100, les éléphants, d'environ 1/500 et, chez les rorquals bleus, le ratio tombe à 1/14 000. Ainsi, même si les gros animaux ont de plus gros cerveaux, le ratio cerveau-corps diminue chez les animaux les plus grands. En fait, le poids du cerveau s'avère approximativement proportionnel au poids du corps élevé à la puissance 2/3[12].

Cet exposant de 2/3 est intéressant parce que des considérations géométriques élémentaires démontrent que la surface d'un corps est proportionnelle à son volume – et donc à sa masse – élevé à la puissance 2/3[13]. La règle mathématique reliant le poids du corps à celui du cerveau ne vient donc pas du fait que les gros animaux ont plus de muscles et donc besoin de plus de neurones pour les contrôler. Les insectes, par exemple, ont à peu près le même nombre de muscles que nous. Comme Jerison eut l'intelligence de le deviner, une plus grande surface implique plus de signaux sensoriels en provenance de la peau, signaux que le cerveau doit traiter.

Les scientifiques aiment quand des règles mathématiques simples expliquent les phénomènes biologiques. Mais de telles règles tiennent davantage de principes directeurs utiles plutôt que de lois inviolables. Chacune a toujours des exceptions[14], l'homme en constituant une des plus remarquables. Nos cerveaux sont beaucoup plus gros que ne le voudrait la règle de la surface de peau. De plus, cette explication ne tient pas compte des autres systèmes sensoriels, notamment la vision, dont l'importance varie énormément d'une espèce à l'autre.

Une nouvelle mesure, le quotient d'encéphalisation (QE), fut inventée pour estimer la taille du cerveau en données corrigées du poids du corps. Ainsi, même si les éléphants ont un cerveau énorme, c'est leur QE qui nous dira s'il est gros pour leur taille ou non. Jerison définit un QE moyen de 1 pour les mammifères. Un animal dont le QE est supérieur a un gros cerveau pour sa taille, alors qu'un QE inférieur à 1 signifie une capacité cérébrale moindre. Les chats se trouvent dans la moyenne avec un QE de 1 tandis que les chiens s'en tirent légèrement mieux avec 1,2. Les chimpanzés et les éléphants ont des QE d'environ 2, tandis que les dauphins atteignent le score de 4. Quant aux humains, ils sont tout en haut de l'échelle avec un QE de 7.

Il est tentant d'en conclure qu'un QE élevé signale un animal plus intelligent, mais cela n'est vrai que dans un sens très général. Si on considère l'intelligence comme la capacité à former des concepts abstraits et à posséder un langage articulé, alors, bien sûr, les humains sortent grands gagnants. Et nous sommes fortement tentés d'attribuer cette victoire à nos cerveaux plus grands que la moyenne. Pourtant, au sein même de notre espèce, le lien entre QE et intelligence s'effondre. Prenez deux personnes dont les cerveaux ont la même taille. Si l'une pèse soixante-quinze kilos et l'autre cent vingt-cinq, la première aurait un QE de 7 tandis que l'autre aurait un QE de 5. Or, il n'est pas prouvé que perdre du poids rende une personne plus intelligente[15] !

Ces dernières années, la notion de QE a été très critiquée parce qu'elle suppose que le matériel cérébral est fondamentalement le même chez tous les animaux, ce qui n'est peut-être pas vrai. Depuis 2006, Suzana Herculano-Houzel, une neuro-scientifique brésilienne, s'est attachée à mesurer le nombre de neurones dans un cerveau[16]. Jusqu'à la publication de ses travaux, il n'y avait pas de moyen fiable de le faire. Tout était basé sur des carottes de matière cérébrale échantillonnées de manière aléatoire dans différentes régions et extrapolées à l'ensemble de l'encéphale. Herculano-Houzel a montré comment on pouvait dissoudre des cerveaux entiers dans une sorte de soupe permettant de séparer les neurones de tout le reste. Quand elle a compté le nombre de neurones dans le cerveau de différents animaux, elle a découvert que les humains n'étaient pas aussi spéciaux qu'on le pensait. Les humains possèdent certes un grand nombre de neurones, environ 86 milliards, mais ce nombre est proportionné à notre taille, comparé aux autres primates. Les différences les plus importantes se constatent entre les primates et tous les autres mammifères. Il apparaît que les neurones des primates sont plus petits et peuvent pour cela être casés en plus grand nombre dans un cerveau d'un volume donné. Selon Herculano-Houzel, c'est le nombre de neurones, en particulier ceux qui sont contenus dans le cortex cérébral, et non le QE, qui constitue le facteur déterminant de l'intelligence.

Mais le volume cérébral comme le nombre de neurones restent dans tous les cas des mesures globales du cerveau ; il se pourrait qu'elles n'aient pas plus de signification que la taille ou le poids d'une personne. Pour comprendre l'expérience subjective d'un animal, il nous faut aller plus loin et nous demander comment tout ceci s'organise.

Comme la taille globale du cerveau n'explique pas grand-chose, nous devons nous tourner vers d'autres variables. Celle qui semble la plus évidente à prendre en compte est la taille relative des parties spécifiques du cerveau. On s'attend à ce que les régions cérébrales individuelles obéissent toujours au principe de la masse appropriée, les régions les plus grandes effectuant plus de traitements de l'information que les plus petites, ce qui devrait nous en dire plus sur ce que ressent un animal. Et, comme l'entretien des neurones coûte cher, la taille d'une région cérébrale devrait refléter l'importance que sa fonction revêt pour l'animal.

Avant de plonger dans les régions spécifiques du cerveau, nous devons toutefois clarifier une ambiguïté sur la notion de taille. Il y a trois façons de mesurer la taille. La première, la plus directe, consiste à établir la taille absolue d'une région du cerveau, son volume. La deuxième est de considérer sa taille proportionnelle, le rapport entre son volume et le volume global du cerveau. Cette taille proportionnelle est très intéressante car chaque division du cerveau présente une taille spécifique par rapport au reste du cerveau. Par exemple, au fur et à mesure que les cerveaux ont grossi au cours de l'évolution, le cortex s'est mis à occuper une place proportionnellement de plus en plus grande. D'autres régions comme le cervelet et le tronc cérébral ont également grossi, mais pas aussi vite que le cortex. Ces tailles relatives du cortex, du cervelet et du tronc cérébral sont étonnamment cohérentes chez toutes les espèces, en particulier chez les mammifères. Une théorie suggère que les principales divisions du cerveau ont évolué de manière coordonnée[17]. C'est logique. Le cerveau est tellement interconnecté que tout ce qui touche une région affecte les autres.

Mais, si les régions cérébrales se sont développées de concert, comment l'évolution a-t-elle pu augmenter ou diminuer telle ou telle fonction spécifique ? Cette différenciation est au cœur de ce qui distingue le cerveau d'un chat du cerveau d'un chien, ou le cerveau d'un être humain de celui d'un chimpanzé. Ce paradoxe conduit à la troisième façon de mesurer la taille d'une région cérébrale.

Alors que la taille proportionnelle est donnée par le rapport d'une région spécifique au volume total du cerveau, la taille relative est le rapport des régions du cerveau les unes par rapport aux autres. Les chiens ont de grands bulbes olfactifs, mais sont-ils grands pour leur cerveau ? Chez le chien, le bulbe olfactif occupe environ 0,3 % du volume cérébral total. Si nous incluons le tissu neuronal environnant (le tractus olfactif et la strie), la proportion passe à 2 % du cerveau. Chez l'homme, ces ratios sont respectivement de 0,01 % et de 0,03 %, mais ces volumes proportionnels pourraient n'être faibles que parce que d'autres parties du cortex sont devenues beaucoup plus grandes. Ce qu'il faudrait, c'est comparer le volume du système olfactif à celui d'un autre système sensoriel comme la vision. Ce n'est qu'ainsi que l'on peut comparer le sens de l'odorat du chien au sens de l'odorat humain. Si l'évolution a agi sur les tailles relatives des différentes régions, alors peut-être que les cerveaux ont évolué comme une mosaïque de morceaux individuels, chacun soumis à ses propres pressions évolutives[18].

L'importance relative des informations auditives et visuelles est un autre exemple de l'évolution de cette mosaïque. Dans le domaine auditif, le son – sous forme d'ondes de pression – pénètre dans l'oreille, où les ondes sont transformées en vibrations des petits os de l'oreille moyenne. Les cils issus de neurones spécialisés dans l'oreille interne transforment ces vibrations en impulsions électriques transmises *via* le nerf auditif au tronc cérébral. Lorsque les signaux auditifs se dirigent vers le cerveau, ils traversent une série de structures, dont la plus importante s'appelle le « colliculus inférieur ». Les colliculi gauche et droit forment une paire de renflements à l'arrière du tronc cérébral. Comme vous vous en doutez, s'il existe un colliculus inférieur, c'est qu'il y a un colliculus supérieur. Celui-ci est situé au-dessus du colliculus inférieur et constitue la structure équivalente pour la réception des informations visuelles. Les anatomistes considèrent depuis longtemps que la taille relative des colliculi inférieurs et supérieurs est liée à l'importance relative des informations auditives et visuelles chez un animal. Les chauves-souris et les dauphins, qui utilisent l'écholocalisation, ont des colliculi inférieurs plus grands que les supérieurs, alors que les animaux qui dépendent davantage de la vision, y compris de nombreux primates, ont des colliculi supérieurs plus grands.

L'un des exemples les plus convaincants de la relation entre la taille relative et l'importance de la fonction se trouve dans le cerveau des oiseaux. L'hippocampe est une structure nichée dans un creux situé entre le cortex et le tronc cérébral. Chez les mammifères, il forme une courbe ascendante le long de la paroi interne du lobe temporal. Chez les oiseaux, l'hippocampe est situé au sommet du cerveau[19]. Dans une étude devenue classique, le zoologiste de l'université d'Oxford, John Krebs, mesura la taille relative de l'hippocampe chez les oiseaux qui stockent leur nourriture, comme les corbeaux, et chez ceux qui ne le font pas, comme les pinsons. Après avoir pris en compte à la fois la taille du corps et celle du cerveau, Krebs constata que les espèces qui stockent leur nourriture ont un hippocampe plus grand que les autres[20].

On sait depuis longtemps que l'hippocampe est une structure essentielle à la formation des souvenirs. Dans les années 1950, Henry Molaison, un patient atteint d'épilepsie, subit une ablation de ses deux hippocampes afin de le guérir de sa maladie. De ce point de vue, l'opération fut un succès. Mais, par ailleurs, H. M. – les initiales par lesquelles le corps médical le connut jusqu'à sa mort – devint le patient de neurologie le plus célèbre de l'histoire, parce qu'il lui était devenu impossible de former de nouveaux souvenirs. Chez les animaux, l'hippocampe est particulièrement important pour la mémoire spatiale : il faut se rappeler où sont les choses. Il est donc parfaitement logique que les oiseaux qui stockent des aliments pour les consommer plus tard aient besoin de cerveaux qui consacrent plus de place à la mémoire spatiale.

Ces exemples sont les plus fréquemment mis en avant pour soutenir les théories de l'évolution du cerveau en mosaïque. Ce sont des exemples puissants qui illustrent bien les relations fondamentales entre la taille relative des régions du cerveau et leurs fonctions. Cependant, la plupart des autres cas constituent des preuves considérablement plus faibles. Les variations de la taille des autres régions du cerveau ont tendance à suivre une relation simple et directe avec la taille globale du cerveau. Au fur et à mesure que les animaux grandissaient, leur cerveau et tous leurs éléments constitutifs grandissaient aussi.

Mais, comme dans la vie, la taille ne fait pas tout. Ce qui compte, ce sont vos connexions.

On a tendance à ne faire attention qu'aux neurones. Pourtant, la matière grise du cortex, celle qui contient leurs corps cellulaires, n'a qu'une épaisseur de trois millimètres. La majeure partie du cerveau est composée d'autres substances. Les cellules gliales, qui servent de support aux neurones aussi bien d'un point de vue mécanique que métabolique, constituent une grande part de cette substance. Le liquide céphalorachidien, dans lequel le cerveau flotte, lui procure un coussin protecteur. Et puis il y a la matière blanche, qui occupe de grands volumes du cerveau. Sa blancheur provient d'une substance cireuse appelée « myéline » qui agit comme un isolant électrochimique autour des axones des neurones. Les synapses proprement dites, là où les neurones se transmettent des informations, sont généralement localisées dans la matière grise, mais la substance blanche permet aux neurones de communiquer entre eux sur de longues distances. Parfois d'une partie du cerveau à l'autre, voire entre le cerveau et la moelle épinière. Les axones de la substance blanche dans la moelle épinière peuvent ainsi atteindre un mètre de longueur.

Jerison étudiait la matière grise parce que c'était là que se trouvaient les neurones. Jusqu'à récemment, peu de neurologistes s'intéressaient à la substance blanche de sorte que Kechen Zhang et Terrence Sejnowski, de l'Institut Salk, créèrent la surprise lorsqu'ils découvrirent une relation très forte entre matière blanche et matière grise[21]. Zhang et Sejnowski ont mesuré le volume de matière grise et blanche dans la cervelle de cinquante-neuf mammifères différents. La taille des animaux allait de la petite musaraigne pygmée aux éléphants ou aux globicéphales. Après avoir placé les volumes de matière grise et blanche sur une échelle logarithmique, ils s'aperçurent que les valeurs étaient alignées. Sur ce type de graphique, la pente donne l'exposant de la loi d'échelle. Leurs mesures démontraient que le volume de matière blanche est égal au volume de matière grise élevé à la puissance 1,23.

Cet exposant est intéressant pour deux raisons.

Tout d'abord, il est supérieur à 1, ce qui signifie que le volume de matière blanche augmente plus rapidement que le volume de matière grise. Au fur et à mesure que le cerveau grossit, la substance blanche prend plus de place. Cela se comprend, car plus il y a de neurones, plus il leur faut de place pour établir des liens. La surface du cortex est pour l'essentiel une feuille de neurones. Par conséquent, au fur et à mesure que le cerveau grossit, la surface de cette feuille s'étend. Si tous les neurones étaient connectés les uns aux autres, alors le nombre de connexions augmenterait comme le carré du nombre de neurones. Mais ce n'est pas le cas.

Deuxièmement, l'exposant est inférieur à 2, ce qui signifie que la substance blanche augmente plus rapidement que la matière grise, mais pas assez pour permettre aux neurones supplémentaires de rester parfaitement connectés les uns aux autres. Si la matière blanche ne se développe pas au rythme nécessaire pour maintenir une connectivité complète, cela veut dire que les plus gros cerveaux tendent à se diviser en morceaux distincts. En d'autres termes :

Plus les cerveaux deviennent gros, plus ils sont modularisés.

Zhang et Sejnowski comprirent que la relation entre les volumes de matière grise et de matière blanche pouvait s'expliquer à l'aide d'un principe simple : le cerveau minimise les connexions longue distance. Les fibres qui parcourent de longues distances occupent beaucoup d'espace et introduisent des retards de transmission. Les pistes de matière blanche sont comme les autoroutes utilisées par les camions de livraison : elles sont nécessaires, mais leur entretien est coûteux. Imaginez que vous deviez expédier une multitude de marchandises à travers le pays. Vous pouvez soit expédier chaque colis individuellement à partir d'un emplacement central, soit les stocker dans des entrepôts régionaux et les envoyer par le réseau local. Les coûts des transports interurbains sont minimisés lorsque vous regroupez les envois localement.

Ce qui pourrait paraître comme une relation mathématique obscure cache en fait une vérité profonde sur l'organisation du cerveau. Avant Zhang et Sejnowski, d'autres scientifiques avaient tenté d'expliquer pourquoi les cerveaux des animaux étaient si différents. Le principe de masse appropriée impliquait que la taille d'une région cérébrale était liée à la quantité de travail qu'elle accomplissait, qu'elle soit proportionnelle ou relative. Zhang et Sejnowski ont démontré que la taille avait un coût. Au fur et à mesure que les différentes régions d'un cerveau s'agrandissaient, le volume cérébral consacré à la connexion des parties entre elles croissait encore plus rapidement. Cela a conduit à un paradoxe. L'évolution avait poussé les cerveaux à devenir les contrôleurs centralisés du corps, mais au fur et à mesure que les animaux grandissaient leurs cerveaux se fractionnaient en parties plus distinctes. Au lieu d'un système unifié, les grands cerveaux modernes étaient devenus des collections de modules semi-autonomes.

La relation entre les volumes de matière blanche et de matière grise est fondamentale pour comprendre le cerveau, mais ce n'est encore qu'une question de taille. Cela n'explique pas pourquoi le cerveau d'un chien est différent de celui d'un singe rhésus, bien que les deux pèsent environ cent grammes. Pour savoir comment le cerveau d'un chien fait de lui un chien et non un singe, nous devons examiner de plus près l'arrangement spécifique des matières blanche et grise. Il nous faudrait une carte détaillée de la façon dont les choses se connectent.

Comprendre comment les parties du cerveau sont liées les unes aux autres revient à essayer de comprendre depuis l'espace comment marche l'économie d'un pays. Imaginez que vous viviez dans la Station spatiale internationale en orbite à deux cent cinquante kilomètres au-dessus de la Terre. Que pouvez-vous apprendre sur les États-Unis ? Vous commenceriez probablement par les points de repère évidents : les océans, les montagnes, les rivières, les villes. Cela vous apprendrait où se passe l'action, mais pas grand-chose d'autre. Si vous avez le souci du détail, vous remarquerez peut-être les autoroutes et la manière dont les choses sont déplacées entre les centres d'activité. Là, vous pourriez finalement assembler une théorie sur le fonctionnement du pays.

Les neurosciences de la fin du XXe siècle se sont concentrées sur de tels points de repère, comme la taille des différentes régions du cerveau ou les causes de leurs activations. Mais le paradigme du XXIe siècle allait tout entier se focaliser sur la cartographie des routes. Une nouvelle génération de chercheurs était arrivée, qui fonderait l'étude de la connectomique[22].

Au-delà de la production de cartes, la connectomique permet de pénétrer dans les esprits animaux. Toutes ces connexions entre neurones de différentes régions du cerveau remplissent une fonction importante. Les connexions coordonnent l'activité, et ce n'est qu'à travers cette coordination que les animaux peuvent être conscients de leur environnement et de ce qu'ils font. Le schéma des connexions fournit la carte routière de l'esprit. Les États-Unis et le Canada ont des réseaux routiers différents et il en va de même des chiens et des singes. Pour savoir ce que cela fait d'être un chien, nous devons en examiner la carte.

La connectivité cérébrale est si étroitement liée aux états mentaux que les médecins ont un nom pour les troubles de la connectivité : les syndromes de déconnexion. Lorsque les régions du cerveau sont déconnectées les unes des autres, elles continuent de fonctionner de manière isolée, ce qui entraîne diverses affections neurologiques bien connues. Les hémisphères gauche et droit, par exemple, sont des cerveaux assez complets à eux seuls. Dans les années 1950, les expériences sur les cerveaux scindés avaient montré que chaque hémisphère pouvait traiter les informations et contrôler le côté opposé du corps de manière correcte. Mais, sans le corps calleux qui relie les hémisphères, la personne ne pouvait pas expliquer pourquoi un côté de son corps faisait une chose tandis que l'autre en faisait une autre. La perte de connectivité diminue la conscience. Les cerveaux scindés sont une affection induite chirurgicalement, mais d'autres problèmes surviennent à la suite d'accidents vasculaires cérébraux ou de blessures traumatiques. Une lésion de l'ensemble des fibres connectant la région chargée du traitement de la parole à la région de production de la parole provoque un syndrome de déconnexion appelé « l'aphasie de conduction ». Les patients atteints de ce syndrome n'ont pas perdu l'usage de la parole, mais, comme la région qui traite le signal linguistique entrant a été déconnectée, ils ne peuvent pas s'entendre et contrôler ce qu'ils prononcent, et le résultat est un flot de charabia.

Une lésion cérébrale traumatique – provoquée par exemple par la brusque décélération lors d'un accident de voiture – provoque des dommages plus étendus à la substance blanche dans tout le cerveau. Si les dommages sont très graves, le cortex peut être entièrement déconnecté du tronc cérébral. Comme le tronc cérébral contient des grappes de cellules chargées de réguler l'état de veille, sa déconnexion entraîne le coma. Avec le temps, les patients peuvent se remettre de telles blessures, mais le processus de guérison ne progresse pas au même rythme dans tout le cerveau. Certaines voies redeviennent fonctionnelles, alors que d'autres restent sonnées. Lorsque cela se produit, la moindre stimulation sensorielle peut déclencher un déluge d'activations dans le cortex. Cette activité corticale se manifeste à son tour parfois par un comportement sauvage, des cris ou des gestes désordonnés. Le patient se montre souvent peu conscient de ce qu'il fait. Dans le passé, ces symptômes étaient traités par une sédation intense. Désormais, grâce à une meilleure compréhension de la connectomique, les médecins ont appris à contrôler la stimulation sensorielle chez les patients sortant d'un coma plutôt que d'utiliser des tranquillisants. Cette approche permet une récupération plus rapide.

Le traitement des lésions cérébrales en dit long sur ce qu'est un animal, car les lésions cérébrales révèlent le lien entre l'activité électrique coordonnée et la conscience[23]. En fait, la conscience n'est rien d'autre qu'une activité électrique coordonnée. Cela permet également de comprendre que la conscience est un continuum d'états qui fluctuent en fonction de l'état physiologique et des stimuli environnementaux. Même dans un cerveau humain sain, la conscience peut varier d'un état minimal de réceptivité à l'environnement, comme pendant le sommeil, à un état hyperfocalisé nécessaire à la réalisation d'un but précis, comme par exemple la chirurgie du cerveau. La différence réside dans le degré de coordination de l'activité électrique. Lorsque des parties du cerveau sont déconnectées les unes des autres, elles ne peuvent pas coordonner leur activité et le résultat est un trouble de la conscience.

La conscience fluctue chez tous les animaux, mais la structure des connexions dans un cerveau indique les niveaux de conscience accessibles. Quelque part entre le réseau nerveux de la méduse et le cortex cérébral humain, on doit trouver une carte de connectivité d'une complexité suffisante pour donner naissance aux domaines clés de la conscience : la perception, l'émotion, le mouvement, la mémoire et la communication. Et au-delà se trouvent des domaines qui transcendent l'individu, comme la conscience que d'autres animaux ont aussi une vie mentale interne.

Les niveaux les plus élevés de conscience dépendent de la mémoire par-dessus tout. Ce n'est qu'en gardant une trace des événements passés qu'un individu parvient à conserver son identité à travers le temps. La mémoire permet de se réveiller chaque matin avec le sentiment d'être la même personne que la nuit précédente. Il n'y a pas de lieu précis réservé aux souvenirs dans le cerveau. Ils sont répartis dans tout le cortex et ce n'est que par la coordination des activités que les souvenirs peuvent être rappelés. Tout ce qui interfère avec ce processus, comme la maladie d'Alzheimer, perturbe nécessairement le sens de soi. Au fur et à mesure que le cerveau se détériore, les neurones et leurs connexions disparaissent, et, avec eux, les souvenirs. L'expérience subjective s'effondre littéralement.

Les animaux ne souffrent pas de la maladie d'Alzheimer, mais il est arrivé que leurs systèmes mémoriels soient détruits par des toxines environnementales. Dans un cas historique, des humains avaient aussi été affectés par un produit de ce genre et les parallèles entre les syndromes humains et animaux étaient frappants. Les troubles de la mémoire, comme les troubles de la conscience, en disent long sur ce que signifie être soi et, dans le cas d'un animal, être cet animal.

CHAPITRE 4

DES OTARIES ÉPILEPTIQUES

À la fin de 1987, alors que les fêtes de Noël approchaient, les autorités sanitaires canadiennes durent faire face à une épidémie sans précédent. Des dizaines de personnes accouraient vers les services d'urgence de Montréal. Toutes souffraient de nausées et de vomissements. Cela suggérait une maladie d'origine alimentaire, mais beaucoup de patients parurent assez vite mentalement confus, ce qui n'est pas un symptôme typique de la gastro-entérite. Ces troubles mentaux étaient graves. Plusieurs patients firent des convulsions et tombèrent dans le coma. Quatre ne se sont jamais réveillés et sont morts dans la semaine qui suivit. Ceux qui sortirent du coma ne furent plus jamais les mêmes : ils avaient perdu la capacité de se créer de nouveaux souvenirs[1].

Entre le 4 novembre et le 5 décembre 1987, cent sept cas ont été recensés. Les autorités sanitaires ne tardèrent pas à comprendre que tous les patients avaient mangé des moules. Et toutes les moules incriminées provenaient de l'estuaire d'une rivière bien particulière sur l'Île-du-Prince-Édouard, juste au nord de la Nouvelle-Écosse. Pour confirmer que les moules étaient bien la cause de la maladie, les chercheurs en injectèrent des extraits à des souris. Au bout de dix minutes, les souris commencèrent à se gratter furieusement. Elles paraissaient de moins en moins coordonnées. Au bout d'une heure elles étaient toutes mortes.

Aucune des moules ne contenait de toxines environnementales, mais l'analyse toxicologique y trouva des niveaux élevés d'acide domoïque. On ne savait pas grand-chose de cet acide à l'époque, mais, chimiquement, il ressemble beaucoup au glutamate, le neurotransmetteur le plus répandu dans le cerveau qui, une fois libéré par un neurone, excite ses voisins. L'excès de glutamate entraîne une surstimulation et des convulsions. Lorsque les neurones sécrètent trop de glutamate, le métabolisme passe à la vitesse supérieure et brûle les cellules environnantes[2]. Une toute petite dose d'acide domoïque suffit à déclencher le même mécanisme. Et, comme l'acide domoïque résiste à la chaleur, la cuisson des moules n'avait fait aucune différence.

Lors des autopsies pratiquées sur les patients morts, une attention particulière fut portée à leur cerveau. Les pathologistes constatèrent un schéma frappant de mort cellulaire dans les lobes temporaux médians, y compris dans l'hippocampe et l'amygdale[3]. Depuis que le patient H. M. avait subi une intervention chirurgicale contre l'épilepsie et par la même occasion perdu la capacité à former de nouveaux souvenirs, il était établi que les dommages causés à cette région provoquaient de graves troubles de la mémoire. Les médecins de Montréal baptisèrent la maladie « intoxication amnésiante aux fruits de mer ».

L'épidémie constituait un problème de santé publique majeur qui risquait de conduire à la ruine toute la filière conchylicole de l'Atlantique. Il fallait vite trouver la source de l'acide domoïque avant qu'il ne tue à nouveau.

Une équipe de biologistes fut déployée sur l'Île-du-Prince-Édouard[4]. Sous la direction de Stephen Bates, un biologiste employé par le ministère des Pêches et des Océans du Canada, ils recueillirent des échantillons d'eau et des moules dans toutes les criques (vingt-cinq sites en tout). Les moules se nourrissant de phytoplancton, les biologistes se sont concentrés sur l'écumage des eaux de surface, là où les algues s'accumulent. Cette tâche consistait à remorquer des filets à mailles fines à l'entrée des rivières, voire à pomper l'eau des estuaires inaccessibles aux bateaux. C'était une course contre la montre à la veille du gel saisonnier des baies de la région.

Les moules contaminées étaient concentrées sur la côte est de l'île, autour du hameau côtier de Cardigan. Outre les niveaux toxiques d'acide domoïque dans les moules, la seule chose qui distinguait par ailleurs l'eau de la région était la forte concentration d'un phytoplancton appelé *Pseudo-nitzschia*. Bates rapporta les échantillons de *Pseudo-nitzschia* dans son laboratoire et les y cultiva. Comme de juste, lorsqu'il analysa ces échantillons, ils étaient remplis d'acide domoïque.

Les malades avaient donc reçu une dose toxique d'acide domoïque par l'intermédiaire des moules qui avaient mangé ce plancton. On n'a jamais su la cause de la soudaine floraison de *Pseudo-nitzschia*, mais le plancton disparut aussi soudainement qu'il était arrivé. C'était une sale bête, responsable de l'une des pires épidémies d'empoisonnement aux fruits de mer jamais enregistrées. Lorsqu'il frappa la fois suivante, ce fut à Monterey en 1998, et ses victimes n'étaient pas humaines. C'étaient des otaries.

Frances Gulland était vétérinaire au Centre pour les mammifères marins de Sausalito, en Californie. Gulland était vaguement au courant de l'empoisonnement de l'Île-du-Prince-Édouard, mais, comme les victimes étaient humaines, elle n'y avait pas fait très attention. À la fin du printemps 1998, quatre ans après son arrivée au centre, elle eut soudainement de bonnes raisons de se le rappeler. Ce jour-là, le téléphone de Gulland se mit à sonner sans arrêt.

Les années normales, le centre recueillait quelques centaines de phoques et d'otaries. Il s'agissait généralement de petits mal nourris qui arrivaient plutôt en été, peu de temps après leur naissance. Le centre les recueillait, les engraissait et les relâchait dans l'océan. Cette année, l'hiver avait été dur. Pas à cause du froid, mais du phénomène El Niño*. En mai, lorsque les femelles commençaient à mettre bas, l'eau tiède s'était accumulée pendant six mois dans tout le Pacifique oriental. Les petits n'avaient pu être allaités que sept à dix jours avant que les mères ne soient obligées de prendre le large en quête de poisson. Mais elles ne sont pas allées bien loin. À une centaine de kilomètres au sud, dans la baie de Monterey, on signalait des échouages massifs d'otaries et ce n'étaient pas comme d'habitude des jeunes mal nourris. C'étaient leurs mères. Et ce que décrivaient les rapports donnait l'impression qu'elles étaient saoules.

C'était pénible à voir. Les animaux semblaient incapables de marcher et tombaient sur le côté. Ils bougeaient la tête de façon étrange. Ils essayaient d'utiliser leurs pattes pour gratter des démangeaisons impossibles à soulager. Les plus atteints s'effondraient, pris de convulsions.

À la mi-juin, Gulland avait capturé soixante-dix otaries adultes, toutes originaires de la baie de Monterey.

---

* Il s'agit d'un phénomène climatique correspondant à une hausse de la température de l'océan Pacifique près des côtes d'Amérique du Sud. (N.D.T.)

Cinquante-quatre d'entre elles étaient des femelles dont la moitié étaient enceintes. Aucun des animaux ne semblait significativement mal nourri. Par-dessus le marché, elle devait s'occuper de la série habituelle de petits affamés qui avaient déjà dépassé les trois cents à ce moment-là.

On aurait dit une zone de guerre. Gulland et le personnel du centre faisaient de leur mieux, mobilisant tout leur savoir-faire pour aider les animaux. Ils commencèrent par des intraveineuses pour maintenir les animaux hydratés, car ils ne pouvaient ni manger ni boire pendant la grossesse. Ils shootèrent les otaries au valium et au phénobarbital pour maîtriser les crises. Dans les cas les plus graves, les animaux voyaient leur état se dégrader jusqu'à un stade de convulsion continue appelé *status epilepticus*. C'est horrible à voir chez un humain, et c'est tout aussi horrible chez un animal. Cet état épileptique ne dure que dix minutes environ, mais les crises ne cessent que lorsque le cerveau manque d'oxygène. À ce stade, il gonfle. Gulland injectait de fortes doses de stéroïdes pour contrôler ce gonflement, mais cela fonctionnait rarement et les animaux cessaient bientôt de respirer. Les femelles enceintes furent échographiées et on constata que beaucoup de fœtus étaient déjà morts. Un fœtus mort étant le plus sûr chemin vers la septicémie, Gulland dut provoquer les accouchements pour tenter de sauver les mères.

Rien, dans la formation de Gulland, ne l'avait préparée à cela. À la fin du mois de juin, elle n'avait réussi à sauver que vingt-deux des soixante-dix animaux. Sur les quarante-quatre mères, douze seulement avaient survécu. Déterminée à comprendre ce qui avait tué les otaries, Gulland se lança dans une enquête médicolégale qui occuperait son temps libre pendant les deux années suivantes.

Les crises avaient mis en évidence le fait que la maladie frappait le cerveau. Lorsque Gulland examina les cerveaux post mortem, elle découvrit un motif étonnant de nécrose tissulaire. Le cerveau présentait de petits trous, comme ceux de l'emmental, dans le lobe temporal médian, tout autour de l'hippocampe. Au début, Gulland soupçonna une exposition à un agent chimique. Mais le fluide céphalorachidien des animaux morts ne présentait aucune trace des suspects habituels, tels le plomb ou le mercure.

Il était donc temps de rechercher des suspects inhabituels. Heureusement, la baie de Monterey est l'un des sanctuaires marins les plus surveillés aux États-Unis : les garde-côtes américains et l'aquarium de la baie de Monterey avaient régulièrement prélevé des échantillons d'eau depuis des années. Peut-être l'indice qu'elle cherchait se cachait-il dans leurs archives.

Chaque année, avant le début officiel du printemps, les rayons du soleil frappent la baie sous un angle assez élevé pour stimuler la croissance d'organismes microscopiques. La première prolifération de plancton se produit généralement début avril. Le plancton est une source alimentaire majeure pour beaucoup de poissons et de baleines, et tout changement dans le plancton ne pouvait qu'avoir des répercussions en cascade. Lorsque El Niño est arrivé, des événements imprévisibles se sont produits.

La température moyenne à Monterey en avril est normalement de 12 °C. En 1998, il faisait 17 °C. Le mois d'avril est par ailleurs un mois généralement sec là-bas, avec des précipitations de l'ordre du millimètre. Mais en 1998 il avait plu presque tous les jours pendant deux semaines et, à la fin du mois, il était tombé plus de sept centimètres de pluie, soit trente fois les normes habituelles.

Plus que la température, la pluie bouleversait l'équilibre du plancton. Gulland fit l'hypothèse que les précipitations avaient accru le ruissellement des eaux agricoles dans la baie. Riche en engrais, ce ruissellement avait fourni d'énormes quantités d'azote qui avaient alimenté la prolifération de plancton. Les échantillons d'eau prélevés par les garde-côtes à la fin avril en révélaient d'ailleurs la présence d'une nouvelle espèce.

Pseudo-nitzschia était de retour.

Gulland lut les rapports sur la prolifération de *Pseudo-nitzschia* dans la baie de Monterey, mais il lui restait à comprendre comment cela affectait les otaries. Les otaries ne mangent pas de plancton. Elles n'ont pas non plus la dextérité nécessaire pour manger des coquillages comme le font les loutres de mer. Les moules ne pouvaient donc pas être la source de la contamination comme cela avait été le cas lors de l'épidémie de l'Île-du-Prince-Édouard. Mais les otaries mangent du poisson et elles ne sont pas très difficiles. Gulland étudia d'abord les poissons les plus répandus sur le lieu du crime, à savoir des anchois et des sardines. Comme de juste, leurs ventres étaient remplis de *Pseudo-nitzschia*, qui, sous l'œil du microscope électronique, avait l'aspect d'éclats de verre. Bizarrement, l'acide domoïque du plancton était confiné aux tripes des poissons. Non que cela fasse la moindre différence pour les otaries, qui gobent les poissons en entier, absorbant ainsi une dose toxique d'acide domoïque avec leur repas.

Une fois les pièces du puzzle assemblées, les conclusions de Gulland firent l'effet d'une bombe[5]. La seule différence entre l'événement de l'Île-du-Prince-Édouard et celui de la baie de Monterey, c'était le vecteur de l'acide domoïque. Certes le catalyseur du dernier événement avait été le phénomène El Niño, mais il semblait fort probable que ce soit le ruissellement des eaux chargées en engrais agricoles qui ait provoqué la prolifération toxique. Jusque-là, personne n'avait eu l'idée d'associer l'acide domoïque à un événement majeur de surmortalité chez les mammifères marins. Dans un sens, ce fut une chance que Gulland ait fait cette découverte chez les otaries de Californie. La population était en bonne santé et comptait environ 175 000 individus. Mais il était impossible de savoir où *Pseudo-nitzschia* frapperait à nouveau. Si elle se présentait à Hawaï, elle pourrait éliminer la population menacée des phoques moines, qui comptait à peine 1 400 individus. Le rapport de Gulland mit la communauté internationale sur le qui-vive. On se mit à analyser régulièrement les eaux côtières autant dans l'intérêt des mammifères marins que dans celui des humains.

Au fil des ans, *Pseudo-nitzschia* sembla disparaître de Californie et Gulland se prit à espérer que toute cette histoire était désormais derrière elle. Elle se trompait.

La baie de Monterey avait été le foyer d'origine de cette hécatombe parmi les otaries pour une raison précise. Ce littoral pittoresque est le point culminant d'un magnifique canyon sous-marin aux parois profondes de plus d'un kilomètre. Les plongeurs sous-marins intrépides peuvent nager depuis le rivage et regarder droit dans l'abîme. Les otaries le savent aussi. Elles n'ont pas besoin de nager très loin pour attraper du poisson dans le canyon. Hélas, pour les mêmes raisons, la baie forme également un entonnoir qui recueille les eaux de ruissellement des collines environnantes.

L'abondance de vie aquatique de la baie de Monterey en faisait le lieu idéal pour installer un laboratoire de biologie marine. En 1965, lorsque l'université de Californie construisit un nouveau campus à Santa Cruz, à l'extrémité nord de la baie, un tel laboratoire faisait déjà partie de ses plans. Grâce à la donation d'un terrain approprié en 1972, la construction put enfin démarrer et l'Institut des sciences de la mer ouvrit ses portes en 1978.

La mission de l'Institut couvrait tous les aspects de la vie marine, mais ce n'est qu'en 1985 que Ron Schusterman créa la division dédiée aux otaries et à leurs cousins phylogénétiques, les pinnipèdes. Schusterman avait réfuté la théorie jusque-là admise selon laquelle les otaries pratiquaient l'écholocalisation comme les dauphins et, dans ces nouvelles installations, il mit en place un ambitieux programme de recherche visant à déterminer ce dont les otaries étaient capables, y compris leur éventuelle capacité à comprendre le langage humain. À l'époque, les singes étaient les seuls animaux non humains chez lesquels on observait une capacité linguistique rudimentaire. Mais Schusterman allait finalement montrer que les otaries peuvent comprendre la langue des signes. Colleen Reichmuth, une ancienne élève de Schusterman, élargit le programme de recherche et prit la relève de Schusterman lorsqu'il partit à la retraite en 2003. Elle dirige depuis le laboratoire des pinnipèdes.

Reichmuth dégage un charme chaleureux et prend les gens dans ses bras aussi bien pour les saluer que pour leur dire au revoir. Dans les congrès de sciences de la mer, elle est toujours très demandée et vous la trouverez généralement au centre d'un cercle d'étudiants enthousiastes. Mais sa nature conciliante ne l'empêche pas de diriger le laboratoire des pinnipèdes avec une grande rigueur. Pour Reichmuth, le centre de tout, ce sont les animaux. Selon les moments, le laboratoire peut abriter tout à la fois des otaries, des loutres et plusieurs espèces de phoques. Chaque animal a son propre programme de soins, qui comprend l'alimentation et les soins vétérinaires de routine. Comme ils sont très intelligents, ils ont tous besoin d'être régulièrement stimulés intellectuellement. L'établissement tourne vingt-quatre heures sur vingt-quatre, sept jours sur sept, grâce à une équipe de comportementalistes animaliers, de vétérinaires, de chercheurs et d'étudiants de tous les niveaux. Personne n'entre au labo des pinnipèdes pour aller directement travailler auprès des animaux. Vous commencez par couper du poisson et puis vous remontez progressivement toute la chaîne alimentaire tout en apprenant à interagir avec les pinnipèdes et à les entraîner.

En général, Reichmuth n'acceptait pas de nouveaux étudiants au laboratoire sans les avoir rencontrés au préalable. Elle savait à quel point il était important de filtrer les élèves qui adorent les animaux, en particulier les mammifères marins dont les formes épurées et les grands yeux attirent d'innombrables étudiants naïfs. Les biologistes appellent cela la « néoténie » – la persistance de traits juvéniles chez les individus adultes – et c'est parfois totalement irrésistible, en particulier pour les gens qui ont un fort instinct maternel. Mais l'attrait de la néoténie nuit à la bonne science. Reichmuth avait donc érigé autour de son labo de solides défenses contre les étudiants à l'esprit trop tendre qui voulaient anthropomorphiser les animaux.

Peter Cook n'avait pas du tout le profil normal des étudiants qui rejoignaient le labo des pinnipèdes. Son diplôme de premier cycle était un diplôme de philosophie, pas de biologie ni de psychologie comme c'est habituellement le cas. Pour sa défense, il s'était toujours intéressé à la question de la conscience animale, mais cela ne suffisait pas à l'élever à la hauteur des critères de Reichmuth. Pour étoffer son CV, il fit une année de psychologie à l'université Columbia. Il employa son temps libre à travailler à l'aquarium de New York à Coney Island pour observer les morses. C'était ce qui s'approchait le plus d'une expérience auprès des animaux sauvages. Mais bien sûr ces morses-là n'étaient plus vraiment sauvages.

Vers la fin de son année à Columbia, Peter postula à l'école doctorale de psychologie de l'université de Santa Cruz et il y fut admis. Le laboratoire des pinnipèdes était lié à l'Institut des sciences de la mer. Reichmuth ne prenait pas un gros risque avec lui : si Peter s'avérerait inapte, ce serait au département de psychologie de le gérer. S'il travaillait bien avec les pinnipèdes, ce serait tant mieux. Et c'est sur la base de cet engagement des plus incertains que Peter et son épouse, Lilas, s'installèrent sur la côte Ouest en 2007.

La vie à Santa Cruz convenait parfaitement à Peter et Lilas. Lui pouvait faire du vélo entre le campus et le laboratoire marin, et le centre-ville regorgeait de restaurants végétaliens. De plus le marché communautaire de New Leaf vendait des légumes issus de l'agriculture équitable.

La nature affable de Peter l'aida à faire son trou au laboratoire des pinnipèdes. Comme tout le monde, il commença en bas de l'échelle en préparant les repas des pensionnaires. Il assimila bien vite les bases de l'entraînement animalier, même s'il n'avait aucune expérience préalable, pas même avec des chiens.

Les deux premières années de Peter à Santa Cruz passèrent à toute vitesse. Entre les cours requis pour obtenir son diplôme en psychologie, il passait tout son temps au laboratoire des pinnipèdes, gravissant un à un les échelons, apprenant à soigner et à former les animaux. Ce point était essentiel pour son travail. Afin de tester certains aspects des fonctions mentales des otaries, il lui fallait impérativement leur apprendre à s'acquitter de certaines tâches.

Pour sa thèse de doctorat, Peter voulait en effet étudier la mémoire des otaries au laboratoire des pinnipèdes.

Depuis l'hécatombe de 1998, l'acide domoïque était identifié comme l'agent toxique responsable des lésions cérébrales des otaries. Les cas les plus graves, ceux qui donnaient lieu à des convulsions épileptiques, étaient flagrants. Mais qu'en était-il des cas moins graves ? Était-il possible que des dommages plus légers que les crises convulsives affectent un animal de différentes manières ? Une otarie pouvait ne pas souffrir d'épilepsie mais mourir de malnutrition en raison de son incapacité à trouver de la nourriture. Ou elle pouvait se perdre en mer et se noyer. Si l'idée de Peter était correcte, même s'ils ne développaient pas les symptômes de toute la maladie, les animaux exposés à l'acide domoïque devaient avoir des difficultés à effectuer les tâches qui requéraient de la mémoire. Une exposition faible à l'acide domoïque aurait pu se produire même sans El Niño.

Répondre à la question de Peter aller réclamer des efforts héroïques. Gulland, désormais vétérinaire principale du Centre pour les mammifères marins, l'informait dès qu'ils capturaient une otarie malade. Une fois l'animal en assez bonne santé, Peter le récupérait pour l'amener au laboratoire des pinnipèdes de Santa Cruz. Là, sous la supervision de Reichmuth, il entraînait ces animaux sauvages à effectuer une batterie de tests de mémoire. Pour isoler les effets spécifiques à l'acide domoïque, il lui fallait également un groupe témoin, à savoir des otaries qui avaient échoué au centre pour d'autres raisons que l'intoxication à l'acide domoïque.

Mais l'acide domoïque ne s'accumule pas dans le corps. Il est excrété en quarante-huit heures dans l'urine et les matières fécales. Ainsi, à moins de tomber sur un animal qui venait juste de manger quantité d'anchois toxiques, il serait difficile de dire s'il souffrait d'une intoxication à l'acide domoïque ou d'un autre problème. Certes, les cas graves présenteraient les symptômes neurologiques révélateurs, mais pas les cas bénins. Il faudrait une IRM du cerveau pour voir si l'hippocampe avait été endommagé.

Personne n'avait l'habitude de pratiquer des IRM sur des otaries. De tels scans étaient pourtant cruciaux pour déterminer celles qui présentaient des signes d'intoxication à l'acide domoïque. Toute installation IRM moderne devait pouvoir effectuer une IRM de base du cerveau. Du moins pour les humains, car les otaries, elles, devraient être anesthésiées avant. Or les mammifères marins ont d'énormes réserves de graisse, qui tendent à absorber les substances anesthésiques comme des éponges. Les otaries ont également des systèmes respiratoires adaptés aux longues périodes d'apnée. Des techniques spéciales sont donc nécessaires pour les maintenir ventilés lorsqu'elles sont sous anesthésie. Les vétérinaires spécialisés dans les mammifères marins sont assez rares, et ceux qui connaissent à la fois l'anesthésie et la radiologie le sont encore plus.

Heureusement pour Peter, Sophie Dennison arriva au centre juste au moment où il lançait son projet. Dennison avait bouclé la moitié de son internat en radiologie lorsqu'elle fit un stage au centre. Elle s'arrangea pour trouver une place aux otaries dans une installation IRM de Redwood City, à peu près à mi-chemin entre Santa Cruz et le Centre pour les mammifères marins. Et, fort heureusement pour un étudiant sans le sou comme Peter, son projet était si original que le cabinet d'imagerie accepta de les laisser scanner les otaries gratuitement après les heures d'ouverture.

Peter reçut le premier appel en avril 2009. Une jeune otarie mâle nommée Jettyhorn avait abouti au centre pour cause de malnutrition. Peter fila vers le nord direction Santa Cruz pour y récupérer l'otarie au Centre pour les mammifères marins. Quelques heures plus tard, il franchissait le Golden Gate et tournait à gauche vers Marin Headlands pour aller chercher son premier sujet.

Une fois là-bas, Peter introduisit Jettyhorn dans une grande cage pour chien. Jettyhorn était encore jeune et Peter n'eut aucun mal à soulever la cage pour l'installer à l'arrière de son pick-up. Il ne traînait pas, car il savait que le voyage serait stressant pour Jettyhorn. Afin de minimiser ce stress, Peter évita l'autoroute et s'engagea sur la route panoramique le long de la Pacific Coast Highway. Aux alentours de Half Moon Bay, sur le célèbre spot de surf que tout le monde appelle les « Mavericks » (les « rebelles »), Jettyhorn réagit au son des vagues. Peter pouvait le voir s'agiter dans sa caisse, tordant le cou vers l'océan. « Désolé, mon vieux, lui dit Peter. Pas cette fois. »

Comme Jettyhorn était un animal sauvage, on le plaça dans la piscine de quarantaine du laboratoire que Peter avait transformée en labyrinthe géant. Le plan était de faire subir deux tests aux otaries. Les deux nécessiteraient que l'animal navigue dans un labyrinthe simple pour obtenir un morceau de poisson. Peter savait qu'il disposerait de peu de temps pour travailler avec chaque animal. Il avait donc besoin d'un test pour lequel l'entraînement serait rapide, même chez une otarie sauvage peu habituée à travailler en captivité.

Le premier test était conçu pour simuler la recherche de nourriture. Les otaries sont des animaux qui se nourrissent en explorant leur environnement et sont donc naturellement curieuses. Cela en fait des sujets idéaux pour les tests de labyrinthe. Si une otarie sait qu'il y a quelque part un poisson à manger, elle explorera le labyrinthe. Une fois par jour, Peter plaçait quatre seaux sur le périmètre de l'enceinte entourant la piscine de quarantaine. Un seul des seaux contenait un poisson et ce seau serait au même endroit tous les jours. Pour que l'animal ne le voie pas mettre le poisson dans le seau, Peter plaçait tous les seaux à l'aide des cordes et des poulies. Chaque jour, il chargeait le même seau, puis les abaissait tous en même temps.

Le premier jour, Peter descendit les seaux et Jettyhorn sauta hors de la piscine pour aller voir de quoi il retournait. Peut-être par malchance, Jettyhorn se dirigea tout droit vers le seau le plus éloigné de celui qui contenait le poisson, puis fit le tour du périmètre dans le sens contraire des aiguilles d'une montre vérifiant chacun des seaux jusqu'à ce qu'il trouve le bon. Peter chronométra son temps : trente-deux secondes.

Le lendemain, Jettyhorn bondit hors de la piscine et sembla réfléchir. Il se tenait sur le *deck*, hochant la tête d'avant en arrière. Au bout de vingt-huit secondes, il se dirigea vers le bon seau, sans rendre visite aux autres. Le troisième jour, il s'était amélioré, obtenant son poisson en douze secondes, et le jour suivant il maîtrisa complètement la tâche en se dirigeant droit vers le seau en trois secondes.

Comme Jettyhorn continuait à réussir son test de recherche de nourriture quotidien, Peter passa à un test de mémoire plus complexe. Le test était basé sur un protocole utilisé communément chez les rats de laboratoire : l'alternance retardée. Un rat est placé à l'extrémité longue d'un labyrinthe en forme de T. Dans l'un des bras se trouve un morçeau de nourriture et tout ce que le rat doit faire, c'est le trouver. Mais si le rat se trompe de bras on l'empêche d'aller explorer l'autre et le test est terminé. Lors des essais successifs, la nourriture est placée alternativement d'un côté et de l'autre du labyrinthe de sorte que si le rat veut manger il doit se souvenir de quel côté il a tourné la fois précédente.

Pour adapter ce test aux otaries, Peter construisit un labyrinthe géant dans l'enclos de quarantaine, la piscine se trouvant à la base du T. Lors de la première phase, l'otarie devait sauter hors du bassin dans le labyrinthe, glisser le long d'un toboggan puis sortir soit à gauche soit à droite. Pour que les otaries ne puissent pas résoudre le problème à l'odorat, Peter se cachait derrière un store à l'extérieur de l'enclos. Si l'animal sortait du bon côté, il jetait un poisson dans l'enceinte.

C'était une pure expérience de conditionnement opérant. Jettyhorn ne pouvait pas savoir ce qu'on attendait de lui, mais sa curiosité naturelle l'amènerait à explorer le labyrinthe. S'il sortait du bon côté, il avait un poisson. Mais il devait trouver le moyen de revenir à la piscine pour entrer à nouveau dans le labyrinthe, car reprendre le chemin par lequel il était venu ne marchait pas.

Il fallut beaucoup de patience. Peter et Reichmuth avaient décidé au préalable qu'il faudrait qu'un animal réussisse 85 % des essais avant de passer à la phase suivante. Jour après jour, Peter venait au moment des repas pour que Jettyhorn gagne ses poissons en travaillant.

Finalement, au bout de quelques semaines et quatre cent vingt et une répétitions, Jettyhorn semblait avoir compris de quoi il retournait. Il était temps de compliquer les choses en tirant davantage sur sa mémoire.

Pendant la phase d'entraînement, le seul délai entre deux essais était le temps que Jettyhorn mettait pour sortir d'un côté du T, manger son poisson et retourner à l'eau à l'entrée du labyrinthe, ce qui n'était pas assez long pour mettre l'hippocampe à contribution. Désormais, Peter bloquait l'entrée du labyrinthe pendant sept secondes. Dans l'intervalle, Jettyhorn devait se souvenir de quel côté du labyrinthe il venait de sortir. Ils feraient quarante essais et

Peter compilerait le nombre de fois où l'otarie ferait le bon choix.

La journée d'essais fut un grand événement. Peter avait passé deux ans à planifier cette expérience et, après plusieurs semaines d'entraînement avec Jettyhorn, Peter était anxieux. Il ne s'attendait pas à la perfection, mais il aimait beaucoup Jettyhorn et il espérait le voir réussir.

Jettyhorn ne le déçut pas. Ignorant que ce jour n'était pas comme les autres, il sortit du bon côté trente-sept fois sur quarante, soit bien plus de 90 % de réussite, ce qui n'était certainement pas le résultat du hasard. Reichmuth était contente, elle aussi. L'audacieuse idée de Peter semblait marcher.

Le succès avait un prix. Une fois sa tâche accomplie, Peter dut ramener Jettyhorn au Centre pour les mammifères marins. Jettyhorn semblait en bonne santé et ses résultats au test d'alternance différée montraient que sa mémoire était intacte. Il serait donc probablement relâché dans l'océan. Une issue heureuse, mais, tout de même, il manquerait à Peter.

Le printemps et l'été apportèrent un petit nombre de patients au centre et, par ricochet, à l'étude de Peter. Pour les otaries, c'était une chance que le phénomène El Niño ne réapparaisse pas, mais ces conditions météorologiques favorables ralentissaient l'expérience de Peter. Il s'écoulerait des mois sans qu'il obtienne de sujet pour son étude. En fin de compte, il attendit près de six ans pour atteindre son objectif de quarante animaux testés, mais Peter réussit à démontrer le lien entre l'exposition à l'acide domoïque et les fonctions mnésiques chez les otaries.

Ce furent les IRM qui lui fournirent ce lien.

Lorsque Peter compara la taille de l'hippocampe des otaries avec leurs performances lors du test d'alternance différée, il constata que plus l'hippocampe était petit, plus l'otarie commettait d'erreurs[6]. Près de vingt ans après la découverte initiale de Gulland, l'équipe disposait désormais d'un mécanisme plausible pour expliquer les échouages des otaries. Au cours des années de prolifération d'algues toxiques, les anchois mangeaient ces algues et accumulaient de l'acide domoïque dans leurs intestins. Les otaries mangeaient les anchois, lésant chaque fois un peu plus leur hippocampe. Au fil du temps, ces expositions répétées se cumulaient au point de rendre l'animal incapable de se nourrir ou de s'orienter. Finalement, ces otaries mouraient ou s'échouaient sur une plage, en état de malnutrition. C'était une étude exemplaire qui suivait une toxine dans un écosystème tout au long de la chaîne alimentaire jusqu'au cerveau et à ses effets sur la cognition.

Même si l'équipe de Peter se montrait prudente à l'heure de désigner les coupables, il semblait évident que ces « événements de mortalité inhabituels » ne pouvaient être imputés à El Niño ou à d'autres phénomènes naturels. Chaque fois, l'excès de pluies pouvait être le déclencheur, mais la cause profonde de la prolifération des algues était le ruissellement d'eaux chargées d'intrants agricoles. Le phytoplancton fleurissait à cause de l'accroissement, dû aux activités agricoles humaines, de la concentration d'azote dans l'eau.

Personne ne sait si l'événement de l'Île-du-Prince-Édouard est lui aussi imputable à l'activité humaine, mais les effets néfastes de l'acide domoïque sur les patients de Nouvelle-Écosse montrent ce que cela fait d'être une otarie souffrant du même trouble de la conscience. Et, comme les crises d'épilepsie sont courantes chez les humains, nous savons exactement à quoi cela ressemble[7]. Lors d'une crise généralisée, le cerveau entier est affecté, alors qu'une crise partielle n'en touche qu'un sous-ensemble.

Le site le plus courant des crises partielles est le lobe temporal situé tout autour de l'hippocampe, la région touchée chez les otaries. On pense que le romancier russe Fiodor Dostoïevski souffrait d'épilepsie du lobe temporal. Au XIXe siècle, il fit des récits saisissants de ses crises[8]. Dans *L'Idiot*, le prince Mychkine, un personnage basé en grande partie sur les propres expériences de Dostoïevski, décrit ainsi le phénomène :

« Il songea notamment à un phénomène qui précédait ses attaques d'épilepsie. [...] La sensation de vie, de l'existence consciente, était presque décuplée dans ces instants rapides comme l'éclair. Une clarté extraordinaire illuminait l'esprit et le cœur. [...] Dans le dernier moment de conscience qui précédait l'accès, le malade pouvait se dire clairement et en connaissance de cause : "Oui, pour ce moment, on donnerait toute une vie !"

Cela dura peut-être une demi-seconde ; néanmoins le prince garda un souvenir très net du commencement, des premiers cris qui s'échappèrent spontanément de sa poitrine et que tous ses efforts eussent été impuissants à contenir. Ensuite la conscience s'éteignit en lui.

Sur-le-champ furent prises les mesures nécessaires. On transporta le prince dans sa chambre. Il revint à lui, mais il fut assez longtemps sans recouvrer toute sa connaissance.[9] »

Une otarie ne se montrera probablement pas aussi sentimentale que le prince Mychkine, mais, étant donné la similarité des anatomies cérébrales, il est très probable que l'expérience subjective vécue lors d'une crise du lobe temporal soit très similaire, tout comme la confusion qui s'ensuit. Lorsqu'une telle crise frappe une otarie en mer, l'animal se noie probablement. Les travaux de Peter avaient établi le lien entre l'exposition à l'acide domoïque et les dommages causés à l'hippocampe des otaries, mais il restait encore de nombreuses inconnues. Les otaries les plus affectées présentaient un rétrécissement visible de l'hippocampe : mais était-ce là toute l'histoire ? L'hippocampe est connecté à de nombreuses parties du cerveau. Comment les dommages causés à l'hippocampe affectaient-ils ces connexions ? Il semblait probable que l'un des premiers effets de l'exposition à l'acide domoïque soit précisément de perturber ces communications, avant même que l'hippocampe ne soit gravement endommagé.

Peter avait certes collecté nombre d'IRM d'otaries, mais il n'était pas possible de répondre à ces questions à l'aide de ces simples examens structurels. Ces questions relevaient de la connectivité, un autre type d'analyses était nécessaire. C'est là que je me suis trouvé impliqué dans l'histoire.

Peter travaillait déjà dans mon laboratoire à Emory depuis un an lorsqu'il s'arrangea pour que le Centre des mammifères marins nous envoie le cerveau des otaries qu'ils ne parvenaient pas à sauver. Le premier nous est arrivé enveloppé dans un sac en plastique doublé, baignant dans quelques cuillères à soupe de liquide brunâtre destiné à le maintenir humide. Il avait à peu près la taille et l'aspect d'un pamplemousse légèrement aplati. Quelqu'un avait griffonné le nom de l'otarie sur le sac : Little Hoot.

J'essayais d'imaginer à quoi Little Hoot avait ressemblé de son vivant. Petit. Insupportablement mignon. Probablement un peu clown sur les bords.

Cela me rendait triste de tenir son cerveau. Certes, j'avais déjà vu beaucoup de cerveaux, humains et non humains, et j'avais souvent connu le nom de leurs propriétaires morts. Les noms humains ne disaient pas grand-chose de la personnalité qui se cachait derrière, mais les noms d'animaux si. Ou du moins nous pouvions le croire.

« Il n'est pas très gros, dis-je.

– Il était probablement très jeune », répondit Peter.

Il était inutile de pleurer la mort de Little Hoot. Je ne le connaissais même pas. Le mieux que je pouvais faire était de lui donner un sens en apprenant quelque chose sur le cerveau des otaries. Peter et moi avons pensé que nous pourrions peut-être cartographier les connexions de l'hippocampe en utilisant une technique devenue courante en neuro-imagerie humaine. Cela s'appelait l'« imagerie par tenseur de diffusion », ou DTI.

La DTI, une forme d'imagerie basée sur l'IRM, tire parti du fait que le mouvement des molécules d'eau dans le cerveau est contraint. Si le cerveau était une masse uniforme de tissus, une molécule d'eau rebondirait de manière aléatoire, aucune direction n'étant plus probable qu'une autre. Mais les cerveaux sont très structurés. La substance blanche, qui contient les axones des neurones, constitue les routes et les autoroutes du cerveau. Une molécule d'eau déposée dans la substance blanche aura du mal à se déplacer en travers des fibres, car la substance blanche est composée principalement de graisse et de cholestérol, des matières qui ne se mélangent pas à l'eau. Au lieu de cela, une molécule d'eau suit le chemin de moindre résistance et se déplace dans la direction des axones. En mesurant la direction privilégiée du mouvement de l'eau en chaque point du cerveau, la DTI crée une carte des fibres de la substance blanche.

Afin de mesurer les effets des lésions de l'hippocampe sur le reste du cerveau, il était d'abord nécessaire de cartographier toutes les connexions de la substance blanche. Personne n'avait jamais fait cela sur un cerveau d'otarie, nous n'avions pas de guide pour nous dire par où commencer.

L'idée de Peter était d'obtenir le plus de cerveaux possible, certains endommagés par l'exposition à l'acide domoïque, d'autres non. Dès lors, nous verrions comment l'acide domoïque perturbait les schémas normaux de connectivité. Ce type de cartographie serait délicat sur des cerveaux morts. Lorsque le sang ne s'écoule pas dans les vaisseaux comme c'est le cas dans les cerveaux vivants, le cerveau ne produit pas de signaux aussi nets dans le scanner. En revanche, nous n'aurions pas à nous préoccuper de l'immobilité du sujet.

Les DTI post mortem constituaient un domaine de recherche un peu confidentiel, mais quelques groupes avaient réussi à en réaliser sur des cerveaux humains. Cela prenait beaucoup de temps – plus de douze heures – et les signaux étaient faibles, ce qui limitait la qualité de la reconstruction des pistes de la substance blanche. Karla Miller, physicienne de l'IRM à l'université d'Oxford, tentait d'améliorer la qualité des numérisations en expérimentant d'autres moyens de programmer le logiciel. En 2012, elle avait obtenu un certain succès et montré qu'avec son approche elle pouvait obtenir des données DTI de haute qualité sur des cerveaux morts en deux fois moins de temps que les méthodes conventionnelles. Étrangement, ses résultats n'attirèrent pas beaucoup l'attention, probablement parce que peu de gens s'intéressaient au scan de cerveaux morts. Je les trouvais pour ma part fascinants et je lui proposai de venir nous aider sur le Projet otarie. Elle était ravie que quelqu'un se soit intéressé à ses méthodes et nous a rapidement envoyé les instructions nécessaires pour les mettre en œuvre sur notre scanner.

Pour préparer le cerveau de Little Hoot à la numérisation, Peter le plaça dans un Tupperware rempli d'agar-agar. Pour éviter que l'eau contenue dans la gélatine ne submerge le signal émis par le cerveau, il l'avait d'abord dopée à l'aide d'une petite quantité de gadolinium, un métal du groupe des terres rares, qui possède des propriétés magnétiques très recherchées. Il est le plus souvent utilisé comme agent de contraste par voie intraveineuse lors des IRM cliniques. C'est particulièrement utile pour révéler où se trouvent les tumeurs. Dans nos scans, cependant, le gadolinium atténuerait le signal provenant de la gélatine et permettrait à celui du cerveau de ressortir sur le bruit de fond.

Nous devions faire environ quatre-vingts balayages différents. Certaines de ces analyses étaient des analyses structurelles optimisées pour obtenir une anatomie détaillée, mais les analyses DTI constituaient le cœur du protocole. Pour chacun de ces balayages, un champ magnétique était appliqué dans une direction spécifique. Le scanner mesurait alors, en chaque point du cerveau, la façon dont l'eau diffusait le long de cette direction. Il le balayait deux fois, chacune dans une direction différente. La numérisation elle-même prenait environ six heures. Plus tard, nous rassemblions tous les scans et calculions les directions de diffusion privilégiées dans la substance blanche.

Les analyses structurelles étaient superbes et tout semblait se dérouler sans heurts. Les tests préliminaires terminés, il était temps de lancer le clou du spectacle : les analyses DTI. Nous avons tout chargé dans l'ordinateur conformément au protocole de Karla et nous avons commencé.

Le scanner cliqueta plusieurs fois et annonça d'un fort bourdonnement le démarrage de la séquence. Et puis, après seulement une seconde, tout s'est arrêté. Une ligne rouge apparaissait sur la console du scanner, indiquant une sorte d'erreur.

« Que s'est-il passé ? demanda Peter.

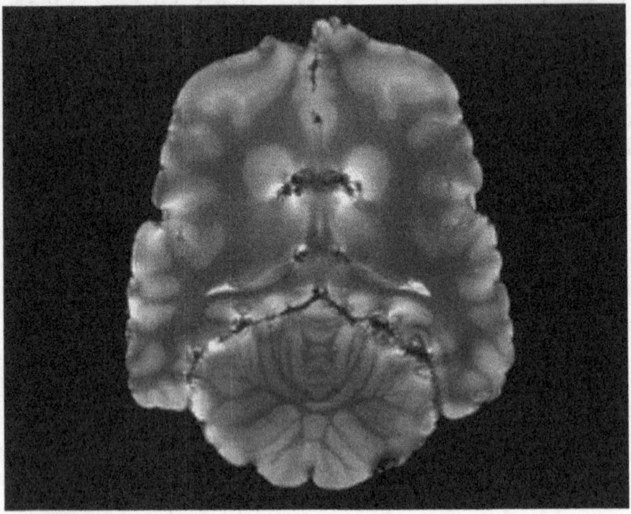

Le cerveau de Little Hoot. (Gregory Berns)

– On dirait que la puissance des bobines de gradient a été dépassée », ai-je répondu.

Les bobines de gradient consomment beaucoup d'énergie, et cette chaleur doit bien aller quelque part. Si elle n'était pas dissipée, les fils de cuivre enflammeraient le matériau environnant. Pour éviter tout risque d'incendie, les bobines de gradient contiennent des tuyaux de refroidissement, mais même ainsi il arrive qu'elles s'échauffent. Les capteurs de température internes déclenchent un arrêt automatique si la température augmente trop. Du moins c'était ce qui était censé se passer. Le logiciel du scanner comportait également plusieurs systèmes de sécurité destinés à empêcher un opérateur de déclencher involontairement une opération dangereuse. Ce qui était apparemment ce que nous venions de faire.

La DTI exigeait beaucoup des bobines de gradient. Plus le champ magnétique appliqué était fort, mieux nous pouvions détecter la diffusion de l'eau. Mais le logiciel du scanner venait de nous dire qu'il ne pouvait pas effectuer le scan demandé en toute sécurité. Si nous essayions de passer outre, il y avait de grandes chances que nous endommagions l'aimant.

« Nous allons devoir réduire le gradient, avertis-je.

– De combien ?

J'ai haussé les épaules.

– Jusqu'à ce que le scanner dise que c'est sans danger. »

Après avoir trouvé le point de sécurité, nous nous sommes installés et avons laissé le scanner fonctionner pendant six heures. En début de soirée, l'analyse était terminée et elle n'avait pas endommagé les bobines de gradient. Il faudrait encore une heure pour télécharger toutes les données sur l'ordinateur du laboratoire. Nous avons mis tout cela en route et sommes rentrés chez nous pour la nuit.

La partie cruciale de l'analyse consistait à prendre chacune des cinquante-deux images de diffusion et à calculer la distance sur laquelle les molécules d'eau avaient diffusé et dans quelle direction privilégiée. Cela devait être fait pour chaque point du cerveau, un total de 350 000 voxels. Karla avait écrit un logiciel pour faire ces calculs, mais elle nous avait également avertis que si nous n'avions pas de supercalculateur cela pourrait prendre un certain temps. Nous n'en avions pas, mais l'ordinateur principal du laboratoire disposait d'une quantité de mémoire décente (72 Gb) et de seize processeurs. En les faisant fonctionner en parallèle, chacun pourrait travailler sur un emplacement différent du cerveau et les calculs seraient effectués simultanément. Néanmoins, il fallut deux jours pour traiter le cerveau de Little Hoot.

Pour visualiser les résultats de la DTI, nous avons utilisé des couleurs différentes selon les directions principales des fibres : le rouge était destiné aux fibres fonctionnant de gauche à droite, le vert de l'avant à l'arrière (plus précisément dans la direction rostrale-caudale) et le bleu pour la direction haut-bas (ou dorsale-ventrale). Les images étaient magnifiques, bien meilleures que ce que Peter et moi avions espéré. Un écheveau de fibres rouges dominait le centre du cerveau, soulignant clairement le corps calleux qui reliait les hémisphères droit et gauche. Latéralement nous pouvions voir des fibres qui couraient de l'avant à l'arrière du cerveau, et celles-ci étaient entrelacées avec des fibres reliant le haut et le bas.

Au moment où nos études DTI ont commencé, en 2015, El Niño était de retour. Bien plus fort encore qu'en 1998. Cette fois, les otaries se sont échouées encore plus loin au sud, jusqu'à San Diego, et le Centre pour les mammifères marins nous envoyait régulièrement le cerveau des animaux qu'ils avaient dû euthanasier. Beaucoup, mais pas tous, avaient eu des crises épileptiques. À la fin de l'été, nous avions huit cerveaux et nous avons entrepris de déterminer les dommages causés par l'acide domoïque.

Dans l'épilepsie du lobe temporal, l'hippocampe finit par être lésé et il rétrécit. Mais le cerveau essaie de compenser. Tandis que l'hippocampe est de plus en plus endommagé, les neurones restants doivent effectuer de plus en plus de travail. Paradoxalement, la conséquence est que la connectivité augmente en aval[10]. Si l'acide domoïque causait des lésions cérébrales principalement en promouvant des crises épileptiques convulsives, nous nous attendrions à voir les mêmes effets paradoxaux sur l'hippocampe des otaries que dans le cas de l'épilepsie humaine.

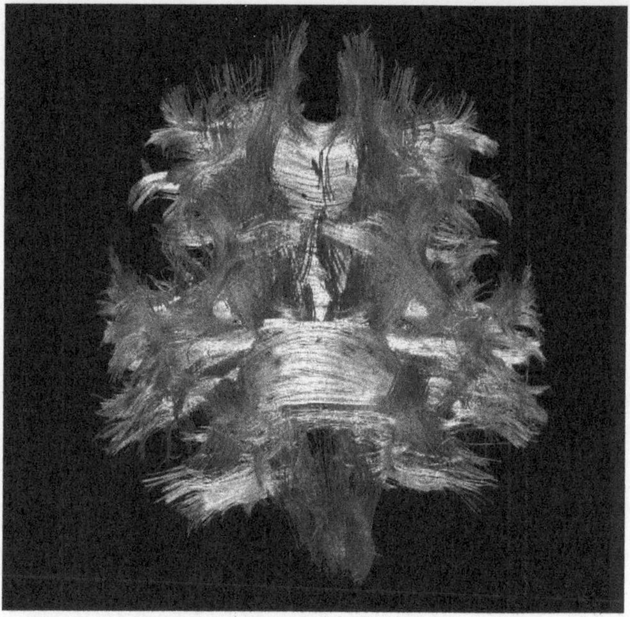

Représentation des directions principales des fibres de matière blanche dans le cerveau de Little Hoot. (Gregory Berns)

Les reconstructions en 3D des couches de matière blanche des otaries étaient fort belles, mais il nous fallait un moyen plus précis de mesurer l'orientation des voies de l'hippocampe. En neuro-imagerie humaine, il était devenu courant d'utiliser une technique appelée le « traçage probabiliste ». L'idée était de placer une « graine » numérique en un point du cerveau. À partir des directions prédominantes de diffusion de l'eau, vous pouvez simuler le devenir d'une molécule d'eau hypothétique qui partirait de l'emplacement de la graine. Ensuite, vous recommencez à partir de son point d'arrivée et ainsi de suite. Cela revient à jouer à la marelle à travers la substance blanche. Comme les directions privilégiées ne sont jamais absolues, il y avait toujours une certaine incertitude quant à la direction dans laquelle la molécule hypothétique se déplace. Il est donc courant d'exécuter ces simulations des milliers de fois et de moyenner ensuite les voies obtenues. Peter disposa des semences numériques dans l'hippocampe numérique et demanda au logiciel de reconstruire les voies qui en émanaient.

La réponse fut immédiate. Le nombre de voies qui menaient au thalamus était plus grand chez les otaries exposées à l'acide domoïque, tout comme chez l'homme atteint d'épilepsie. Cette similitude des pathologies cérébrales entre les otaries et les humains indiquait une similitude d'expérience. Nous savions maintenant ce que cela faisait d'être une otarie victime d'un empoisonnement à l'acide domoïque. C'était la même chose que chez un humain. Se pouvait-il que la similitude des expériences soit encore plus profonde ?

La réponse allait venir d'une otarie hors du commun, un animal qui avait le rythme dans la peau.

CHAPITRE 5

RUDIMENTS

Ronan était née en 2008 quelque part sur la côte au nord de la Californie. À l'âge d'un an, elle était devenue une incorrigible squatteuse de jetées. Ronan avait probablement été sevrée trop tôt de sa mère et elle traînait sur les quais pour harceler les gens. Parfois, elle arpentait la route numéro 1, amusant les touristes mais perturbant le trafic. On ne savait pas si elle s'était égarée, incapable de retrouver l'océan ou si elle cherchait simplement sa mère, mais ses fréquentes balades sur une route très fréquentée l'amenèrent finalement au Centre pour les mammifères marins.

Ronan ne semblait pas avoir de problème de santé particulier, aussi était-elle renvoyée à la mer après le traitement habituel.

Après quoi elle réapparaissait sur un autre tronçon de la Pacific Coast Highway.

Lorsque Ronan est revenue au centre pour la troisième fois, on a commencé à se demander ce qu'elle allait devenir. Elle était peu expérimentée dans l'art de se nourrir et ses sauveteurs ne pensaient pas qu'elle pourrait survivre à l'état sauvage. Contrairement à beaucoup d'autres otaries, elle était en relative bonne santé. Au bout d'une semaine de repos, il n'y avait généralement aucune raison médicale de garder Ronan au centre.

C'était un cas difficile pour la vétérinaire en chef qu'était Frances Gulland. À tout moment, le centre abritait des otaries, des phoques communs, ces otaries à fourrure et même d'énormes éléphants de mer, dont le principal site de reproduction se situe sur la côte, à Año Nuevo. Le centre ne disposait que d'un espace limité et il semblait devoir accueillir chaque année plus d'animaux.

Tous les collègues de Gulland appréciaient Ronan et c'était son propre intérêt pour les gens qui en faisait une récidiviste du retour au centre. Mais le Centre pour les mammifères marins n'était pas destiné à l'amusement des animaux ni à celui des humains. S'ils ne trouvaient pas de foyer pour Ronan, elle risquait de se retrouver dans un parc d'attraction marin. Ou d'être euthanasiée si personne ne voulait d'elle.

Peter Cook cherchait des sujets témoins pour son étude sur l'acide domoïque. Ils étaient difficiles à trouver. Les otaries en bonne santé n'ont normalement pas tendance à s'échouer. Ce sont surtout les otaries malades qui le font. Peter fut donc ravi lorsque Gulland l'appela pour qu'il récupère Ronan. Au moins, travailler avec Peter et Colleen Reichmuth au laboratoire des pinnipèdes permettrait à Ronan de gagner du temps avant qu'on ne décide de son sort.

Ronan fut un sujet rapide à étudier. La tâche d'alternance de Peter ne lui posait aucun problème. Certaines otaries souffrant d'une exposition à l'acide domoïque mettaient parfois des mois à achever leur entraînement, mais Ronan survola tout le processus en un mois. Sa contribution à la science étant terminée, elle allait bientôt avoir besoin d'un foyer.

Les otaries peuvent vivre jusqu'à trente ans en captivité. Adopter Ronan était un engagement à long terme qui s'étendrait au-delà de la carrière de Reichmuth au laboratoire des pinnipèdes. En outre, l'un des autres sujets du labo, une otarie nommée G-Dock, était devenu particulièrement populaire. G-Dock avait commencé à marcher autour de son enclos avec un des seaux de Peter sur la tête. Elle avait une personnalité loufoque et enjouée qui faisait que les autres dresseurs l'aimaient et Reichmuth songeait à la garder. Mais Ronan avait mieux réussi les tests de Peter. Elle gagna finalement le statut de résident permanent face au clown. C'est un autre établissement qui adopta G-Dock.

Ce fut une chance pour tout le monde que Ronan soit restée. Elle allait bientôt démontrer des compétences uniques qui bouleverseraient nos conceptions sur l'évolution du langage.

Si vous demandez autour de vous ce qui différencie les humains des animaux, la plupart des gens répondront que c'est le langage. Et en effet, quel que soit le degré d'anthropomorphisme avec lequel on accueille les vocalisations ou les comportements animaux, nul ne peut nier que seuls les humains possèdent des capacités linguistiques pleines et entières. Beaucoup de chercheurs ont théorisé l'idée qu'un « instinct linguistique » était l'innovation évolutive fondamentale qui a fait émerger la lignée humaine[1]. C'est aussi la raison pour laquelle certains scientifiques doutaient de notre capacité à savoir un jour ce que c'est que d'être un autre animal.

Pourtant, comme je devais l'apprendre de Ronan, le langage n'est en fait que le sommet de l'iceberg. Sous la surface se trouvent une multitude de processus cognitifs qui sont effectivement communs aux humains et aux autres animaux.

Pour les humains, les mots sont chargés de sens. Un mot aussi simple que « fleur » évoque un riche ensemble d'images. Les enfants apprennent très tôt que les mots sont un raccourci pour communiquer des idées et qu'ils peuvent représenter tout un univers d'animaux, d'objets et d'actions. Au cœur du langage se trouve la représentation abstraite des concepts. Un mot n'est qu'un substitut de la chose qu'il représente. Même si les animaux ne parlent pas, beaucoup peuvent apprendre des ordres vocaux. La question à un million de dollars est de savoir s'ils réagissent simplement aux sons par réflexe ou s'ils comprennent que les mots prononcés ont une signification, ce qui revient à développer dans leur cerveau une représentation symbolique.

Les mots se présentent sous différentes formes – parlés, écrits, signés de la main – dont certaines peuvent être plus faciles à traiter que d'autres. Dans les années 1980, Ron Schusterman débuta l'enquête sur les capacités symboliques des otaries en utilisant des signaux manuels. Schusterman inventa des gestes arbitraires pour enseigner aux otaries un vocabulaire étendu désignant des objets (comme les raquettes, les balles et les anneaux), des modificateurs (grand, petit, blanc) et des actions (attraper, toucher de la queue, toucher de la nageoire). Rocky, son otarie préférée, pouvait répondre à plus de sept mille combinaisons de signes manuels. Comme il était peu probable qu'elle ait mémorisé chacune de ces combinaisons une par une, Schusterman en concluait que Rocky avait, à un certain niveau, intériorisé le sens des gestes individuels et était capable de comprendre des phrases simples[2].

Reichmuth pensait que les otaries comme Rocky et plus tard une autre nommée Rio faisaient en réalité quelque chose de beaucoup plus sophistiqué que de simplement associer des sons à des actions, mais pas au point toutefois que les mots deviennent effectivement des symboles. Au lieu d'utiliser des signaux manuels, elle testa la capacité des otaries à comprendre des symboles visuels[3]. Schusterman avait démontré l'affinité des otaries pour les signaux manuels, mais les pictogrammes étaient nettement plus abstraits. Cette abstraction rendait les pictogrammes particulièrement adaptés à l'étude des opérations logiques susceptibles de sous-tendre la compréhension du langage. Ils étaient constitués de carrés de contreplaqué de trente centimètres de côté sur lesquels les dessins étaient peints en noir sur un fond blanc. Les pictogrammes s'alignent encore aujourd'hui sur les étagères du laboratoire des pinnipèdes, telle une collection de vinyles.

Reichmuth démontra que les otaries pouvaient apprendre facilement les règles du type « Si… Alors » dans les cas simples. Au cours d'une expérience, Rocky avait appris que chaque fois qu'elle voyait un pictogramme en spirale elle devait appuyer du nez sur un pictogramme rectangle, même en présence d'autres pictogrammes destinés à la distraire. Fait important : il s'agissait d'une association arbitraire spécifiée par Reichmuth. Lorsque de nouveaux pictogrammes furent introduits, Rocky apprit les associations correspondantes plus rapidement en ignorant les pictogrammes qu'elle savait déjà associés à quelque chose d'autre. C'est ce qu'on appelle « l'apprentissage par exclusion ». Il s'agit d'un processus cognitif assez sophistiqué qui nécessite que l'animal comprenne le contexte général de la tâche et se souvienne des éléments qui ont déjà été incorporés à des règles. Plus impressionnant encore : Reichmuth montra que Rio était capable d'enchaîner des relations logiques. Une fois qu'elle avait appris « si spirale… alors rectangle » et « si rectangle… alors cercle », elle était capable de répondre correctement d'elle-même « si spirale… alors cercle ». Cette opération logique est appelée « transitivité » et elle est fondamentale pour le langage humain. Rio pouvait même inverser le sens de la logique, en répondant correctement « si rectangle… alors spirale ». Cette opération-là s'appelle la « symétrie logique » et elle permet aux humains de reconnaître l'équivalence entre des déclarations comme « Sally frappe la balle » et « la balle a été frappée par Sally ».

Rocky et Rio avaient démontré leurs capacités à réaliser des opérations logiques comparables à celles des humains. Mais si la logique est nécessaire au langage elle ne fait pas tout. Le langage, surtout lorsqu'il est parlé, a un rythme[4]. Prenez les rythmes naturels de la parole, exagérez-les et vous avez les rudiments de la musique. Si Rocky et Rio pouvaient effectuer certaines des opérations logiques sous-jacentes au langage, peut-être que les otaries avaient également des capacités musicales rudimentaires. Et c'est là que brillèrent les talents de Ronan et de Peter.

Charles Darwin s'intéressait beaucoup à la musique. Il pensait que, comme tout chez l'homme, on devait en retrouver l'origine chez d'autres espèces[5]. Dans *La Filiation de l'Homme*, il écrit : « La perception, sinon la jouissance des rythmes musicaux et du rythme est probablement commune à tous les animaux et dépend sans doute de la nature physiologique commune de leurs systèmes nerveux[6]. » Tout le monde n'était pas d'accord avec la théorie de Darwin. Son contemporain Herbert Spencer écrivit en 1857 un essai intitulé *L'Origine et la Fonction de la musique* dans lequel il affirmait que la parole était le prédécesseur nécessaire de la musique et que cette dernière était par conséquent exclusivement humaine. Peu de choses changèrent pendant de longues années après le débat opposant Darwin et Spencer. Pour appuyer la théorie de Darwin, il fallait trouver des preuves de capacités musicales chez les animaux.

Il y a peu de chances qu'on trouve un jour une otarie capable de chanter. Même les meilleurs imitateurs du monde animal ne peuvent tenir une mélodie. Mais exiger de chanter, c'est mettre la barre un peu haut. Peter se rendit compte qu'il y avait, en dehors de la mélodie, de nombreux aspects de la musique que l'on pourrait éventuellement retrouver chez les animaux. Le plus simple, c'est le rythme. S'il n'y a pas de rythme, ce n'est pas de la musique, bien que la bonne musique contienne bien d'autres choses que du rythme. La bonne musique swingue. Tous les grands guitaristes – Jimi Hendrix, Carlos Santana, Keith Richards ou Stevie Ray Vaughan – sont des maîtres du groove capables de créer des riffs qui exercent une irrésistible attraction sur l'auditeur. Le simple fait d'écouter un air qui groove nous fait bouger en cadence.

Rentrer dans un rythme s'appelle la synchronisation, ou parfois l'entraînement. Si l'on vérifiait que les animaux en sont capables, on pourrait résoudre le débat entre Darwin et Spencer. Étonnamment, personne n'avait essayé jusqu'en 2006, année où Aniruddh Patel, neurologiste à San Diego, avait proposé une théorie du rythme par imitation vocale[7]. Patel suggérait que l'apprentissage vocal, que ce soit chez un humain ou, mettons, chez un perroquet, nécessitait une synchronisation précise des entrées auditives et des sorties motrices. La parole exige à la fois de percevoir le timing précis inhérent à la parole et de pouvoir reproduire ce motif avec nos cordes vocales. Bien que cela semble compliqué, les humains le font sans même y penser. Et si cela marche pour produire un discours, cela devrait fonctionner pour reproduire des rythmes. En vertu du principe de parcimonie, Patel supposa que les mécanismes cérébraux nécessaires à l'imitation vocale et à la synchronisation sur un rythme étaient les mêmes.

L'hypothèse du mimétisme vocal de Patel conduisait à faire une prédiction forte : seuls les animaux capables d'imitations vocales devraient être en mesure d'entrer dans un rythme. C'était une idée intéressante, même si elle pouvait sembler discutable. Mais, après tout, personne n'avait apporté de preuves qu'un animal était capable de bouger en rythme.

L'idée n'aboutit nulle part jusqu'à ce que, des années plus tard, un oiseau sorti d'on ne sait où fasse soudainement le buzz sur YouTube. Snowball était un cacatoès à huppe jaune qui faisait le tour des talk-shows en dansant en rythme de la tête et des pattes sur une série de chansons pop. Sa préférée était *Everybody* des Backstreet Boys.

Il était difficile de dire exactement ce que faisait Snowball à partir des seules vidéos. Ne faisait-il que s'agiter ou était-il vraiment en phase avec le rythme ? Patel analysa les vidéos image par image et constata que Snowball restait vraiment dans le temps. Bien sûr, un rythme très marqué l'aidait beaucoup.

C'est à ce moment que Peter s'intéressa aux otaries et à la musique. Selon la théorie des imitations vocales de Patel, une otarie ne devrait pas être capable de se synchroniser sur un rythme. Bien que les otaries puissent grogner et aboyer, aucune n'avait jamais démontré quoi que ce soit d'approchant d'une imitation vocale. Dans les temps morts de son travail sur la mémoire, Peter se dit qu'il pourrait apprendre à Ronan à battre la mesure et que s'ils réussissaient, c'en serait à peu près fini de la théorie de l'imitation vocale.

Le dressage des animaux marche mieux quand il s'appuie sur un comportement naturel. Partant de celui-ci, le dresseur peut progressivement le transformer en un autre. Cela fonctionne un peu comme une chasse au trésor où tout ce que l'entraîneur peut dire à l'animal, c'est « tu chauffes » ou « tu refroidis ». Bien que les otaries soient très agiles des nageoires, elles ont un contrôle des muscles de leur cou encore meilleur. Peter pensa qu'il serait très facile d'apprendre à Ronan à bouger la tête en rythme. Il ne fallut pas longtemps pour que Ronan suive du chef les mouvements de va-et-vient de la main de Peter. Chaque fois qu'elle bougeait la tête dans la même direction que la main, Peter sifflait, lui indiquant qu'elle avait bien agi. C'était l'équivalent animal de « tu chauffes ». Après chaque sifflement, Peter lui jetait un poisson.

La plupart des animaux ont une capacité d'attention plutôt brève. Les séances d'entraînement fréquentes et courtes sont plus efficaces que les longues. Les otaries semblent être une exception. Ronan ne semblait jamais se fatiguer, sauf quand elle était frustrée. Même en ne travaillant que les week-ends, elle apprit en quelques semaines à suivre la main de Peter. Elle était prête pour l'introduction d'un signal auditif. Peter espérait que Ronan transférerait ce qu'elle avait appris vers le clic d'un métronome et qu'il pourrait progressivement supprimer le repère visuel de sa main.

Tandis que le son d'un métronome électronique était diffusé par un haut-parleur, Peter dirigeait Ronan tel un chef son orchestre. Ils commencèrent par une vitesse moyenne de cent vingt battements par minute (bpm). Il fallut à Ronan des semaines pour synchroniser suffisamment les mouvements de sa tête au son du métronome pour que Peter puisse progressivement arrêter de l'aider de la main.

Dès lors, Peter devait exclure la possibilité que Ronan ait simplement appris à bouger la tête cent vingt fois par minute plutôt que de savoir vraiment suivre le métronome. Peter introduisit donc un nouveau rythme de 80 bpm, alternant les sessions avec l'un ou l'autre des deux tempos pour apprendre à Ronan une certaine « flexibilité rythmique[8] ».

Ronan fut troublée par ce nouveau tempo. Plutôt que de se placer dans le bon rythme, elle commença par s'agiter à des tempos différents au cours de chaque session. Comme elle ne se synchronisait plus avec le métronome, Peter ne lui jetait pas de poisson. Faute d'encouragements, elle se sentit frustrée et se retira rapidement dans sa piscine.

Voyant que Ronan boudait, Peter simplifia la tâche en l'entraînant chaque jour uniquement à 120 bpm ou à 80 bpm alternativement. Et au lieu d'attendre vingt synchronisations réussies, comme il l'avait fait auparavant, il récompensa Ronan tous les deux coups seulement. Au fil des mois, il rallongea progressivement le nombre de hochements réussis requis pour gagner un morceau de poisson.

Après six mois d'entraînement, Ronan réussit à se caler sur les séries de clics à 80 et à 120 bpm. Pour s'assurer qu'elle était vraiment en train de se synchroniser, Peter la testa sur des tempos qu'elle n'avait jamais entendus. Ronan les réussit tous sauf le plus lent. Cela seul suffisait à réfuter la théorie de l'imitation vocale, mais Peter voulait savoir si Ronan était, comme Snowball le cacatoès, capable de se caler sur le rythme d'une chanson.

La danse vient naturellement à la plupart des humains, mais il s'agit en réalité d'une compétence assez complexe. Pour se synchroniser sur un rythme musical, le cerveau d'une personne doit l'extraire d'un stimulus acoustique polyphonique. La tâche est quelque peu facilitée par le fait que la musique suit généralement un schéma répétitif à trois ou quatre temps. Dans la musique pop, on a presque toujours quatre temps par mesure, la grosse caisse accentuant les temps un et trois et la caisse claire les temps deux et quatre (ce qu'on appelle le *backbeat* ou « contre-temps »). James Brown tapait fort sur le temps un (*Get Up Off of That Thing* ou *Sex Machine*), alors que beaucoup des premiers morceaux de rock'n'roll mettaient l'accent sur le *backbeat*, comme la caisse claire dans *Hound Dog* d'Elvis Presley. Le jazz et le blues superposent souvent une alternance long-court entre les temps, qu'on appelle la « syncope » et sur laquelle les hanches se balancent en rythme.

Afin de préparer Ronan à entrer dans la danse, Peter commença par fondre un *backbeat* dans le son de l'entraînement de base. Ce contre-temps était joué à un volume différent et alternait avec le battement principal. Fort heureusement, cela ne sembla pas déranger Ronan le moins du monde. Elle continua à hocher la tête en cadence.

Il fallait que la preuve ultime des capacités de synchronisation de Ronan vienne d'*Everybody*, comme pour Snowball. Mais Ronan ne pouvait pas s'entraîner sur cette chanson : ça aurait été de la triche. Ronan s'entraînerait donc sur une autre avant de passer le test des Backstreet Boys. Peter devait désormais prendre une décision capitale. Quelle serait la première chanson de Ronan ?

« Faut plus de cloche ! » disait Christopher Walken dans son célèbre sketch du *Saturday Night Live**.

Effectivement. La cloche à vache semblait le ticket gagnant pour les débuts musicaux de Ronan. Une cloche ressortirait clairement d'un mélange musical tout en ressemblant beaucoup aux sons sur lesquels Peter l'avait entraînée. Il ne pouvait pas s'inspirer directement du sketch et opter pour *The Reaper* de Blue Öyster Cult parce que c'est une chanson où il se passe trop de choses musicalement. Et puis ce n'est tout simplement pas une chanson à danser. Il fallait une autre chanson à cloche, quelque chose doté d'un rythme puissant. Au bout du compte, le gagnant fut *Down on the Corner* des

---

* Sketch humoristique parodiant un documentaire sur l'enregistrement de *(Don't Fear) the Reaper* par le groupe Blue Öyster Cult en 1976, morceau où l'on entend effectivement une cloche dans la rythmique. Christopher Walken interprète un producteur qui n'a que ça à dire au groupe : « Faut plus de cloche. » (N.D.T.)

Creedence Clearwater Revival. La chanson commence par quatre coups de cymbales puis la cloche arrive et marque chaque temps pendant toute la durée de la chanson. Rien de syncopé, rien d'extraordinaire, seulement un 4/4, insistant battu tout du long. Parfait pour faire danser les otaries.

Hélas, Ronan ne se cala pas tout de suite sur le rythme de la chanson des CCR. Quand la musique commença, Ronan agita la tête un moment, mais comme elle n'était clairement pas en rythme Peter ne lui jeta pas de poisson. Les otaries ont beau se montrer souvent très motivées, Ronan était plutôt dans l'état d'esprit : « Pas de poisson, pas de travail. » Elle retourna donc bouder dans sa piscine.

Peter était cependant devenu un bien meilleur dresseur que lorsqu'il avait débuté avec Ronan, et il commençait à connaître ses petites manies. Il savait par exemple qu'après une pause Ronan reviendrait. Après tout, il y avait encore des poissons à gagner. Au bout d'environ dix minutes, elle ressortit en effet de la piscine, prête à travailler. Cette fois-ci, il lui fit passer une sous-section simple de la chanson, sans les voix.

Au bout d'une dizaine de séances, Ronan avait trouvé son rythme. Elle tanguait de manière fiable pendant vingt temps consécutifs et Peter la jugea prête pour les Backstreet Boys. Ronan réussit le test haut la main. Elle respecta le tempo originel de 108 bpm et le maintint tout au long d'un clip de quatre-vingt-dix secondes. Le couplet, le refrain, le pont, rien ne la distrayait. Et elle n'était jamais ni en avance ni en retard sur le temps.

Les critiques pouvaient encore soutenir que Ronan ne faisait que conserver le rythme initial. Comme le tempo d'*Everybody* est constant sur tout le morceau, Ronan pouvait sembler suivre la musique alors qu'elle ne faisait que suivre en réalité son propre rythme interne. Pour éviter ces critiques, Peter testa Ronan sur *Boogie Wonderland* des Earth, Wind & Fire. Sur *Boogie Wonderland* le tempo varie de 123 à 138 bpm, mais Ronan passa l'épreuve là encore haut la main. Cet exploit, rapporté par la presse, conduisit l'un des membres du groupe à proposer le nouveau nom de « Earth, Wind, Fire & Water[9] ».

Il est impossible d'analyser le cerveau d'une otarie pendant qu'elle danse, mais on dispose de plein de données sur ce qui se passe dans le cerveau d'un humain qui exécute une tâche rythmique. Lorsque j'ai commencé à utiliser l'IRMf dans les années 1990, les expériences de tapotement des doigts étaient très populaires. Il était courant de cartographier la région motrice du cortex en faisant en sorte que les participants tapotent des rythmes pendant qu'ils étaient dans le scanner. Si une personne se servait de la main droite, il se produisait une activation dans le cortex moteur de l'hémisphère gauche, autour du sillon central. Je m'intéressais particulièrement à ce qui se passait quand une personne reproduisait des rythmes de plus en plus compliqués.

Pour étudier cette question, au début des années 2000, certains de mes collègues et moi avions invité les participants humains d'une étude IRM à taper un rythme simple et régulier[10]. Au bout de vingt temps consécutifs, je leur faisais signe d'augmenter la complexité du tapotement, de manière qu'ils produisent un rythme syncopé alternant des intervalles longs et courts, genre dah-di-dah-di-dah. Après cela, ils devaient monter en complexité avec un rythme à trois intervalles, comme di-dah-daah-di-dah-daah. Ils ne le savaient pas, mais en fait ils tapaient en code morse. Lorsque nous avons examiné ce qui se passait dans leur cerveau, nous avons observé deux choses. Premièrement, plus ils tapaient vite, plus la région motrice était active. La deuxième observation était plus intéressante encore :

lorsque la complexité du rythme augmentait, une zone du cervelet s'activait. Chez les mammifères, le cervelet contient 80 % des neurones du cerveau et on le considère comme une structure essentielle pour la synchronisation et la coordination des mouvements. Il a également parfois été associé à des processus cognitifs, ainsi qu'à l'autisme[11].

Au total, Peter passa plus d'un an à entraîner Ronan. Ce qui avait commencé comme un simple passe-temps le week-end avait finalement provoqué le retard de sa principale recherche sur les effets de l'acide domoïque et rallongé d'un an son cursus universitaire. Mais Peter ne regrettait rien. Il était important de montrer que la synchronisation rythmique n'avait rien à voir avec les capacités d'imitation vocale et constituait une compétence plus générale, susceptible d'être présente dans le règne animal. Même après que Peter eut rejoint le Projet chien, il continua à collaborer avec Colleen Reichmuth. Lorsqu'il retourna là-bas afin d'observer les progrès de Ronan lors d'une nouvelle expérience sur le rythme, je demandai à le suivre. C'était une bonne excuse pour aller à Santa Cruz et rencontrer Ronan.

Les phoques et les otaries étaient logés dans une rangée d'enclos à barrières basses. On aurait dit un grand chenil à la différence que chaque enclos était équipé à l'arrière d'un bassin d'eau de mer et d'un *deck* pour prendre le soleil. Et puis, contrairement à un chenil, personne n'aboyait.

Peter était nerveux. Cela faisait trois ans qu'il n'avait pas vu Ronan, et, même s'il l'appelait sa « fille adoptive », il n'était pas sûr qu'elle se souviendrait de lui.

Peter regarda vers les enclos et dit :

« On verra si elle me reconnaît. »

La situation était calme et rien n'indiquait que les otaries sentaient la tension dans l'air.

« De toute façon, je ne serai pas vexé, ajouta Peter. Enfin, peut-être un peu. »

Peter s'est approché des enclos des otaries en vue des retrouvailles tant attendues. Rio se trouvait dans le premier enclos, nageant paresseusement autour de sa piscine.

« Salut, Rio ! » fit Peter.

Rio sauta hors de sa piscine et se dandina pour voir de quoi il retournait. Elle offrit un reniflement amical à Peter et s'en revint à ses affaires.

Ronan était dans l'enclos suivant. Plus jeune et plus active que Rio, elle alternait les dandinements sur le *deck* avec les plongeons dans la piscine.

Peter s'est écrié : « Ronan ! Qu'est-ce que t'as grossi ! »

Il n'était pas évident que Ronan ait entendu Peter et, contrairement à un chien, elle ne semblait pas le reconnaître visuellement.

Peter se tourna vers Andrew Rouse, qui avait travaillé avec lui sur les expériences de rythme, et lui demanda :

« Andrew, tu peux appeler Ronan ? »

Andrew tapa sur l'enclos comme s'il avait du poisson. Ronan sauta immédiatement hors de sa piscine et s'approcha pour enquêter.

Peter colla sa figure à l'enclos et souffla sur le nez de Ronan.

« Les otaries se saluent de cette façon », m'expliqua-t-il.

Ronan respira profondément puis renifla. Apparemment satisfaite, elle se détourna et retourna à ses activités dans la piscine. Il était impossible de dire s'il s'agissait d'un signe de reconnaissance. Ronan n'avait certainement pas réagi comme un chien qui aurait fêté son humain après une longue absence.

Peter avait l'air blessé.

« Eh bien, que veux-tu y faire ? »

Ces salutations superficielles effectuées, Andrew configura le haut-parleur pour la nouvelle expérience. Cette fois, ils allaient voir comment Ronan s'adaptait aux perturbations du rythme.

Ce type d'expérience avait déjà été fait chez l'homme en ajoutant un battement un peu trop tôt ou un peu trop tard. Plus la perturbation est importante, plus la personne met du temps à retrouver le rythme. Le processus peut être modélisé en représentant le cerveau et le corps de la personne par un ensemble de ressorts couplés. Les ressorts sont censés représenter les comportements oscillatoires des réseaux de neurones. Le stimulus acoustique fait vibrer les ressorts et, à l'autre bout de la chaîne, le doigt de la personne marque le tempo. Lorsqu'un battement arrive trop tôt ou trop tard, le système est perturbé et met un certain temps à retrouver une résonance synchrone avec le signal. La dynamique de ce processus est déterminée par la raideur des ressorts et l'intensité des couplages entre eux, qui sont dictés par le cerveau et les muscles. En mesurant la capacité d'adaptation des gens aux perturbations de rythme, on peut en déduire certaines propriétés simples du couplage des systèmes auditif et moteur dans le cerveau.

Andrew commença à faire biper le son du métronome à travers le haut-parleur. C'était un son sinusoïdal dont la hauteur variait comme une sirène de police, mais plus lente. Ronan savait quoi faire. Elle se tint devant le haut-parleur et commença à bouger la tête de haut en bas. Ce synchronisme était étrange. Après une vingtaine de battements, Andrew lui jeta un poisson.

Après quelques tours, Andrew joua un enregistrement qui débutait à l'identique avant de changer brusquement. Lors de cet essai particulier, le changement était annoncé par une augmentation soudaine du tempo. Ronan perdit la synchronisation, mais la retrouva en quelques battements seulement. Au tour suivant, le changement était un battement qui survenait trop tôt mais sans changement de tempo. Ce « déphasage », comme on l'appelle, perturba également Ronan temporairement, mais, comme précédemment, elle récupéra le rythme rapidement.

L'équipe de Peter devait plus tard analyser les réactions de Ronan aux changements de phase et de tempo et découvrir qu'elle réagissait exactement comme les humains. C'est remarquable si on considère à quel point le corps d'une otarie diffère du nôtre. Ronan secoue la tête tandis que nous tapons des doigts (même si nous bougeons parfois la tête aussi). L'analyse montrerait que le mécanisme neuronal couplant un stimulus auditif rythmique à une sortie motrice rythmique suit la même dynamique chez une otarie et chez l'homme, indépendamment du système de muscles impliqués[12]. Ronan a démontré également que cette compétence ne dépendait pas du langage ni de l'existence d'un système vocal élaboré. Le candidat le plus probable était le système du cervelet, comme je l'avais observé chez l'homme dix ans plus tôt.

Tout comme Colleen Reichmuth avait démontré l'existence de compétences logiques élémentaires constitutives du langage chez les otaries, Peter avait mis en évidence leur capacité à synchroniser les systèmes auditif et moteur. Ainsi, même si certains cerveaux n'ont pas de système linguistique entièrement développé, ils disposent au moins de deux composantes qui contribuent au langage humain. Nous, les humains, savons ce que cela fait de considérer des propositions du type « si… alors » et les plus arythmiques d'entre nous comprennent ce que c'est que de danser. Une fois encore, des compétences et des réseaux cérébraux comparables suggéraient des expériences analogues chez les animaux.

Un baiser de Ronan sous le regard de Peter. (Colleen Reichmuth / NMFS 18902)

Tandis que j'observais Ronan danser en rythme, je me suis surpris à hocher la tête moi aussi. C'était sûrement inconscient, mais une fois que j'ai pris conscience de ce que je faisais, j'ai compris ce qu'elle ressentait. Après tout, nos cerveaux étaient couplés au même stimulus auditif. C'était un peu comme se retrouver dans un concert où tout le monde danse au rythme de la musique. Ce n'était vraiment pas compliqué.

Après une douzaine de tours de danse et de hochements de tête, Ronan en avait fini pour la journée. Elle se dirigea vers sa piscine, mais pas avant que je ne lui vole un baiser. Ça avait été une belle journée. Le soleil glissait dans le Pacifique et, à contre-jour dans ses reflets, je distinguais deux dauphins bondissant dans les vagues.

Je me demandais à quoi ressemblaient leurs cerveaux.

CHAPITRE 6

PEINDRE AVEC DES SONS

Ma collègue de longue date à Emory, Lori Maino, sait tout sur les dauphins. Pour sa thèse de doctorat, elle a comparé l'anatomie des crânes de baleines et de primates et elle est parvenue à la conclusion surprenante que les baleines à dents, parmi lesquelles on trouve les dauphins, possèdent un des quotients d'encéphalisation les plus élevés du monde animal.

Pendant l'essentiel des années 2000, Lori poursuivit ses études sur le cerveau des dauphins. Elle prit contact avec le réseau qui répertoriait les échouages et, chaque fois qu'un dauphin mourait sur une plage de l'Atlantique, elle cherchait à accéder à son cerveau. À force de ténacité, elle parvint à rassembler toute une collection de spécimens. Elle commença également à les numériser en IRM. Lori a contribué à développer une grande part de ce que nous savons aujourd'hui sur l'anatomie du cerveau des dauphins[1].

Au-delà de son travail anatomique, elle se fit connaître en faisant équipe avec Diana Reiss, professeure de psychologie à la City University de New York, afin de vérifier si les dauphins étaient capables de reconnaître leur reflet dans un miroir. Le psychologue Gordon Gallup avait mis au point ce test dans les années 1960 pour étudier la conscience de soi chez les chimpanzés. La méthode habituelle consistait à placer une marque à la craie sur le front du chimpanzé et à observer sa réaction lorsqu'il regardait dans un miroir. Le fait de toucher la marque était considéré comme une preuve de conscience de soi. Les humains réussissent le test à partir de dix-huit mois environ, de même que les chimpanzés de Gallup.

Lori et Reiss testèrent deux dauphins en captivité et découvrirent que les dauphins qui avaient des marques sur différentes parties de leur corps, y compris sur les côtés de la tête, passaient plus de temps devant un miroir que lorsqu'ils n'en portaient pas[2]. Cette découverte fit beaucoup d'effet à Lori. Si les dauphins étaient conscients d'eux-mêmes, vivaient-ils dans un monde cognitif semblable à celui de l'homme ? Si oui, comment pouvions-nous justifier de les garder en captivité ?

Quand je proposai à Lori de scanner des cerveaux de dauphins, elle comprit immédiatement le potentiel que la DTI représentait pour répondre à ses anciennes questions sur leur vie mentale. Les dauphins produisent une vaste gamme de sons. Certains, pense-t-on, sont destinés à la communication, tandis que d'autres sont utilisés pour l'écholocalisation sous-marine. Malgré des décennies d'études sur leur sonar, nous ne savions pas encore clairement comment leur cerveau traitait ces informations et construisait une carte mentale de leur environnement marin.

Selon le point de vue de Thomas Nagel, toute cette entreprise était vaine, car le dauphin est si différent de nous que nous ne pourrons jamais savoir ce que cela fait de nager dans la mer ou de pratiquer l'écholocalisation. Je n'étais pas d'accord. Si nous pouvions déterminer comment le cerveau du dauphin fonctionnait pendant l'écholocalisation, ce serait un pas de plus vers la compréhension de l'expérience subjective du dauphin. En outre, les humains ont des compétences rudimentaires en écholocalisation. Les cerveaux des dauphins pourraient même nous apprendre quelque chose de nous.

Lori s'écria :

« C'est génial ! Personne n'a fait de DTI sur les dauphins. »

J'étais assez enthousiaste pour foncer tout de suite au cœur de la question :

« Sais-tu où nous pourrions trouver des cerveaux de dauphins ?

– Bien sûr ! J'ai encore tous les cerveaux que j'ai scannés il y a dix ans. Tu n'as qu'à te servir ! »

C'était encore mieux que je ne l'espérais. L'âge des spécimens, cependant, m'inquiétait. La DTI sur des cerveaux morts était déjà assez difficile comme ça. Qui savait le type de signal qu'on extrairait d'un cerveau baignant dans le formaldéhyde depuis plus de dix ans ?

Pendant que je réfléchissais à la complexité de l'entreprise, Lori dit à voix basse :

« Tu sais, je m'en vais. »

Lori s'était baladée de département en département à Emory, mais, après tout, moi aussi. Lorsque vous effectuez une recherche qui n'entre pas clairement dans telle ou telle case, il est souvent difficile de s'établir. Ce n'est pas tant que les autres universitaires sont hostiles, c'est parfois simplement qu'il est difficile de trouver quelqu'un à qui parler.

L'engagement de Lori dans la défense des animaux prenait de plus en plus de son temps. La question devint cruciale lorsqu'elle prit connaissance du massacre annuel de dauphins à Taiji, au Japon. Lori devint une défenseuse enflammée des baleines et des dauphins, et joua un rôle important dans le film *Blackfish* de 2013. Vint le moment où elle dut choisir entre plaider la cause des dauphins et des autres animaux ou continuer à enseigner les neurosciences fondamentales aux étudiants de premier cycle tout en essayant de poursuivre un programme de recherche. Le choix était clair.

Ce n'est qu'à ce moment-là que j'ai remarqué les cartons dans son bureau. Elle partait dans une semaine.

« Où vas-tu ? ai-je demandé.

– En Utah. »

Cela n'avait aucun sens.

« C'est un endroit qui a une signification particulière pour moi. Je crée une nouvelle fondation : le Centre Kimmela pour la défense des animaux. Nous allons combler le fossé entre la recherche sur les animaux et la défense de leurs droits. On ne devrait pas avoir à choisir l'un ou l'autre. »

J'admirais Lori. Il fallait du courage pour opérer un changement aussi radical. Et même si je ne m'étais pas encore complètement converti à sa façon de penser, ce n'était qu'une question de temps.

Comme l'avait indiqué Lori, les cerveaux se trouvaient dans les sous-sols de l'un des bâtiments les plus sinistres du campus. Tout le monde l'appelait « l'ancienne école dentaire », parce qu'il abritait l'école dentaire d'Emory jusqu'à ce qu'elle ferme en 1990. Quelques années auparavant, les pratiques antisémites de l'école avaient été rendues publiques et des excuses officielles présentées dans un documentaire dénonçant le passé de l'université. Si les institutions peuvent s'excuser pour leurs erreurs historiques, elles n'effacent jamais totalement l'association avec l'endroit où elles se sont produites. Si les fantômes existent, il devait certainement en traîner dans les couloirs de l'école.

Peter et moi y sommes allés à la recherche de cerveaux de dauphins. La salle des cerveaux n'était pas marquée. Si Lori ne nous avait pas indiqué leur emplacement exact, nous ne les aurions jamais trouvés. Nous avons ouvert la porte et allumé les lumières.

Ce qui était autrefois un laboratoire était désormais un débarras. Sur les paillasses s'empilaient des cartons recouverts d'une fine couche de poussière. Une hotte aspirante destinée à piéger gaz dangereux et odeurs nauséabondes était ouverte, mais je n'ai pas entendu le bruit d'aspiration qu'elle aurait dû faire. Une douzaine de seaux en plastique étaient posés les uns sur les autres dans la hotte. Les seaux avaient jauni avec le temps, chacun à moitié rempli d'un fluide brun foncé. Les étiquettes en papier collées sur les côtés des années auparavant pendouillaient, ne tenant plus que par quelques molécules d'adhésif.

« Ça doit être eux », dis-je.

Peter acquiesça.

Nous n'avions pas pensé à apporter des gants, mais il nous fallait voir ce qu'il y avait dans les seaux. Je soulevai la porte de la hotte et descendis un des seaux de la pile. À travers le plastique décoloré, je devinais que quelque chose était immergé dans le fluide.

Je forçai le couvercle et sentis l'odeur de formaldéhyde. Même avec les yeux qui me piquaient, je pouvais voir un grand cerveau qui ne ressemblait à aucun autre. C'était gros – au moins une fois et demie la taille d'un cerveau humain. Et c'était rond comme un ballon de football. L'étiquette indiquait « *Tursiops* ». Nous étions bel et bien en train de regarder le cerveau d'un grand dauphin. Mis à part le dégoûtant fluide brun, il semblait en assez bon état, surtout compte tenu du fait qu'il baignait là-dedans depuis plus d'une décennie.

« Ce n'est pas si mal, dis-je. Il faut changer le formaldéhyde, mais au moins ce n'est pas un tas de bouillie. »

Nous ouvrîmes chacun des seaux et notâmes les échantillons les plus prometteurs. Personne n'avait encore effectué d'examens IRM sur des spécimens post mortem aussi vieux. Nous allions bientôt savoir s'il était possible d'y mesurer quelque chose d'utile quant à la façon dont le cerveau des dauphins est câblé.

Peter et moi avons chargé une demi-douzaine de seaux sur un chariot et les avons apportés au laboratoire pour les examiner de près. Les cerveaux de la collection de Lori allaient de la taille d'un pamplemousse à celle d'un ballon de foot. Les cerveaux des grands tursiops étaient les plus impressionnants. Non seulement ils étaient gros, mais ils présentaient des motifs de pliage encore plus complexes que ceux d'un cerveau humain. La présence de tous ces plis signifiait que la surface du cortex était d'autant plus grande et qu'il y avait encore plus de tissu neuronal enfoui au fond de ces sillons, dont aucun, cependant, ne semblait constituer un « sillon central », cette frontière des cerveaux de primates qui sépare les lobes frontaux du reste du cerveau.

Mon enthousiasme initial commença à s'estomper au fur et à mesure que je prenais conscience de la complexité de la tâche qui nous attendait. Si nous ne pouvions pas identifier les éléments de base du cerveau des dauphins, comment pourrions-nous déterminer son fonctionnement ?

En termes de lobes frontaux, les dauphins ressemblent davantage à des carnivores qu'à des primates. Lorsque nous les examinâmes de plus près, nous constatâmes bien vite que les dauphins disposaient d'un sulcus cruciforme – comme les chiens – mais qu'il était situé si loin qu'à peine 10 % du cerveau pouvait être qualifié de « frontal[3] ». C'était étrange. Si les dauphins étaient si intelligents, comment pouvaient-ils avoir de si petits lobes frontaux ? Soit les anatomistes des cétacés avaient tort, soit nous ne savions rien des parties du cerveau responsables de la cognition.

Nous avions quatre cerveaux de grands tursiops et deux plus petits – un dauphin commun et un dauphin tacheté. Les grands dauphins avaient la réputation d'être les plus intelligents et les plus sociaux des dauphins. Ils furent donc notre premier choix. Malgré leur apparent bon état, l'important se trouvait à l'intérieur. Un examen rapide à l'IRM nous apprendrait bien vite si leurs intérieurs s'étaient liquéfiés.

Peter ôta les cerveaux de leur seau et laissa l'excès de liquide s'égoutter en un flux visqueux. Nous les plaçâmes chacun dans un sac en plastique à glissière et nous nous dirigeâmes vers le scanner, portant les cerveaux comme de macabres ballons de rugby.

Je choisis celui qui avait meilleure allure et le déposai dans la bobine crânienne de l'IRM. Même s'il était plus gros qu'un cerveau humain, l'absence de crâne lui permettait de loger facilement. Peter a inséré de la mousse tout autour pour l'empêcher de bouger et nous avons expédié le tout au centre de l'aimant.

J'ai effectué un balayage rapide.

« Ça m'a l'air bien, dis-je. On distingue la matière blanche et grise partout. »

L'excitation montait. Ces cerveaux baignaient dans des seaux depuis plus d'une décennie et, pourtant, ils émettaient encore des signaux que nous pouvions détecter et identifier. Plein d'espoir, je réglai une séquence d'IRM structurelle à plus haute résolution et j'appuyai sur le bouton Scan.

Le scanner lança sa routine de pré-analyse. On pouvait entendre une série de cliquetis au plus profond de la machine tandis que le logiciel s'adaptait à la forme étrangère présente à l'intérieur. Au bout de trente secondes d'ajustements, le scan a débuté, annoncé par un bourdonnement. Normalement, ce type d'analyse prend environ deux minutes, mais, comme le cerveau était ici plus gros et plus rond, il en fallait cinq. Tout ce que nous pouvions faire, c'était attendre.

Après ce qui nous sembla beaucoup plus que cinq minutes, les numérisations apparurent à l'écran. Je fis défiler les tranches en commençant par le bas du cerveau.

« Ça, c'est le cervelet, déclara Peter. Les détails sont incroyables. »

Effectivement. On aurait dit une fougère finement réticulée.

Quand nous arrivâmes au cortex, mon cœur se serra. C'était plein de trous. Pas besoin d'être un expert en anatomie cérébrale pour voir que quelque chose n'allait manifestement pas. La perspective d'arriver à retracer les connexions à travers ce gruyère semblait plutôt sombre.

Nous passâmes au scanner les deux autres cerveaux et nous y observâmes la même dégénérescence. Je suppose que ce n'était pas surprenant compte tenu de l'âge des spécimens. Les trous se trouvaient dans une zone à mi-chemin entre la surface externe et les ventricules. Lorsque les cerveaux ont été extraits et immergés dans le formaldéhyde, leur grande taille avait empêché le fluide conservateur de pénétrer profondément à l'intérieur. Ils s'étaient donc détériorés avec le temps.

Il ne restait plus que le cerveau du dauphin commun. À peu près moitié moins gros que celui d'un grand dauphin, il était rond et compact, mais nettement plus volumineuxqu'un cerveau d'otarie. Nous l'installâmes dans la bobine pour le numériser comme les autres. Pour notre plus grand plaisir, il avait l'air intact. Pas de trous ! Nous lançâmes donc la séquence DTI que nous laissâmes tourner pendant la nuit.

Comme le cerveau du dauphin était plus gros que celui d'une otarie, l'analyse des données prit presque une semaine.

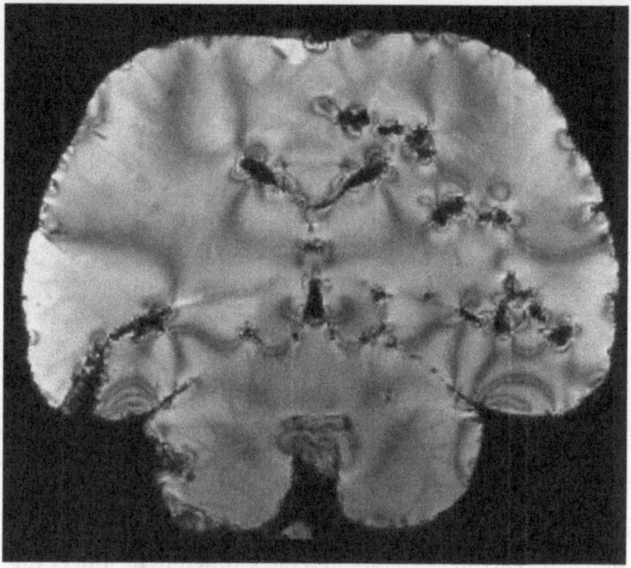

Cerveau de grand dauphin tursiops plein de trous. (Gregory Berns)

Pour nous assurer que nous avions tout fait correctement, nous avons d'abord examiné les champs de vecteurs. Le cerveau du dauphin était si différent de celui des mammifères terrestres qu'il aurait tout aussi bien pu appartenir à un extraterrestre. Tout semblait avoir été compacté en un gros ballon et les points de repère habituels étaient déplacés vers des endroits bizarres. Même le corps calleux avait l'air étrange. Pour un cerveau de cette taille, il était étonnamment mince, ce qui signifiait qu'il y avait relativement peu de connexions entre les hémisphères.

Pour nous aider à nous repérer, nous avons reconstruit les champs de vecteurs en trois dimensions. Cela dénudait complètement la substance blanche du cerveau et laissait apparaître une carte finement détaillée de toutes ses connexions.

Du fait de leur intégration dans un objet sphéroïde, les chemins sont difficiles à distinguer sans un logiciel permettant d'effectuer une analyse virtuelle. C'est ce que nous avons fait.

Alors que l'image animée tournait, une profonde fascination s'empara de moi. Je ressentis les picotements qu'éprouve tout scientifique qui sait que personne n'a jamais vu auparavant ce qu'il est en train d'observer. Nous pouvions voir, en bleu, les fibres reliant le cortex au tronc cérébral et s'étendant verticalement. Alors que le cerveau passait en vue de face, les ailes des lobes temporaux se déployaient et nous découvrions tous les nerfs crâniens qui se ramifiaient en vrilles rouges à partir du tronc cérébral.

Peter dit : « On dirait que ça a marché. »

Je ne pouvais qu'acquiescer.

Satisfaits de la qualité des données de diffusion, nous décidâmes de tourner notre attention vers une question scientifique. Le cerveau des dauphins était si différent de tout ce que nous connaissions que Peter et moi avions du mal à décider par où commencer. Même les cerveaux d'otaries étaient plus faciles. Comme les otaries passent beaucoup de temps sur la terre ferme, leurs cerveaux ressemblent davantage à ceux des mammifères terrestres, pas si différents de ce que nous avions l'habitude de voir chez les chiens par exemple. Les cerveaux de dauphins, c'était une autre paire de manches.

L'écholocalisation n'est pas aussi étrangère à notre expérience qu'on pourrait s'y attendre. Elle a deux composantes que les humains possèdent aussi : la production de son et l'audition. Les dauphins s'en servent évidemment de manière plus approfondie que les humains, mais, au cours des vingt années qui avaient précédé notre projet, la communauté scientifique en avait appris beaucoup sur la manière dont les dauphins opéraient l'écholocalisation et il était apparu que c'était beaucoup moins mystérieux que prévu.

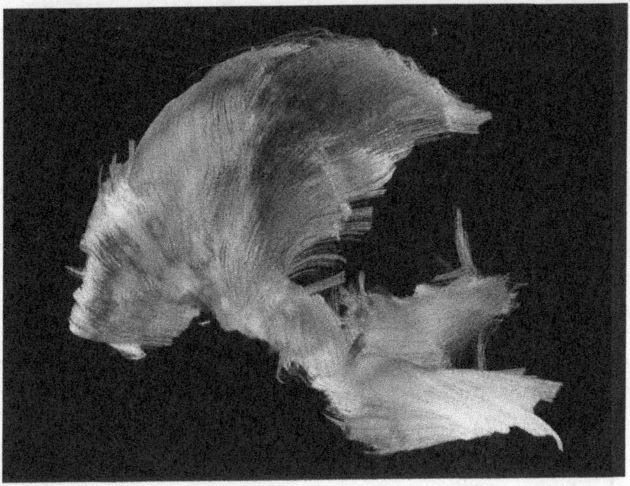

Reconstitution en 3D des fibres dans la matière blanche d'un cerveau de dauphin. Ceci est une vue de profil, le nez pointant vers la gauche. (Gregory Berns)

L'écholocalisation est l'équivalent biologique du sonar (sigle anglais qui signifie « navigation et télémétrie acoustique »). Le concept est simple à comprendre. Un son est émis, se réfléchit sur les objets de l'environnement sous-marins et revient sous forme d'écho. Le temps de retour des échos donne les distances auxquelles se trouvent les objets et son timbre indique leur taille et leur texture. Les systèmes de sonar artificiels ont atteint un niveau de sophistication incroyable, mais ils n'approchent pas encore la précision de l'écholocalisation des dauphins. Vous ne serez pas étonné d'apprendre que la marine américaine étudie de manière intensive les dauphins depuis des décennies.

Les dauphins et les baleines génèrent des sons comme nous, avec de l'air, mais il y a une différence majeure.

Comme tous les mammifères terrestres, nous produisons des sons en faisant vibrer l'air dans le larynx. Au cours de l'expiration, une colonne d'air passe à travers les cordes vocales qui s'ouvrent et se ferment, produisant une série de bouffées d'air. Ces bouffées d'air sont ensuite façonnées par la gorge, la langue et les lèvres. Les dauphins ont un larynx et des cordes vocales capables de produire des sons, mais ils ne constituent pas le mécanisme prédominant qu'ils utilisent. Au lieu de cela, toutes les baleines à dents, y compris les dauphins, ont une paire de structures situées sous l'évent appelées sans cérémonie « museau de singe » en raison de leur forme[4] (ou plus techniquement « complexe MLDB », pour « *monkey lips/dorsal bursae* »). Lorsqu'un dauphin fait passer de l'air à travers son évent, le museau de singe s'ouvre et se ferme, produisant des vibrations similaires à celles que créent les cordes vocales des mammifères terrestres. Mais, au lieu de sortir de la bouche, les vibrations sont transmises à une poche de graisse située à l'avant de la tête qu'on appelle le « melon ». Le melon agit comme une lentille acoustique, focalisant et intensifiant le faisceau sonore. Par ailleurs, les dauphins produisent une gamme impressionnante de sons différents. Ils émettent des clics, qui sont de brèves impulsions à haute fréquence destinées à l'écholocalisation, mais ils sifflent et bourdonnent également, ce qui semble être un moyen de communication.

Les clics du dauphin se situent dans un domaine très au-delà de l'audition humaine. Un adolescent peut détecter des fréquences pouvant atteindre environ 20 kilohertz (kHz), mais les clics de dauphins ont une fréquence prédominante bien supérieure d'environ 100 kHz. Même les chiens et les chats ne peuvent entendre que jusqu'à 40 kHz environ. Cependant, les hautes fréquences sont essentielles à la détection du son sous l'eau. Dans l'air, le son voyage à 340 mètres par seconde (m/s), mais dans l'eau de mer il atteint un fulgurant 1 500 m/s. Les mammifères terrestres localisent la source d'un son grâce aux différences de temps d'arrivée à leurs deux oreilles, mais sous l'eau cette différence est si brève que les sons de basse fréquence arrivent en fait pratiquement en même temps. C'est pourquoi, pour les humains, les sons sous-marins semblent pro- venir de partout en même temps. Les ultra-hautes fréquences utilisées par les dauphins atténuent le problème.

Les dauphins ont des oreilles, mais leurs canaux externes ne sont que des trous d'épingle. Ils entendent à travers leurs mâchoires en utilisant la conduction osseuse. Ce n'est pas aussi étrange que cela en a l'air. Les humains peuvent entendre de la même manière. Si vous placez quelque chose qui vibre (un téléphone, par exemple) contre la courbe de votre mâchoire, vous pourrez entendre le son. La forme de la tête du dauphin, en plus d'être profilée pour la natation, concentre aussi les ondes sonores entrantes sur l'évasement de la mâchoire. Cet arrangement leur donne une sensibilité maximale aux sons émis directement devant eux.

Pour l'essentiel, les recherches sur l'écholocalisation chez les dauphins ont démontré leurs capacités discriminatoires. Dans une étude, ils s'avéraient capables de distinguer des sphères d'aluminium par leur épaisseur, même quand elle ne différait que de 0,3 mm[5]. Cette acuité est rendue possible par l'utilisation des hautes fréquences, mais aussi parce que le cerveau du dauphin est extrêmement rapide. Une façon de tester la vitesse du système consiste à présenter deux clics. Au fur et à mesure que les clics se rapprochent, ils seront finalement perçus comme un seul clic. Le moment où ce basculement a lieu est une mesure du temps nécessaire au système nerveux pour intégrer les informations entrantes. Chez l'homme, cela prend entre 30 et 50 millisecondes. Chez les dauphins, cela se produit en 264 microsecondes, ce qui signifie que les dauphins sont plus de cent fois plus rapides que l'homme pour traiter les sons.

On ne comprend pas bien comment les dauphins sont capables de distinguer des sons si proches dans le temps, mais il semble que leurs troncs cérébraux effectuent une quantité substantielle du traitement avant que les signaux n'atteignent le cortex ou même le thalamus. Par exemple, les orchestres s'accordent sur le *la* situé au-dessus du *do* médian. Cette note est appelée le *la* 440, car sa fréquence est de 440 Hz. Mais en l'absence d'une note de référence même les meilleurs musiciens ont du mal à dire si on est bien à 440 ou un peu en dessous à 439 Hz. En revanche, lorsque deux telles notes sont jouées ensemble, la différence de fréquences de 1 Hz est appelée fréquence de « battement », car vous pouvez alors entendre une légère oscillation, qui dans le cas présent s'étale sur une seconde. Sur la base de leur temps d'intégration plus rapide, nous pouvons déduire que les dauphins sont capables de détecter des fréquences de battement allant jusqu'à environ 4 kHz.

Tous ces éléments de l'audition si étranges au premier abord se révèlent correspondre à des éléments présents dans notre propre cerveau. Malgré ce que Nagel croyait, il ne semble pas si difficile de comprendre ce que cela fait d'être une chauve-souris ou un dauphin.

Mieux, plutôt que de rendre les dauphins inanalysables, l'écholocalisation fait d'eux un cas d'école idéal pour déterminer ce que l'on peut apprendre de l'état subjectif d'un animal à partir de son cerveau. Les anatomistes savent depuis le milieu du XXe siècle que les voies auditives des dauphins sont larges. Mais on ignorait encore beaucoup de la manière dont les dauphins utilisent les échos sonores pour créer des images mentales de leur monde – si tant est qu'« image » soit le mot correct.

Pour cela, il nous fallait savoir à quel endroit du cortex les informations auditives sont envoyées. Chez les mammifères terrestres, le nerf auditif transmet toutes les informations acoustiques au tronc cérébral. À partir de là, le flux auditif se divise en deux chemins, l'un restant du côté où il est entré, l'autre passant de l'autre côté du tronc cérébral. Les flux passent ensuite à travers une série de noyaux lorsqu'ils montent vers le thalamus.

Juste avant que les informations auditives ne parviennent au thalamus, elles sont collectées dans un noyau sphérique appelé « colliculus inférieur ». Chez les mammifères, le colliculus inférieur est suffisamment grand pour que les colliculi gauche et droit forment une paire de bosses visibles à l'arrière du tronc cérébral. Le colliculus supérieur, qui reçoit des informations visuelles, est situé juste au-dessus. Les tailles relatives des colliculi inférieurs et supérieurs peuvent être considérées comme des mesures grossières de l'importance relative des informations auditives et visuelles pour l'animal. Les dauphins ont un très gros colliculus inférieur et de là il n'y a qu'un petit pas jusqu'au thalamus.

Le thalamus se situe au centre géographique du cerveau, entre le tronc cérébral et le cortex. Chez l'homme, il a la taille d'une petite prune. Les limites du thalamus sont bien différenciées du cortex et sa structure interne est composée de dizaines de noyaux distincts. Ces différents noyaux servent de relais entre le cortex et d'autres parties du système nerveux. Certains des noyaux reçoivent des données de la moelle épinière et transmettent les informations sensorielles du corps au cerveau. D'autres forment des boucles récursives avec le cortex, recevant des informations via les noyaux gris centraux et le cervelet et les transmettant au cortex, probablement pour faciliter la coordination des mouvements. Chez les primates, un gros morceau à l'arrière du thalamus appelé « pulvinar » est associé à la vision. L'information auditive atterrit, quant à elle, dans le noyau ganglionnaire médial.

Les voies auditives ont été bien cartographiées chez les humains et chez les rats, mais peu chez les dauphins lorsque Peter et moi avons commencé. La loi sur la protection des mammifères marins, une loi fédérale américaine, limite strictement ce que les scientifiques peuvent faire avec les dauphins et les baleines. Elle comporte également des restrictions justifiées concernant les études invasives de leur cerveau. Au début des années 1970, des chercheurs russes avaient tenté de cartographier le cerveau du dauphin en y insérant des électrodes et en déterminant quelles parties répondaient aux sons. Ils ont également tenté de cartographier les liens entre le cortex et le thalamus en injectant des substances radioactives qui diffusaient le long des axones[6].

Ces études limitées sur les voies auditives des dauphins ont brossé un tableau étrange. Chez chaque mammifère terrestre, les informations auditives passent sur le côté du corps genouillé médial vers les lobes temporaux. Chez l'homme, il existe une zone au sommet du lobe temporal, appelée « gyrus de Heschl », qui reçoit cette information. Vous pouvez même y trouver une carte des différentes fréquences audibles. Mais les études russes sur le cerveau des dauphins suggéraient que les informations auditives atterrissaient dans une partie du cortex située près du sommet de la tête, presque à l'arrière du cerveau, là où l'on pouvait s'attendre à voir passer le flux visuel. Selon une théorie, en raison de l'importance de ces informations auditives, l'évolution avait poussé le cortex auditif du dauphin à s'étendre et à migrer vers les régions occupées par des informations visuelles chez les mammifères terrestres[7].

Peter et moi ne savions pas où se trouvait le cortex auditif du dauphin, mais nous pouvions facilement identifier les colliculi inférieurs. Difficile de les rater. Cis au sommet du tronc cérébral, les deux colliculi inférieurs forment des structures sphériques bien nettes, d'un centimètre de diamètre. Comme nous l'avions fait dans les reconstitutions de cerveaux d'otaries, nous y plaçâmes des graines numériques. Au lieu de les localiser dans l'hippocampe, nous les disposâmes dans les colliculi inférieurs afin que le logiciel reconstruise les voies nerveuses qui en émanaient.

Les tracés partaient dans deux directions. En descendant dans le tronc cérébral, la simulation suivait parfaitement les voies nerveuses jusqu'au nerf auditif. Cela constituait une excellente validation de notre approche. Dans l'autre direction, un gros faisceau de fibres reliait les colliculi inférieurs au thalamus, là encore comme prévu. Mais, à partir de là, les fibres prenaient un virage et se dirigeaient latéralement, droit sur les lobes temporaux. Exactement comme dans le cerveau des mammifères terrestres !

Lorsque Peter m'a montré les images, ma première réponse fut : « C'est génial ! Cela ressemble aux voies auditives de tous les autres cerveaux de mammifères. »

Mais quand nous avons envoyé les images à Lori elle m'a tout de suite rappelé.

« Cela ne correspond pas à ce qu'il y a dans les manuels, a-t-elle déclaré.

– Que veux-tu dire ?

– Les voies auditives devraient aller vers le sommet de la tête, a-t-elle répondu. Pas vers le lobe temporal. »

J'avais confiance dans nos résultats, aussi ai-je dit :

« Peut-être que les manuels sont faux. »

Ce n'était pas simplement un débat académique. Selon les manuels, les dauphins disposaient d'une ligne principale allant du système auditif à la partie visuelle du cortex, un arrangement radicalement différent de ce que l'on trouve dans le cerveau humain. Mais nos résultats DTI suggéraient une ressemblance plus étroite. Nous avions trouvé une voie auditive qui allait vers le lobe temporal, suggérant ainsi qu'au lieu de « voir » le son les dauphins l'entendaient tout comme nous. Mais il y a plus dans l'écholocalisation que la simple audition. L'écholocalisation est un processus à deux faces, l'une émettrice, l'autre réceptrice. Plus que de « voir » le son, les dauphins « peignent » avec les sons.

Nous n'avions encore analysé qu'un seul cerveau. Aussi alléchants qu'en soient les résultats, nous devions nous assurer qu'ils n'étaient pas le fruit d'un accident. Il nous fallait d'autres cerveaux.

Le seul autre cerveau qui semblait dans un état décent était un spécimen de la taille d'un pamplemousse ayant appartenu à un dauphin tacheté pantropical. Comme leur nom l'indique, les dauphins pantropicaux vivent dans les eaux chaudes des deux côtés de l'équateur. Dans l'est des États-Unis, ils suivent le Gulf Stream, parfois jusqu'au Maine. Avec le dauphin commun, les dauphins pantropicaux sont les cétacés les plus abondants. Leur population a même survécu à des tueries massives dans le Pacifique oriental. Des années 1950 aux années 1980, des millions de dauphins sont morts dans des filets conçus pour capturer un grand nombre de thons. Avant l'invention de la pêche au filet, on estime que le nombre de dauphins tachetés se situait entre trois et quatre millions. Il est actuellement de cinq cent mille.

Entre les otaries et les dauphins, Peter commençait à avoir le coup de main pour mettre les cerveaux dans la gélatine dopée et lancer des séries de scans pour la nuit. En quelques jours, nous eûmes en main les résultats du pantropical. Le signal n'était pas aussi puissant que pour le cerveau de dauphin commun, ce qui signifiait que les mesures de diffusion avaient été davantage perturbées par le mouvement thermique. Mais, même ainsi, les graines virtuelles placées dans les colliculi inférieurs révélaient sans ambiguïté la même voie menant au thalamus puis au lobe temporal. Si nous considérions séparément les côtés gauche et droit du cerveau, ce tractus auditif temporal avait été observé dans quatre hémisphères différents. La conclusion semblait solide.

Nos données DTI révélaient la carte routière de l'audition chez les dauphins, du moins côté réception. Dans les deux cerveaux que nous avions scannés, la voie principale passant par le thalamus allait au lobe temporal et non au sommet du cerveau. À bien des égards, ce tractus était assez typique des cerveaux de mammifères et le point d'arrivée indiquait l'emplacement du cortex auditif.

Mais où allaient les informations ensuite ?

Pour le savoir, nous plaçâmes simplement une autre graine virtuelle dans le cortex auditif que nous venions d'identifier et nous suivîmes son mouvement. Là, les fibres se dirigeaient vers l'arrière et vers le haut.

La carte qui en est ressortie suggérait deux régions auditives : l'une dans le lobe temporal, comme chez les mammifères terrestres, et une autre près du sommet de la tête, voisine du cortex visuel. Les chauves-souris sont les seuls autres mammifères à présenter un arrangement similaire. Comme les chauves-souris sont des animaux terrestres, la manière dont elles pratiquent l'écholocalisation est assez bien comprise. Les chauves-souris ont une zone auditive principale dans le lobe temporal, tout comme celle que nous avions trouvée chez les dauphins, mais elles ont également des régions auditives secondaires et tertiaires juste au-dessus et derrière le lobe temporal. Chez certaines espèces de chauves-souris, ces régions auditives auxiliaires contiennent des neurones qui se connectent de manière préférentielle à des échos différemment retardés, ce qui constitue une carte neuronale des distances[8]. Certaines chauves-souris ont également une autre région adjacente qui réagit aux changements de timbre de l'écho. Ces chauves-souris peuvent modifier le son de leurs émissions, en les adaptant à tout ce qu'elles visent. C'est ce qu'on appelle la « modulation de fréquence » (le même terme que nous utilisons pour la radio FM).

L'aspect le plus remarquable de ces similitudes entre le cerveau des chauves-souris et celui des dauphins est que chauves-souris et dauphins ne sont pas étroitement apparentés. Il faudrait remonter au moins 80 millions d'années en arrière pour leur trouver un ancêtre commun. Les plus proches parents terrestres du dauphin sont les ongulés à doigts pairs, comme les porcs, les vaches, les chèvres ou les moutons. Ils ne semblent pas pratiquer l'écholocalisation (bien qu'un autre ongulé, l'hippopotame, utilise des clics sous l'eau pour communiquer). Cette similitude est un cas classique d'évolution convergente. L'écholocalisation a évolué indépendamment chez les chauves-souris et chez les dauphins, mais, en raison de la similitude des objectifs, elle a convergé vers des solutions similaires, l'une dans l'air et l'autre dans l'eau. Un examen de leurs génomes confirme cette idée. Les gènes liés à l'audition et à la vision chez les chauves-souris et les dauphins sont plus similaires que ce à quoi on s'attendrait chez des animaux séparés par 80 millions d'années d'évolution indépendante[9].

Je trouvais réconfortant que l'on puisse ainsi assembler une nouvelle pièce du puzzle reliant les dauphins aux mammifères terrestres. Une partie de la satisfaction venait de la simple quête de connaissance. L'arbre de la vie est vraiment magnifique et le fait de découvrir des liens entre certaines de ses branches m'aide à considérer ma propre place en son sein en tant que membre individuel de la famille des hominidés. Grâce à l'utilisation d'outils sophistiqués comme la DTI pour observer le cerveau des animaux, il apparaissait que nous étions plus semblables que différents. Même une capacité aussi étrange que l'écholocalisation n'était finalement pas si exotique quand on la réduisait à ses composants essentiels. Nagel avait plaidé contre le réductionnisme, mais c'est en réduisant les voies de la substance blanche que nous avons identifié les points communs entre les humains et les dauphins.

Une autre part de notre satisfaction provenait de la lumière que notre travail jetait sur la philosophie. Les philosophes aiment à parler de *qualia*, l'expérience subjective d'une chose, comme la couleur rouge. Considérons une orchidée d'une multitude de teintes roses et violettes. Il n'y a pas assez de mots, dans aucune des langues humaines, pour transmettre exactement ce que cela fait de la voir. Il n'y a pas assez de noms de couleurs et ne parlons pas d'en décrire le parfum. Si vous croyez aux arguments fondés sur les *qualia*, chacun de nous est enfermé à jamais dans son propre monde perceptif sans aucun moyen de vérifier que nous vivons la même chose que les autres. Comment pourrais-je savoir à l'aide des mots seulement que mon rouge n'est pas votre bleu ?

Chaque fois que quelqu'un joue la carte des *qualia*, vous pouvez être sûrs que ce qu'il veut dire, c'est que, peu importe ce que nous savons sur la physique, nous ne serons jamais en mesure d'expliquer l'expérience subjective. Peu importe que la couleur rouge puisse être complètement et exactement décrite par des champs électromagnétiques d'une longueur d'onde de 700 nanomètres. La physique n'explique pas la « rougitude ».

Mais moi, je pense que si. La physique et la biologie expliquent parfois mieux que les mots. Le buzz internet de 2015 sur « La Robe » semblait devoir appuyer ce point de vue. Était-elle bleu et noir ou blanc et or ? La même photo semblait produire des effets différents chez les gens. Les philosophes en chambre prirent le phénomène comme une preuve de l'existence des *qualia* et du fait que nous concevions chacun notre propre version de la robe. Mais l'explication scientifique était plus banale.

Randall Munroe a publié sur son blog XKCD une illustration simple montrant comment la couleur du fond de l'image affecte notre perception de la robe. Comme la plupart des systèmes biologiques, la perception des couleurs repose sur la mesure de différences et non de valeurs absolues. Quelque chose est bleu ou or relativement à autre chose. L'explication la plus plausible du phénomène de la robe était que les gens prenaient comme référence des éléments différents du fond. Réduit à ces éléments, le mystère des *qualia* disparaissait. Vous pouvez faire l'expérience et changer votre propre perception de la couleur de la robe simplement en vous concentrant sur différentes parties de la photo.

Il en va de même avec le cerveau des dauphins. L'écholocation n'est pas une compétence extraterrestre à laquelle nous ne pourrions jamais nous identifier. C'est simplement une amplification de perceptions dont les humains disposent aussi.

Jusqu'à présent, nous n'avions étudié que les systèmes de perception. Ne pouvions-nous pas aller plus loin ? Jusqu'à un processus cognitif qui nous lierait tous les uns aux autres ? Quelque chose de social…

CHAPITRE 7

L'ÂNE DE BURIDAN

Dans les premières années de la neuro-imagerie, mettons entre 1995 et 2005, l'IRMf (fonctionnelle) devint incroyablement populaire parmi les neurologistes cognitifs. Contrairement à son prédécesseur, la tomographie par émission de positrons, l'IRMf ne nécessitait pas d'injecter des isotopes radioactifs. C'était à la fois sûr et rapide. Des centres d'imagerie sont apparus dans toutes les grandes universités, d'abord dans les départements de radiologie des facultés de médecine, puis dans les départements de psychologie. Pour la première fois, des non-médecins utilisaient des outils auparavant réservés à l'imagerie médicale. L'usage de l'IRMf a démocratisé la neuro-imagerie. Dans l'ensemble, je pense que ce fut une bonne chose. Plus il y a de gens capables d'utiliser une technologie, plus les chances de découvertes ou d'innovations augmentent.

Au fur et à mesure que ce domaine de recherche adoptait ce nouvel outil, il sécrétait des milliers d'études ponctuelles. Il était courant de découvrir dans les journaux ou à la télévision des sujets illustrés d'une image colorée de cerveau humain où un point lumineux d'activité représentait tel ou tel phénomène mental. Les émotions se taillaient la part du lion avec des titres comme « Voici la partie heureuse de votre cerveau ». Je m'en suis rendu coupable aussi, au moins par association. Mes premières recherches sur des parties du cerveau associées à la prise de décision furent couvertes par le magazine *Forbes* sous ce titre sinistre[1] : « À la recherche du bouton "acheter" ». Le temps de scanner était coûteux, de sorte que ces premières études avaient tendance à se limiter à de petits échantillons, typiquement de l'ordre de douze à vingt participants. Du fait de cette petite taille des échantillons, il y avait de grandes chances pour que les résultats obtenus ne soient rien d'autre que du bruit. Très peu de ces résultats furent reproduits, ne serait-ce que parce que personne n'avait envie de perdre du temps et de l'argent à vérifier l'expérience de quelqu'un d'autre quand il y avait tant de choses nouvelles et excitantes à découvrir sur le cerveau.

À cause de l'attrait tape-à-l'œil des images cérébrales et de leurs tâches d'activation, les critiques les plus sévères de la neuro-imagerie lui donnèrent le surnom de « blobologie », un néologisme dérivé de la pratique ancienne de la phrénologie qui tentait de déchiffrer les traits d'une personnalité à partir des bosses sur le crâne. Pour ces critiques, l'IRMf n'était qu'une forme de phrénologie revisitée pour le public du XXe siècle.

Mais, pour ceux d'entre nous qui y participaient, les débuts de la neuro-imagerie étaient palpitants. Une mentalité de cow-boy se répandait parmi nos collègues : nous avions le sentiment d'aller hardiment là où personne n'avait mis le pied auparavant. Il était tellement facile d'imaginer des expériences, de réunir un groupe d'étudiants pour servir de sujets et de rassembler un grand nombre de données en quelques nuits ou week-ends de travail. La seule question était de savoir si vous aviez accès à un scanner et à l'argent nécessaire.

Pour les cow-boys des neurosciences, la fête prit fin aux alentours de 2008. Tout d'abord, un postdoctorant de Dartmouth, Craig Bennett, poussa un saumon mort dans une machine IRM. Bennett constata que faute d'appliquer les corrections statistiques appropriées, il détectait une activité neuronale chez le saumon. Cela obligea immédiatement tout le monde à reconsidérer la façon dont notre domaine de recherche rapportait ses résultats. Ensuite, Ed Vul, alors étudiant au Massachusetts Institute of Technology, publia un article intitulé « Corrélations vaudou en neurosciences sociales[2] ». Vul démontrait que de nombreux articles de recherche de haut niveau en IRMf effectuaient en réalité leurs tests statistiques deux fois, ce qui revenait à piocher doublement dans leurs données pour faire apparaître leurs résultats meilleurs qu'ils ne l'étaient.

Mais la science a la propriété de se corriger d'elle-même. Cela prend parfois du temps, mais les gens finissent par reconnaître leurs premières erreurs, et la norme des bonnes pratiques évolue. Dans le cas de la neuro-imagerie, la taille des échantillons a progressivement augmenté, même si elle reste terriblement petite. Et, à cause de types comme Vul et Bennett, le changement le plus décisif fut la reconnaissance du fait que les chances de détecter des faux positifs sont très grandes lorsqu'on étudie le cerveau. Un faux positif se produit lorsqu'un chercheur indique qu'une région est active au cours d'une tâche cognitive alors qu'en réalité il n'a observé qu'une fluctuation plus forte que les autres dans un océan de fluctuations aléatoires. Il n'est pas toujours facile de faire la différence, mais, au moins, la barre des exigences s'était élevée.

À bien des égards, le Projet chien était un retour aux sources, à l'ambiance Far West des débuts. Quand Mark et moi avons commencé le projet en 2011, la neuro-imagerie avait déjà mûri. Les revues scientifiques exigeaient des échantillons de plus en plus grands et des corrections statistiques plus rigoureuses. De notre côté, nous avions péniblement réussi à entraîner deux chiens à rester immobiles dans l'IRM ; mes collègues furent à juste titre sceptiques quant aux résultats.

Mais nous avons persisté. Nous avons recruté et entraîné d'autres chiens. Nous avons reproduit nos expériences initiales avec des échantillons de plus grande taille. Nous nous sommes mis à jour pour améliorer nos méthodes statistiques. Et, pourtant, un problème épineux continuait de nous hanter.

De nombreux scientifiques persistaient à remettre en question nos interprétations de l'activité cérébrale. Les critiques ne se limitaient pas au Projet chien. Alors qu'il se retirait de la neuro-imagerie, Russ Poldrack, chercheur de notre domaine à l'université du Texas à Austin, rédigea un article très important sur la difficulté qu'il y avait à déduire des processus mentaux à partir du simple constat d'une activité cérébrale[3]. Selon lui, le cerveau est tellement interconnecté que certaines parties peuvent avoir plusieurs fonctions. Ce que fait une région à un moment donné dépend non seulement de sa propre activité, mais également de celle des régions auxquelles elle est reliée. En raison de l'interdépendance du cerveau, disait Poldrack, il n'est pas possible de déduire un processus mental d'une activité constatée dans une seule région. Il a appelé ce problème « l'inférence inverse ».

Il existe plusieurs solutions au problème de l'inférence inverse. La première consiste à considérer la coordination des activités dans de nombreuses régions du cerveau lors de l'interprétation des processus mentaux. Cette approche a donné naissance au domaine de la connectomique. En pratique, l'étude des connexions nécessite beaucoup de données, et les sujets doivent être assez coopératifs pour rester immobiles dans le scanner pendant de longues heures. Aussi bien formés que soient les chiens qui participaient à nos études IRM, ce type d'approche dépassait leurs capacités. La deuxième solution consiste à concevoir de meilleures expériences qui se basent sur un processus cognitif très spécifique. Parfois, cette approche nécessite plusieurs expériences. C'est le chemin que Mark, Peter et moi avions choisi.

Les critiques les plus sévères à l'égard du Projet chien venaient du camp des béhavioristes purs et durs. Certes, peu de scientifiques adhéraient encore aux principes formulés par Skinner, mais le béhaviorisme semblait constituer l'interprétation par défaut de chacune de nos découvertes.

En vertu d'une variante sur le thème de l'inférence inverse, ces arguments critiques se déroulaient comme suit : les chiens ne sont-ils pas en train d'enchaîner des associations ? Après tout, nous avions formé les chiens à utiliser le scanner en les récompensant d'abord lorsqu'ils restaient immobiles la tête dans la bobine crânienne, puis lorsqu'ils le faisaient dans le faux IRM, puis quand ils supportaient en plus le bruit et finalement lorsqu'ils faisaient tout ça dans la vraie machine. Même dans l'expérience Go-NoGo, ils étaient récompensés lorsqu'ils ne bougeaient pas. Du point de vue du chien, tout n'était peut-être qu'une séquence qui aboutissait à une récompense alimentaire. Si tel était le cas, il n'était besoin, pour expliquer toutes les activations cérébrales observées, de rien de plus complexe que l'apprentissage par association. Nul besoin d'invoquer la pensée, les émotions ni l'esprit[4] !

Pour être honnête, j'avais moi-même provoqué mes collègues en écrivant dans le *New York Times* : « En examinant directement leurs cerveaux et en contournant les limites du béhaviorisme, l'IRM peut nous renseigner sur les états internes des chiens[5]. »

Une véritable déclaration de guerre. Je pensais réellement ces mots quand je les ai écrits et je les ai maintenus face aux critiques des béhavioristes. À l'époque, nous n'avions que très peu de preuves que nous mesurions des émotions – en fait, nous n'avions qu'une poignée de chiens répondant à des signaux de la main dans le scanner. Par construction, l'expérience initiale était une expérience de conditionnement pavlovien, et il était donc facile de comprendre pourquoi les béhavioristes s'opposaient à mon interprétation de la sensibilité des animaux. Mais j'avais vécu avec des chiens toute ma vie et je ne pouvais pas accepter que ces êtres ne soient guère plus que des automates sans âme. Ils avaient des personnalités, des goûts et des dégoûts et un comportement déterminé suggérant un niveau de réflexion supérieur à celui que les modèles béhavioristes leur accordaient.

Alors que le Projet chien continuait à se développer, qu'un nombre croissant de sujets participaient à des expériences de plus en plus complexes, nous ne pouvions plus évacuer la question de ce qui motivait les chiens. Les explications à la louche ne permettaient pas de contourner les incertitudes de l'interprétation de l'activité cérébrale que soulignait l'inférence inverse. Le moment était venu d'aborder la question de front.

Ne faisaient-ils tout ça que pour les hot-dogs ?

Au bout de quatre ans, j'avais appris à connaître les chiens IRM aussi bien que les miens. Ils avaient tous une personnalité. Certains étaient joueurs. Certains étaient timides. Certains, comme Libby, étaient agités en présence d'autres chiens. D'autres s'en fichaient. Et, s'ils aimaient tous manger, certains, comme Kady, semblaient se soucier davantage de ce que pensaient leurs humains, du moins quand ils étaient à proximité. Beaucoup de ces chiens auraient volontiers renoncé à de la nourriture pour jouer à la balle ou chahuter en tirant sur une corde.

De toute évidence, nous ne pouvions pas jouer avec les chiens dans le scanner, mais les maîtres pourraient certainement les récompenser par des félicitations enthousiastes. Leur motivation serait dès lors la valeur qu'ils accordaient à une récompense sociale. Serait-ce aussi gratifiant qu'un morceau de hot-dog ? Nous avons appelé cette expérience « Louanges contre Nourriture ».

La question du mouvement y représentait un défi majeur. Il n'y aurait aucun moyen de comparer les effets de la nourriture et des éloges directement, vu que les chiens bougeraient en mangeant les hot-dogs. D'une manière ou d'une autre, il fallait que les chiens restent immobiles pour les deux types de récompenses. Nous nous sommes creusé les méninges pendant plusieurs semaines pour tenter de résoudre ce problème. Nous avons envisagé de placer une friandise devant le nez du chien, comme pour le test du Chamallow, mais même si les chiens ne bougeaient pas cela provoquerait un biais sensoriel. Comme les louanges verbales n'ont pas d'odeur, nous ne ferions que comparer l'odeur de nourriture à l'absence d'odeur.

Ce que nous voulions, c'était une expérience effaçant toutes les différences sensorielles entre la nourriture et les éloges, et ne laissant que la valeur de la récompense toute nue. Pendant des semaines, cela nous sembla impossible, puis, comme en un éclair, la solution est apparue. Elle était présente dans le Projet chien depuis le début.

Depuis le début, nous avions utilisé des signaux manuels pour indiquer divers résultats. Une main levée voulait dire : « Hot-dog. » Deux mains l'une en face de l'autre signifiaient : « Pas de hot-dog. » Les bras croisés : « Ne bouge pas, même si tu entends le sifflet. » Pour obtenir des données IRMf interprétables il nous fallait nous concentrer sur la réponse cérébrale au signal de la main, et non sur ce qui se produisait ensuite, qui était généralement brouillé par des artefacts dus au mouvement du sujet. L'activité cérébrale face au signal de la main mesurait le degré d'anticipation. Chez l'homme, on savait déjà qu'une structure cérébrale clé, le noyau caudé, répond quand on anticipe des choses qui nous plaisent, telles que de la nourriture, de l'argent ou de la musique. Ainsi, lorsque nous avons découvert au cours de nos premières expériences que le noyau caudé canin réagissait de la même manière aux signaux manuels qui annonçaient des gâteries, nous sûmes que nous étions sur la bonne voie.

L'anticipation est extrêmement intéressante car elle est interne. Il n'y a pas de manifestation comportementale directe de l'anticipation, c'est une utilisation parfaite de l'imagerie cérébrale : comprendre un processus mental qui serait autrement inaccessible. Nous, les humains, savons à quoi ressemble l'anticipation, bien qu'il soit difficile de la décrire avec des mots. Anticiper quelque chose de positif est excitant, parfois plus que la chose elle-même, tandis que l'anticipation négative est affreuse et là encore souvent pire que le résultat. Pensez dentiste[6].

Les signaux manuels nous avaient bien servi, dans de nombreuses expériences. Comme les maîtres étaient toujours en vue, les chiens concentraient leur attention sur leur humain. Les signaux manuels les motivaient à rester dans le scanner, car c'est là que se trouvait leur humain. Mais pour « Louanges contre Nourriture », nous ne pouvions pas utiliser les signaux manuels. Si le propriétaire était en vue tout le temps, le chien pouvait en concevoir un flux continu de récompense sociale, ce qui ne serait pas une comparaison équitable avec la récompense alimentaire qui n'était, elle, qu'intermittente. De plus, c'étaient en général les maîtres qui donnaient les friandises, de sorte que les chiens obtenaient à la fois des récompenses alimentaires et des récompenses sociales au cours de cette interaction.

Pas moyen de faire autrement. Les propriétaires devraient être hors de vue des chiens pour cette expérience. Pour que cela soit comparable à la récompense alimentaire, l'humain devrait périodiquement apparaître et féliciter le chien. Mais nous devions encore créer un état d'anticipation pour les deux types de récompenses.

Si le maître du chien devait être invisible, la seule alternative était de présenter au sujet de nouveaux signaux visuels, l'un annonçant la nourriture et l'autre les éloges. Projeter des images sur un écran au bout du tunnel de l'aimant – par exemple sur un écran d'ordinateur – était une possibilité. Mais cela empêcherait le maître d'un chien d'interagir avec lui directement. En outre, aucun des chiens n'avait manifesté d'intérêt pour la télévision ni pour le Web à la maison (mais peut-être était-ce dû au manque de contenus adaptés à leur espèce).

Un soir, quelque chose dans le jardin attira l'attention de Callie. Je le savais parce que Cato se mit à aboyer à tout va.

En soi, cela n'avait rien d'étonnant. Cato a toujours aboyé. C'était sa forme de communication par défaut. La seule chose qui variait, c'était l'énergie qu'il y mettait. Quand l'un des autres chiens avait ou faisait quelque chose d'intéressant, les aboiements de Cato se faisaient plus forts et plus frénétiques.

En l'occurrence, je savais que Callie avait mis la patte sur quelque chose de chouette parce que Cato aboyait comme un damné. Cela signifiait généralement qu'elle avait attrapé un petit animal, probablement une taupe.

Mais, avant que je puisse sortir pour voir de quoi il retournait, une meute de chiens fit irruption par la porte de la cuisine. Callie courait en tête, et elle ne portait pas fièrement une taupe mais une poupée Barbie – sans doute un vestige de l'enfance de mes filles.

Barbie avait connu des jours meilleurs. Mais, en servant ainsi de trophée à Callie, elle m'offrit la solution à l'expérience « Louanges contre Nourriture ».

Nous utiliserions des jouets.

Le lendemain, Peter et moi avons peaufiné les détails.

« Comment penses-tu que nous devrions présenter les jouets ? demanda Peter.

– Au bout d'un bâton ? ai-je répondu. Nous pourrions coller un jouet coloré au bout d'une tige en bois.

– D'accord. Ensuite, nous tenons juste chaque jouet pendant dix secondes et nous faisons suivre la récompense. »

J'aimais cette idée.

« Un jouet signifierait un hot-dog imminent et un autre signifierait que le maître va arriver pour féliciter le chien. »

Peter fronça les sourcils tandis qu'il réfléchissait.

« Il faudrait tout de même que les maîtres restent hors de vue pendant que les jouets sont exposés, du moins jusqu'à ce qu'ils viennent féliciter le chien. »

Il avait raison. Pour que cette expérience fonctionne, il faudrait former une association entre chaque jouet et la récompense appropriée. Les chiens resteraient-ils dans le scanner tout en regardant le spectacle de marionnettes devant eux ? Il n'y avait qu'un seul moyen de le savoir.

Peter et moi sommes rentrés à la maison avec pour mission de fouiller les corbeilles à jouets de nos enfants à la recherche d'objets colorés. Au début, j'ai pensé que ce serait amusant d'utiliser la nouvelle Barbie de Callie, mais je me suis vite rendu compte qu'elle aurait une sale tête montée sur un bâton. Au lieu de cela, j'ai trouvé un chevalier du Moyen Âge tout hérissé, monté sur un cheval. Le jouet mesurait environ quinze centimètres de longueur sur dix de hauteur et il était d'un bleu cobalt brillant – une couleur parfaite pour frapper la sensibilité maximale des récepteurs bleus de la rétine des chiens. Même s'ils ne pouvaient pas distinguer l'homme à cheval, ils pourraient facilement distinguer ce jouet d'un autre de couleur différente. En fouillant encore, j'ai trouvé une des brosses à cheveux des enfants. C'était une de ces brosses cylindriques avec des trucs pointus qui dépassent tout autour. Les deux objets semblaient dépourvus de métal, ce qui était indispensable si nous ne voulions pas qu'ils soient aspirés dans l'aimant.

Peter escamota une petite voiture de son fils. C'était un modèle pour bébé d'une coccinelle Volkswagen à la carrosserie d'un magenta éclatant et aux roues jaunes. Elle frapperait l'autre récepteur chromatique du chien, dont la sensibilité maximale se trouve dans le jaune.

En quelques coups de perceuse, je forai des trous dans tous les jouets et les collai à l'époxy sur des tiges en bois d'un mètre de longueur.

Kady, notre paisible croisement de labrador et de retriever, fut la première à essayer cette nouvelle expérience. Au centre d'entraînement, nous avons mis en place la maquette de la machine IRM et positionné les marches à sa base. La propriétaire de Kady, Patricia King, a placé la bobine principale dans le tube et a lancé : « Kady, bobine ! »

Kady monta les marches et s'installa dans son repose-menton. Je posai une caméra sur un trépied en visant le trou du tunnel. Hormis les brefs moments où Patricia reviendrait pour féliciter Kady, il n'y aurait aucun être humain en vue. Il nous fallait donc une caméra pour capter les réactions de Kady. L'opération allait se faire à deux. Je m'assis sur le sol en dessous du tube IRM, hors de vue de Kady. Un ordinateur avait généré à l'avance un ordre aléatoire pour les trois types de stimuli. Le chevalier bleu signifierait qu'un hot-dog était imminent. La voiture rose était synonyme d'éloges de Patricia. Et la brosse à cheveux était là comme contrôle visuel et ne voulait rien dire.

Lors du premier passage, j'ai parcouru la séquence des stimuli en tenant chaque jouet pendant environ trois secondes. Après le chevalier bleu, je mettais un morceau de hot-dog au bout d'une longue tige surnommée par une de mes filles le « surprise-kebab » et je la manœuvrais comme une queue de billard jusqu'à la bouche de Kady. Je pouvais l'entendre gober avidement. Lorsque la voiture rose apparaissait, je faisais signe à Patricia qui apparaissait alors à la vue du chien et s'exclamait : « Kady ! Quelle bonne fille ! »

Après dix répétitions de chaque type de stimulus, nous avons fait une pause et nous avons visionné la vidéo. Kady était impénétrable. Elle était restée en place tout du long, et je ne pouvais rien lire dans son expression qui indique ce qu'elle pensait. À certains égards, c'était une bonne chose. Sinon, il n'y aurait eu aucune raison de pratiquer un scan du cerveau. Pour nous assurer que Kady avait appris à associer les jouets et les récompenses, nous avons répété les essais deux fois de plus. Ensuite, pour être sûrs que tout était bien imprimé dans sa tête, nous avons répété la session entière deux semaines plus tard. Kady était prête pour le vrai scan.

Kady s'est aussi bien comportée lors de l'examen IRM que lors des séances d'entraînement. Elle excellait dans ces tâches passives, dans lesquelles elle n'avait rien à faire, si ce n'était rester la tête dans la bobine. C'est la raison pour laquelle Kady était notre chien de prédilection lors des premiers essais. Je jugeais que cette tâche était largement dans les capacités des autres chiens IRM, et nous leur avons enseigné la signification des trois objets, tout comme avec Kady. En quelques mois, nous avions terminé leurs analyses.

L'analyse des données IRMf fut simple et directe. Comme dans nos expériences originales, nous nous sommes concentrés sur le noyau caudé. Le caudé forme un grand « C » inversé qui démarre à l'avant du cerveau et dont la courbe atteint presque l'arrière. Chez l'homme, le devant de cette arche est relié aux parties du cortex frontal qui sont associées à des fonctions cognitives telles que la planification ou, comme nous l'avons vu avec l'expérience Go-NoGo, au contrôle des pulsions. Plus bas sur la courbe, le noyau caudé se fond dans une structure appelée le « noyau accumbens », lui-même connecté à des systèmes associés à la récompense et à la motivation. Nous mesurions l'activité dans cette partie du noyau caudé lors de la présentation des différents objets. La comparaison clé se faisait entre le chevalier bleu et la voiture rose. Si un objet suscitait plus d'activité que l'autre, nous pouvions alors conclure que la récompense correspondante était attendue avec plus d'intensité.

Pour vérifier que les chiens comprenaient que deux des objets avaient une signification, nous avons d'abord comparé l'activité liée au chevalier ou à la voiture avec celle de la brosse à cheveux. C'était rassurant, le chevalier et la voiture provoquaient une activité intense du noyau caudé, mais pas la brosse.

En revanche, lorsque nous comparâmes les deux activités entre elles, il n'apparut pas de différence significative. L'activité du noyau caudé augmentait devant le chevalier et devant la voiture. Cette augmentation indiquait que les chiens avaient compris que le chevalier annonçait de la nourriture et que la voiture laissait prévoir des félicitations, mais ils aimaient et anticipaient les deux de la même façon.

C'était une découverte modérément intéressante, mais pas la preuve définitive que nous espérions. Au total, nous avons scanné quinze chiens, un nombre record pour le projet et de quoi satisfaire les *referees* des revues scientifiques qui passeraient nos conclusions au peigne fin.

Chaque jour, Peter et moi regardions la carte de l'activité cérébrale. Il n'y avait pas la moindre différence entre l'effet de la nourriture et celui des éloges.

« Peut-être, dis-je, que certains chiens aiment la nourriture et d'autres les félicitations. »

Peter termina ma pensée.

« Et, en moyennant les résultats de tous les chiens, on aurait effacé les différences. »

Au cours de l'expérience de contrôle cognitif, nous avions découvert une forte corrélation entre l'activation frontale et la capacité du chien à exercer un contrôle sur ses pulsions dans divers contextes. Ainsi, bien que dans l'expérience « Louanges contre Nourriture » nous ayons gagné en puissance statistique en regroupant les activations d'un échantillon de plus grande taille, cela ne nous permettait pas d'observer les différences entre les chiens eux-mêmes. Comme dans le test du chamallow, une dimension unique ne convenait pas à tous.

Peter a extrait l'activité du noyau caudé de chaque chien, puis il classa les chiens en fonction de la différence d'activation que provoquaient la nourriture et les éloges. Pearl, Kady et Velcro présentaient le différentiel le plus élevé en faveur des éloges, tandis que Big Jack, Truffles et Ozzie étaient ceux dont l'activité était nettement plus forte dans l'attente de nourriture. Big Jack avait gagné son surnom pour une bonne raison. Disons simplement qu'il n'était pas né « Big ». Ozzie était un adorable yorkshire et s'il y avait bien un chien dans le projet qui aimait la nourriture, c'était lui. Même si sa maîtresse, Patti Rudi, l'adorait, elle ne se faisait aucune illusion quant à sa motivation. « Pour Ozzie, tout ce qui compte, c'est la bouffe », m'a-t-elle dit une fois.

À l'autre extrémité du spectre se trouvaient les chiens qui restaient le plus près de leurs propriétaires. Pearl, Kady et Velcro étaient tous des chiens adorables et, en les regardant s'entraîner, je ne pouvais m'empêcher de me dire qu'ils tenaient beaucoup à l'estime de leurs humains. La nourriture, c'était juste un bonus.

Ce classement selon l'activation du noyau caudé semblait correspondre à peu près à la personnalité des chiens, mais il nous fallait un moyen moins subjectif de le mesurer.

En général, nous considérons les préférences comme un phénomène humain, mais les animaux en ont aussi. La mesure des préférences chez les chiens pouvait être abordée de plusieurs manières. Si nous avions eu affaire à des humains, nous aurions pu simplement demander à une personne de faire un choix. Le « défi Pepsi », qui a opposé Coca à Pepsi dans une série de publicités comparatives à partir des années 1970, était un exemple de test à choix forcé typique. Ce qu'il nous fallait, c'était un « défi Pepsi » pour les chiens. Au lieu de Coca-Cola contre Pepsi, ce serait Louanges contre Nourriture. Mais comme les chiens ne

Pearl (devant) et Ohana (derrière) après le scan dans le test « Louanges contre Nourriture ». (Helen Berns)

peuvent pas nous dire leurs préférences, il nous fallait un test dans lequel leur comportement les révélerait.

Les tests de choix sont utilisés dans une vaste gamme d'expériences sur les animaux. Les primates, les anthropoïdes comme les singes plus petits, apprennent facilement à pointer ou à toucher des objets, tandis qu'il est facile d'apprendre à des rats ou à des pigeons à appuyer sur des barres pour obtenir des résultats différents. Même si nous pouvions entraîner les chiens du projet à toquer une cible du nez, la logistique nécessaire pour fournir les deux types de récompenses représentait un défi. La distribution de nourriture aurait pu se faire facilement par un plan incliné ou autre, mais les félicitations d'un être humain nécessitaient un système de livraison différent. Nous avons envisagé de cacher les humains derrière une porte et de les inviter à en sortir pour féliciter leurs chiens, mais la disposition du centre de formation n'était pas adaptée.

Dans un souci de simplicité, nous avons opté pour un labyrinthe.

Dans la salle d'entraînement principale, nous avons relié entre elles un groupe de barrières pour bébés pour former un grand V. Le sommet du V était placé devant une porte derrière laquelle le chien attendait. Lorsque la porte s'ouvrait, le chien entrait dans la pièce principale et, face au V, il devait choisir la voie à suivre. Au bout d'un des bras, son maître était assis sur une chaise. Pour éviter les encouragements par des expressions faciales, la personne tournait le dos au chien. Au bout de l'autre bras se trouvait un bol de nourriture avec une friandise.

C'était une situation inhabituelle pour les chiens. Nous devions les familiariser avec la configuration, si nous voulions que le labyrinthe nous aide à mesurer leurs préférences.

Pearl, le golden retriever énergique, fut le premier chien à entrer. Lors des quatre premiers essais, Mark conduisit Pearl de la porte au bout de chaque bras, afin qu'elle ait deux fois l'occasion d'être félicitée par sa maîtresse et qu'elle trouve deux fois la nourriture. Un essai de chaque type à gauche et à droite. Puis vint la phase de choix libre. Contrairement au « défi Pepsi » dans lequel les sujets ne choisissaient qu'une fois, nous avions décidé que les chiens auraient besoin de plusieurs occasions pour exprimer leur préférence. C'est en partie parce que nous ne savions pas si les chiens comprendraient la tâche. Il leur faudrait peut-être plusieurs essais avant de comprendre ce qui se passait. Nous avions estimé que vingt essais devraient suffire.

Lors du premier essai libre, Mark ouvrit la porte et Pearl regarda directement sa maîtresse, Vicki D'Amico. Pearl regarda ensuite à gauche, fit deux pas en direction de Vicki, mais finit par trotter joyeusement vers le bol de nourriture. L'ensemble du processus prit cinq secondes.

Vicki échangea sa place avec le bol de nourriture. Nous avions prévu que certains chiens pourraient développer une préférence secondaire pour un côté plutôt qu'un autre, il était donc important d'alterner l'emplacement de la nourriture et du propriétaire. Lors du deuxième essai, Pearl se dirigea directement vers Vicki. Lors du troisième, elle se dirigea finalement vers la droite, où se trouvait Vicki. Après vingt essais, il était évident que Pearl était orientée vers la gauche (elle y allait 75 % des fois), mais elle était aussi allée vers sa maîtresse 70 % des fois. Sur une poignée d'essais, Pearl semblait ne pas savoir quoi faire. Elle erra juste un moment dans la pièce.

En quelques mois, nous fîmes passer tous les chiens au test de préférence et nous constatâmes qu'ils remplissaient tous les cas de figure. Certains chiens avaient choisi la nourriture 100 % des fois, tandis que d'autres avaient choisi leur propriétaire dans 85 % des essais. La plupart des chiens étaient quelque part entre les deux.

Mais ces différences ne se manifestaient pas uniquement par un simple pourcentage. Lors des premiers essais, de nombreux chiens se dirigèrent vers leur maître, oubliant apparemment qu'il y avait à manger de l'autre côté des barrières. Parfois, ils arrivaient à mi-chemin vers leur maître et apercevaient le bol, mais, incapables de déterminer comment s'y rendre, continuaient jusqu'à leur maître. Qui étaient certainement contents lorsque leurs chiens les choisissaient, eux, plutôt que la nourriture.

Finalement, la plupart des chiens ont découvert qu'il y avait de la nourriture à gratter et qu'il n'y avait pas de mal à aller jusqu'au bol. Parfois, on pouvait littéralement voir l'ampoule s'allumer au-dessus de leur tête, lorsque les chiens comprenaient : « Hé, c'est génial ! Je peux avoir de la nourriture et quand même voir mon humain ! » (Avec le recul, nous aurions dû rendre les barrières opaques.) Certains chiens, comme Big Jack, prirent le pli très tôt. Jack est allé voir sa propriétaire, Cindy Keen, lors des trois premiers essais, mais au quatrième il s'est rendu compte qu'il ratait les friandises et est allé jusqu'au bol. Après cela, il a fait des va-et-vient, fixant un ratio d'environ trois voyages jusqu'à la nourriture pour chaque voyage vers Cindy. Velcro, en revanche, s'est montré à la hauteur de son nom. Ce n'est qu'au seizième essai qu'il s'est écarté de sa maîtresse et s'est dirigé vers la nourriture. Et, même alors, vous pouviez voir qu'il avait du mal à prendre sa décision. Kady était du même genre. Conformément à sa personnalité prudente, il lui fallut dix-sept essais pour aller jusqu'à la nourriture.

Un simple décompte ne permettait pas de saisir la complexité du processus décisionnel de l'animal. Le problème venait de notre conception erronée de la préférence. Lorsque nous avions conçu l'expérience, nous avions supposé que la proportion des différents choix indiquerait dans quelle mesure chaque chien préférait la nourriture aux éloges. Depuis les années 1960, les scientifiques avaient caractérisé les préférences des animaux en faisant le ratio de leurs réponses par rapport aux choix offerts. Cela s'appelait la « loi de correspondance », et cela avait initialement été démontré chez les pigeons[7]. La loi de correspondance stipulait qu'un animal donnerait des réponses proportionnelles à l'attrait qu'il avait pour le résultat. Les pigeons picoraient plus un levier qui libérait davantage de nourriture qu'un levier qui en libérait moins. Le ratio de picorage des deux leviers correspondrait au ratio des quantités d'aliments libérées. Les rats se comportaient de la même manière. À première vue, les chiens aussi.

Sans minimiser les compétences cognitives des pigeons et des rats, les chiens sont plus complexes. Ils se soucient d'autres choses que de la nourriture ; l'approbation de leurs êtres humains, par exemple. Sans le vouloir, nous les avions placés dans une situation qui aurait pu les transformer en ânes de Buridan.

Jean Buridan était un philosophe français du XIVe siècle qui se servit de l'âne pour illustrer un paradoxe du libre arbitre. Dans ce paradoxe, un âne affamé et assoiffé est confronté à un tas de foin et à un seau d'eau. Incapable de choisir s'il a plus faim que soif, il meurt, et de faim, et de soif[8]. L'incapacité à faire un choix était censée démontrer un manque de libre arbitre. Certains ont fait valoir que l'âne est entièrement fictionnel et qu'il n'y a jamais de situation où deux options sont si exactement égales qu'un individu reste figé dans l'indécision[9].

Je ne pense pas que l'âne de Buridan ne soit qu'une fiction. Dans tous les essais, les chiens voulaient, à des degrés divers, à la fois la nourriture et leur humain, mais ils ne pouvaient en avoir qu'un. Nous, les humains, savons exactement ce que cela fait. Devant certains choix importants qui concernent nos conjoints, les collègues que nous fréquentons ou notre carrière, nous pouvons nous trouver paralysés par l'indécision. J'ai vu de nombreux amis et collègues tergiverser si longtemps avant de prendre des décisions majeures qui pouvaient changer leur vie, que les options finissaient par disparaître avant qu'ils ne se décident. Ce n'est pas tant que chaque choix était également attrayant. Le problème, c'était la crainte de regretter une décision. À mon avis, la procrastination pathologique est la définition même de l'âne de Buridan.

Les chiens semblaient éprouver quelque chose de similaire. Après tout, quelques-uns parmi eux n'avaient pas été en mesure de choisir lors de certains essais et avaient plutôt décidé de flâner dans la pièce. Bien que notre plan initial fût de mettre l'accent sur la proportion de choix orientés vers la nourriture ou vers les maîtres, il devint vite clair que les séquences elles-mêmes contenaient des informations importantes sur la manière dont les chiens résolvaient leurs paradoxes internes.

La séquence de Jack ressemblait à ceci : maître-nourriture-maître-nourriture. En revanche, Ohana et Pearl, bien qu'elles aient répondu dans les mêmes proportions, avaient suivi un schéma différent : nourriture-nourriture-maître-maître. Jack était un échantillonneur, alors que Pearl et Ohana avaient tendance à s'en tenir à leurs choix plus longtemps.

Le moyen le plus simple d'analyser une séquence de choix consiste à la décomposer en paires séquentielles. On les appelle des transitions d'état et dans notre expérience nous en avions de quatre sortes : nourriture-nourriture, nourriture-maître, maître-nourriture et maître-maître. En comptant le nombre de ces transitions, nous pouvions calculer la probabilité qu'un chien choisisse la nourriture ou son maître en fonction de son choix précédent. La tendance à maintenir ses choix est apparue sous la forme d'une proportion élevée de séquences soit nourriture-nourriture, soit maître-maître. La différence entre les deux nous indiquait à quel point le chien préférait la nourriture ou les éloges de son humain, de même que la stratégie qu'il utilisait pour résoudre le paradoxe du choix.

Ces mesures semblaient correspondre aux personnalités des chiens. Velcro s'en tenait très fortement à la louange après l'avoir choisie une première fois – 82 % – mais n'allait jamais deux fois de suite jusqu'au bol. Jack était différent. Même si Cindy avait une foi inébranlable dans son amour, Jack aimait manifestement aussi sa nourriture. Il revenait à la nourriture après y être déjà allé dans 62 % des cas, proportion qui tombait à 43 % quand il s'agissait de Cindy. Jack était un joueur.

Lorsque Peter et moi comparâmes les résultats des tests du labyrinthe en V aux données cérébrales, une relation est apparue. Plus la réponse du noyau caudé à l'attente du maître était forte, plus le chien s'en tenait au choix du maître dans le test. Les données IRMf semblaient fondées, dans l'esprit du chien, sur un élément qui relevait de son amour relatif pour son humain et pour la nourriture.

Cela ne vous semble peut-être pas surprenant, mais il était diaboliquement difficile de démontrer les liens entre l'activité cérébrale et le comportement, surtout en dehors du scanner. Les contextes étaient complètement différents. Dans le scanner, le chien était tout simplement immobile, observant des signaux intempestifs et attendant de la nourriture ou des câlins. La réponse du noyau caudé captait quelque chose de l'état relatif d'anticipation. Mais, dans le test du libre choix, de nombreux facteurs entraient en jeu, le plus important étant la disponibilité simultanée des deux options.

Dans la théorie économique standard, la disponibilité de plusieurs résultats potentiels ne devrait pas affecter la quantité de plaisir qu'un individu tire d'une récompense qu'il a choisie. La théorie de l'utilité espérée suppose que les individus font des choix pour maximiser leurs avantages futurs. Après tout, si j'aime les glaces à la vanille, quelle différence cela fait-il de devoir choisir entre vanille, chocolat et pistache, que j'aime bien également ? Il est vraisemblable que je choisisse ce que je désire le plus sur le moment. Mais, même si la théorie de l'utilité espérée est à la base de toutes les analyses économiques modernes, elle échoue souvent à saisir la psychologie interne de la prise de décision.

Bien entendu, toutes les décisions ne se concrétisent pas comme prévu. La déception est un facteur clé de l'apprentissage. Et la déception conduit aux regrets : la connaissance de ce qui aurait pu être. Avec la crème glacée, peu importe ce que je choisis, je me demanderai toujours si je n'aurais pas mieux aimé les autres parfums. Dans les années 1980, toutefois, certains économistes avaient formulé des théories alternatives de la prise de décision intégrant la possibilité d'un regret futur. Selon la théorie des regrets, les gens choisissent parfois des résultats moins souhaitables simplement pour éviter un regret futur[10].

À première vue, on pourrait penser que le regret est une expérience spécifiquement humaine. Sa nature même dépend de la reconnaissance de réalités alternatives, ce qui est un exploit d'imagination compliqué. Pour que le regret soit pris en compte dans la prise de décision, vous devez non seulement faire l'expérience du regret, mais aussi en anticiper le risque. En 2004, le cortex orbitofrontal humain a été identifié comme une zone critique du regret, car les personnes ayant subi un AVC dans cette région n'en faisaient plus l'expérience[11]. Ce fut donc un choc lorsqu'en 2014 David Redish, neurologiste à l'université du Minnesota, rendit compte des bases neuronales du regret chez le rat[12].

Redish a créé une véritable « rue des restos » pour rats. Il s'agissait d'un labyrinthe circulaire à quatre branches où, à la fin de chaque branche, une saveur de nourriture différente était distribuée : banane, cerise, chocolat ou sans parfum. Lorsqu'un rat entrait dans un des quadrants, un compte à rebours acoustique commençait sous la forme d'une tonalité dont la hauteur décroissait à chaque seconde. Si le rat restait jusqu'à la fin du compte à rebours, il recevait la saveur correspondant à cette zone. Si le rat s'en allait, le compte à rebours de cette zone s'arrêtait pour ne jamais recommencer. Dès lors, le rat devait obtenir sa friandise ailleurs. Redish pensait que si un rat aimait certaines saveurs plus que d'autres il passerait plus de temps dans les zones correspondantes à attendre la fin des comptes à rebours. Mais, comme la durée de chaque compte à rebours était aléatoire, il lui fallait toujours choisir entre attendre sa saveur préférée et se rabattre sur quelque chose de moins souhaitable mais d'éventuellement plus rapide. La « rue des restos » ressemblait beaucoup au test du Chamallow de Mischel.

Le résultat qui induisait le plus de regrets se produisait lorsqu'un rat particulièrement impatient choisissait de ne pas attendre sa saveur préférée. Le rat poursuivait son chemin pour découvrir que le choix suivant nécessitait d'attendre encore plus longtemps pour obtenir un résultat moins agréable. Dans ces circonstances, les rats retournaient souvent vers l'option à laquelle ils avaient renoncé. Et Redish découvrit que lors de ces retours en arrière les neurones du cortex orbitofrontal et du noyau caudé du rat étaient très actifs. La conclusion inévitable était que les rats, comme les humains, simulent dans leur tête ce qui aurait pu être.

Si les rats éprouvent des regrets, il semble très probable que les chiens aussi. Nos données IRM sur les chiens mettaient en évidence le rôle central du noyau caudé dans la valeur attribuée aux résultats attendus. Bien que dans le scanner nous n'ayons pas laissé le choix aux chiens, nous pouvons supposer que le noyau caudé, qui est également connecté au cortex orbitofrontal, portait des informations sur ce qui aurait pu être. Tout comme dans le cerveau des humains.

Certes, il est difficile de concevoir ce que signifie éprouver du regret pour un rat ou pour un chien. Les données, cependant, montraient clairement qu'ils étaient capables de faire des simulations dans leur cerveau de ce qui aurait pu être, ce qui est conforme au quatrième principe : *les cerveaux simulent les actions possibles et les résultats futurs afin de prendre la meilleure décision possible dans la situation actuelle.* Ce n'est pas parce que les animaux n'ont pas de mots pour exprimer des regrets qu'ils n'en éprouvent pas. Les preuves neuronales suggèrent le contraire. Mais cette conclusion soulève une question : dans quelle mesure le langage est-il nécessaire à l'expérience subjective ?

En outre, il n'est pas tout à fait correct de dire que les animaux n'ont pas de langage. Les animaux ne parlent peut-être pas, mais ceux qui vivent parmi nous comprennent clairement certains aspects de ce que nous disons. La question importante est : que veulent dire les mots pour un animal ?

CHAPITRE 8

PARLER AUX ANIMAUX

« Callie ! criai-je. Attrape le hérisson ! »

Callie remua la queue d'excitation et me regarda l'air de dire : « Qu'est-ce que je m'amuse ! » Elle parcourut la série d'objets disséminés à travers la pièce, passa devant plusieurs tasses à café et donna un coup de museau à la peluche hérissée que j'avais surnommée « le hérisson ».

J'appuyai sur le bouton de mon bipeur pour indiquer qu'elle avait choisi le bon objet et elle se précipita sur moi pour engloutir un morceau de hot-dog en guise de récompense.

Pour l'essai suivant, je voulais qu'elle se dirige vers un morceau rectangulaire de mousse bleue. Je dis : « Callie ! Attrape le bleu ! » Remuant toujours la queue, elle me regarda, puis passa aux différents objets de la pièce.

« Callie ! Va prendre le bleu ! »

Elle se dirigea vers le hérisson et le toucha plusieurs fois.

N'entendant pas le bip, elle me regarda à nouveau. Je fis de mon mieux pour rester impassible. Après quelques secondes, elle abandonna le hérisson. Mais, au lieu d'aller vers le bloc de mousse, elle se dirigea vers la butée de porte qui dépassait de la plinthe.

« Désolé, ma fille. Ce n'est pas ça. » Je lui fis signe de revenir.

Nous avons essayé encore trois fois. Bien que nous avions associé le mot « bleu » au bloc de mousse à plusieurs reprises, elle allait toujours vers le hérisson. Peut-être était-il simplement plus amusant qu'un bloc de mousse, mais, à bien observer les erreurs de Callie, je soupçonnais qu'il fallait plutôt y voir un effet de sa manière de traiter le langage.

Même si Callie avait été à moitié écartée du Projet chien, je continuais à travailler avec elle pour déboguer certaines expériences nouvelles. J'essayais de lui apprendre quelques associations simples, mot-objet. Et ça ne se passait pas très bien.

Cette expérience particulière m'avait été inspirée par le nombre croissant de rapports que j'avais lus sur des chiens dotés d'un vocabulaire abondant. En 2004, un border collie nommé Rico avait, semblait-il, appris plus de deux cents mots, désignant différents objets[1]. En 2011, le professeur de psychologie John Pilley avait appris à Chaser, son border collie à lui, plus de mille mots[2]. Chaser avait fait sensation dans la communauté scientifique. Tous les chiens étaient-ils capables de telles prouesses ? Chaser ne faisait-elle qu'associer des sons arbitraires à des objets spécifiques, ou avait-elle une compréhension rudimentaire du fait qu'un son était en fait le *nom* d'une chose ? C'est là toute la question de la connaissance sémantique.

Les chiens ont-ils des systèmes sémantiques dans leur cerveau ? Il serait remarquable que Chaser comprenne que les mots ont un sens, et encore plus que ce sens change en fonction du contexte. Jusque récemment, personne n'avait vraiment étudié la question. Les recherches sur le langage animal s'étaient concentrées sur les primates – chimpanzés et bonobos. Et, à part quelques rares individus, nos plus proches cousins ne démontraient pas vraiment de compétences linguistiques ni de connaissances sémantiques, même s'il demeurait difficile de déterminer ce qu'un animal donné savait.

Mais je ne voulais pas me contenter de trouver ce que Callie savait. Je voulais lui parler de manière à ce qu'elle me comprenne. Pour parler aux animaux, il nous faudrait trois éléments. Un, il nous faudrait déterminer ce qu'ils savent du langage humain. Deux, il faudrait apprendre à interpréter leur forme de communication. Enfin, il nous faudrait créer un système permettant une communication dans les deux sens, capable de traduire nos idées sous une forme que l'animal comprend et qui nous permette d'interpréter sa réponse.

Ce n'est pas aussi farfelu que ça en a l'air.

Dans son œuvre la plus célèbre, le peintre belge René Magritte représente une pipe à tabac. En dessous est écrit : « Ceci n'est pas une pipe. » Magritte soulignait là que c'était une peinture de pipe, pas la pipe elle-même. Il en va de même pour notre cerveau, qui construit des représentations mentales du monde sur la seule base des informations que nos sens lui fournissent. Mais nos représentations mentales ne doivent pas être confondues avec ce qu'elles représentent.

Cela semble déroutant, mais si nous voulons un jour parler aux animaux, nous devons d'abord résoudre le problème de la représentation. Lorsque Callie regardait le hérisson en peluche, sa représentation mentale était différente de la mienne – même si nous examinions la même chose. Elle voyait le jouet à travers les yeux et le cerveau d'un chien, moi à travers ceux d'un humain. Quand je prononçais le mot « hérisson », je savais que le mot faisait référence à l'objet. Mais le comportement de Callie, en particulier avec l'objet bleu, suggérait qu'elle ne savait pas que ces mots faisaient référence à des choses. J'espérais que nous pourrions utiliser l'IRMf pour comprendre comment les mots et les objets étaient représentés dans son cerveau. Ce serait un pas en avant vers le premier aspect de la communication : savoir ce qu'elle savait.

Nous nous sommes inspirés des travaux novateurs de Jack Gallant, neurologiste à l'université de Californie à Berkeley. Gallant a utilisé l'IRMf pour décoder le cerveau humain. Au départ, il s'était intéressé à la manière dont le cerveau encodait les scènes de violence. Les scientifiques savent depuis longtemps que les premières étapes du traitement visuel permettent d'extraire des caractéristiques de bas niveau, telles que le contraste, les contours, la couleur et le mouvement. Mais au-delà de ces propriétés, la façon dont le cerveau assemble des images visuelles pour former une représentation demeurait un mystère.

Gallant avait adopté une approche frontale. Il avait scanné des sujets humains dans l'IRM des heures durant, tandis qu'il leur diffusait des films. Plus tard, lui et son équipe ont noté à la main chaque image des films en fonction de son contenu. Ils ont ensuite introduit dans un algorithme informatique l'activité de chaque point du cerveau associée à chaque seconde du film. La quantité de données était telle que l'algorithme devenait capable de déceler les schémas d'activité cérébrale dont on pouvait dire avec un grand degré de certitude qu'ils étaient associés à la vue de certaines images. L'équipe fut même capable de reconstituer ce que le participant regardait à un moment ou à un autre, en ne se basant que sur son activité cérébrale[3].

Plus récemment, le laboratoire de Gallant a adopté une approche similaire vis-à-vis du langage[4]. Au lieu de regarder des films dans le scanner, les sujets écoutaient des heures de podcasts. Soigneusement, les chercheurs ont transcrit chacun des dix mille mots de ces émissions en représentations sémantiques, ce qui est essentiellement une manière mathématique de caractériser leur signification. À nouveau à l'aide d'un algorithme informatique, ils ont ensuite déterminé comment les significations se répartissaient dans le cerveau. Que ce soit possible est déjà étonnant en soi, mais ce qui l'est plus encore, et ce fut leur grande découverte, c'est qu'ils ont pu localiser des grappes de significations dans le cerveau. Les mots associés à des actions étaient localisés à un endroit, ceux associés à des quantités à un autre et ceux relatifs à des concepts sociaux encore ailleurs. Un même mot apparaissait souvent dans des groupes différents, en fonction de sa signification, qui variait selon les contextes.

Il était hors de question d'imaginer que les chiens disposent d'une représentation sémantique aussi riche, toutefois je soupçonnais l'existence d'une capacité s'en approchant. Notre plan consistait à utiliser l'approche de Gallant, mais avec moins de mots. En fait, juste deux.

Au début, tous les chiens se débrouillaient bien. Aucun n'avait de problème à choisir le jouet que l'on nommait. Mais lorsque nous avons introduit un deuxième jouet, presque tous les chiens ont été troublés. Comme Callie, la plupart se dirigeaient encore vers le premier objet. Puis, ne recevant pas les éloges ni la récompense attendus, ils se mettaient à chercher la bonne réponse. Nous avons appelé cela « jouer au bowling pour des friandises ». Comment Chaser y parvenait-elle si facilement, alors que les chiens IRM éprouvaient de telles difficultés ?

Peut-être Chaser était-elle spéciale. C'était une border collie, un chien bien connu pour exceller dans ce type de tâches. De fait, le seul chien IRM de notre programme qui semblait comprendre le jeu, c'était Caylin : un border collie. Nous n'avions pas demandé aux chiens d'apprendre mille mots, seulement deux. Les difficultés d'apprentissage que nous rencontrions nous surprenaient.

Il y avait une déconnexion. Les chiens se débrouillaient bien quand l'objet nommé se trouvait parmi d'autres objets anonymes destinés à les distraire, mais, lorsque deux objets étaient nommés, ils n'y arrivaient plus. Peut-être qu'ils ne comprenaient pas du tout l'association mot-objet et ne faisaient que choisir sur la base de la familiarité ? Face à deux objets familiers, ils se contenteraient de deviner ou de se diriger vers celui qu'ils avaient connu en premier ? À moins que les objets ne soient pas assez différents ? Peut-être qu'à leurs yeux, toutes les peluches se ressemblent ? Pour contourner cette possibilité, nous avons placé des jouets dont la texture ou le son étaient très différents. Il est difficile de savoir si cela les a aidés. Certains chiens ont vu leurs performances s'améliorer, d'autres non. Et c'était lent pour tous.

Il y avait une autre possibilité, toutefois: que les chiens comprennent la différence entre les mots mais que notre façon de tester ces connaissances ne convienne pas. Un mauvais choix était sans conséquence, car ils savaient qu'il y aurait d'autres essais. Peut-être que les chiens n'étaient pas suffisamment incités à se comporter comme nous le souhaitions.

Finalement, nous nous attendions peut-être trop à ce que les chiens pensent comme des humains. J'avais été intrigué par la façon dont Callie commettait ses erreurs. En plus de sa tendance à préférer le hérisson, quand elle allait chercher le bloc de mousse elle semblait se concentrer sur un de ses coins. À plusieurs reprises, elle donnait l'impression de fouiller la pièce à la recherche d'objets pointus. Quand elle entrait en mode recherche, elle se dirigeait parfois sur la butée de porte. D'autres fois, elle se rendait au coin d'une table basse. Je me demandais donc si, dans l'esprit de Callie, « bleu » ne signifiait pas « pointu ».

Nous, humains, tenons pour acquis que le nom d'une chose fait référence à l'objet tout entier. Mais il n'y a aucune raison d'espérer que d'autres animaux pensent comme nous en matière de langage. Les chiens pourraient être orientés fonction, quand nous adoptons un point de vue global. Les preuves étaient rares, mais quelques études confirmaient mon idée selon laquelle les chiens associeraient les mots à des objets d'une manière fondamentalement différente de la nôtre.

En 2012, Daniel Mills, un psychologue à l'université de Lincoln en Angleterre qui avait publié de nombreux ouvrages sur la cognition canine, décrivit la manière dont un chien généralisait la signification des mots qu'on lui apprenait[5]. Encore une fois, c'était un border collie. On lui avait appris à associer un mot dépourvu de sens (« dax ») à un objet en peluche en forme de gros « U ». Les chercheurs lui ont ensuite présenté des objets légèrement différents, pour voir lesquels il choisirait quand on lui demanderait de rapporter « dax ». La taille, la forme et la texture de ces objets variaient, mais leurs caractéristiques étaient similaires. Lorsque les humains accomplissent cette tâche, ils généralisent à la forme, un comportement qui apparaît vers l'âge de deux ans[6]. Mais Mills découvrit que le chien qu'il étudiait avait tendance à généraliser d'abord à la taille, puis à la texture, mais jamais à la forme. La taille et la forme sont des propriétés globales des objets qui ne sont définies que pour le tout. Mais la texture est une propriété locale, uniquement discernable de près. Au-delà de la question des propriétés globales par rapport aux propriétés locales, lorsque je commençai mon travail avec Callie et le hérisson, il n'était même pas certain que, chez le chien, les mots fassent référence à des objets. Dans la plupart des tests de langage, les humains n'ont aucun problème à comprendre que les mots se réfèrent à des choses. Même les enfants de deux ans y parviennent. Mais quand Callie entendait « hérisson », peut-être l'interprétait-elle non pas comme un nom mais comme une action, verbe-objet, qui aurait signifié par exemple « attrape-le-hérisson ». La différence peut sembler subtile, mais si nous voulons communiquer avec les animaux il nous faut savoir s'ils interprètent les mots comme des actions ou comme des choses.

Il est facile d'enseigner des tours aux chiens. Mais les tours sont des actions. Il s'est révélé beaucoup plus difficile de leur enseigner que les mots font parfois référence à des choses que de leur apprendre à effectuer certaines actions lorsqu'ils entendent un mot donné. Il se peut que la plupart des chiens ne comprennent pas que les mots se rapportent parfois à des objets[7]. Après tout, la seule manière dont un chien peut démontrer sa connaissance d'un mot est d'interagir avec un objet, d'une manière ou d'une autre. Dans l'esprit d'un chien, un mot est peut-être un ordre.

Cela ne devrait pas nous surprendre. Après tout, les animaux ont un cerveau pour agir. Même les chiens, les premiers animaux à vivre parmi les humains et ceux qui ont le plus de chances de comprendre notre langage, ont évolué pour agir. Ils ne parlent pas et ne lisent pas de livres.

Chaser est le seul chien connu ayant démontré qu'elle comprenait la différence entre un nom et un verbe. Même avec son vocabulaire étendu, cependant, il est peu probable qu'elle ait compris plus que de simples couples verbe-objet. Dans les faits, elle avait acquis une sorte de pidgin rudimentaire.

Les pidgins sont des langues plutôt communes. Ils apparaissent lorsque des gens qui parlent des langues différentes doivent communiquer entre eux. Ils sont grammaticalement simples, parfois agrammaticaux et contiennent un sous-ensemble de mots issus des langues mères ainsi que des mots valises formés des deux langues. Contrairement à ce qu'on constate dans une langue complètement développée, l'ordre des mots y est souvent sans importance. Le linguiste Ray Jackendoff affirme que le pidgin est à la base de l'évolution du langage. Il est possible que les chiens aient développé une capacité similaire lors de la domestication[8].

La compréhension de niveau « pidgin » n'est pas seulement le fait de chiens comme Chaser. Ron Schusterman avait appris à Rocky, une otarie, des centaines de combinaisons de paires nom-action, et même des modificateurs de taille et de couleur[9]. Un bonobo nommé Kanzi a appris un vocabulaire impressionnant de noms et de verbes, mais n'a démontré aucune compréhension de la syntaxe.

Jusqu'à présent, seuls les dauphins ont montré une certaine capacité pour les langages au-delà du pidgin. Depuis les tentatives fondatrices de John Lilly pour communiquer avec les dauphins, les preuves n'ont cessé de s'accumuler quant aux capacités linguistiques sophistiquées des cétacés[10]. Dans les années 1980, Phoenix et Akeakamai, deux grands dauphins, ont appris davantage que des relations verbe-objet. Leurs entraîneurs ont montré que les dauphins comprenaient l'ordre des mots et les attributs d'objet, suggérant que les dauphins traitaient effectivement les mots comme des symboles. Des travaux ultérieurs ont montré qu'Akeakamai comprenait également les règles simples de la grammaire, ou du moins la violation de ces règles[11].

Mais quelle quantité de sens pouvons-nous enfourner dans le cerveau d'un animal ? Un langage complètement développé nécessite des structures cérébrales capables d'apprendre non seulement un vocabulaire volumineux, mais aussi des règles pour lier ces mots. Plus important encore, le langage existe pour échanger des idées. Pour que cela se produise, les individus doivent comprendre que les mots peuvent représenter des actions, des choses ou les deux. Les expériences sur Chaser, Rocky et Akeakamai ont démontré que certains animaux pouvaient apprendre beaucoup de mots et même certaines règles de logique, mais que le processus était laborieux. Pour parler aux animaux, nous, humains, devions comprendre les limites de notre auditoire.

Prenez un nom propre. Les noms propres sont des noms, bien qu'ils fassent référence à des individus, à des organisations ou à des lieux spécifiques. Nous les utilisons pour indiquer clairement à qui, parmi toutes les personnes possibles, nous faisons référence. Nous savons également que nos noms nous désignent en tant qu'individus, qu'ils nous collent une étiquette et forment une image de nous-mêmes. Bien sûr, nous ne parlons pas de nous à la troisième personne en général, mais lorsque quelqu'un utilise notre nom, nous le traduisons instantanément par « je » ou « moi ».

Mais comment les animaux traitent-ils les noms propres ? Si un animal n'a pas la faculté de comprendre que les mots sont des symboles, il est peu probable qu'il puisse traduire ses noms en une image de lui-même. Plus vraisemblablement, les animaux apprennent qu'un énoncé particulier signifie qu'un événement intéressant est sur le point de se produire et qu'ils feraient mieux de faire attention. Chaque fois que quelqu'un disait « Callie », Callie se concentrait sur quiconque émettait ce son. Je n'ai jamais eu l'impression qu'elle assimilait son nom à « moi ».

L'expérience des dresseurs d'animaux aurait tendance à appuyer cette idée des noms comme foyers de l'attention. « Callie, assis » est plus efficace que « Assis, Callie ».

Les humains n'ont aucune difficulté à analyser l'équivalence entre les deux déclarations (bien que la première semble plus impérative que la seconde). Callie répond mieux à la première parce que son nom attire son attention sur la suite. L'ordre inverse l'oblige à se souvenir de l'action qui précède son nom.

Tout cela peut sembler n'être que du bon sens. Mais si nous voulons jeter les bases de la communication animale, nous devons parler de manière à ce qu'ils nous comprennent. J'ai beaucoup écrit sur les similitudes entre le cerveau de l'homme et celui des autres animaux, mais en matière de langage nous devons reconnaître des différences fondamentales.

Je suis parvenu à la conclusion que la communication avec les animaux est possible, mais uniquement sur un canal où la bande passante est faible. S'agissant de la communication verbale, les énoncés verbe-objet simples sont probablement le mieux que l'on puisse espérer. La plupart des animaux non humains ne disposent probablement pas des ressources cérébrales nécessaires pour comprendre la différence entre sujet et objet dans une phrase. Bien que de nombreux animaux aient un certain sens de soi, il est probablement enraciné dans le domaine physique. Un chien comme Callie a une idée de son corps et de ses contours. Elle ne le confondrait pas avec celui d'un autre chien. Mais il est peu probable qu'elle puisse associer son nom à son être physique ou mental.

L'espace sémantique humain est énorme. Dans le cadre de son travail en IRMf, l'équipe de Gallant analysa d'importants corpus de texte et détermina quels mots et quels concepts tendaient à s'allier les uns aux autres, puis elle a réalisé des cartes de l'espace sémantique[12]. C'était une simplification, mais aucun animal ne pourrait avoir un espace sémantique aussi riche que celui-ci. Pour créer l'équivalent chez les animaux, il nous faudrait savoir comment les choses sont représentées dans leur cerveau. La communication ne serait possible que lorsque les concepts d'un animal correspondraient aux nôtres. Il ne servirait à rien d'essayer de raconter à un chien une journée de travail pénible alors que le concept de « travail » lui est totalement étranger. Il n'a pas notre représentation sémantique du « travail ». Mais un cheval tirant une calèche pourrait-il en avoir une ? C'est pour répondre à ce type de question qu'il nous fallait une carte, bien qu'elle ne puisse pas être linguistique. Un chien peut avoir une carte sémantique comme celle de la page suivante. Cette carte est très simplifiée, mais elle illustre l'espace des concepts humains et la façon dont il pourrait se chevaucher avec l'espace des concepts canins, tout en indiquant qu'un chien pourrait avoir des concepts que nous n'avons pas, ou du moins pour lesquels nous n'avons pas d'étiquettes.

Je dois souligner que ma définition de la « sémantique » est assez large. Beaucoup de gens diraient qu'elle ne s'applique qu'au langage. Mon opinion est moins restrictive. L'étude de la sémantique concerne les représentations de la connaissance. Nous utilisons des mots pour représenter les faits : *les humains ont atterri sur la Lune en 1969*. Mais la connaissance peut prendre différentes formes. Le même savoir peut être représenté visuellement, comme dans l'ancien logo de MTV qui représentait un homme sur la Lune à côté d'un drapeau. Le fait est que les animaux peuvent représenter et communiquer des connaissances de manière non verbale.

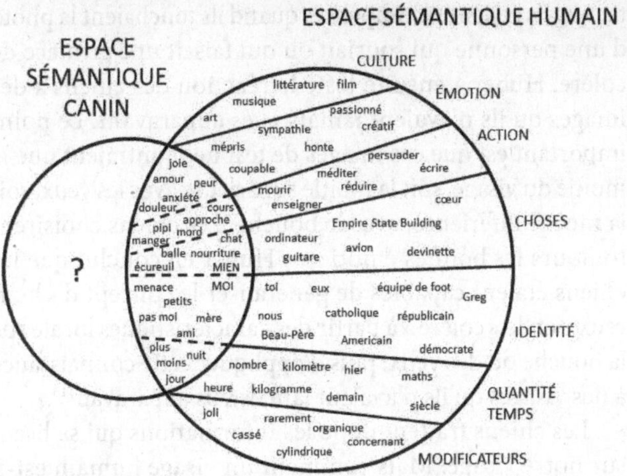

Une représentation possible de l'espace sémantique des chiens et des humains. L'espace sémantique humain contient un nombre beaucoup plus grand de concepts. L'espace sémantique d'un chien, bien que plus petit, peut contenir des représentations pour lesquelles nous n'avons pas de mots. La communication est possible uniquement là où ces deux espaces se croisent. « Moi » et « le mien » sont au centre des deux. Les catégories sémantiques des chiens ne sont pas distinctes, ce qui rend peut-être floue la représentation de l'objet et de l'action, par exemple. Il est important de noter que même si j'ai utilisé des mots pour illustrer l'espace sémantique d'un chien, ce n'est que dans l'intérêt du lecteur. Un chien pourrait posséder ces concepts sans disposer des mots pour les désigner. Du point de vue du chien, il s'agit d'un espace sémantique non linguistique. (Gregory Berns)

Un type de connaissance que les chiens peuvent représenter concerne les états émotionnels, non seulement chez les autres chiens, mais chez les humains. En 2015, Ludwig Huber, qui dirige le Clever Dog Lab de l'université de Vienne, a testé dix-huit chiens entraînés à utiliser un écran tactile. Ils étaient récompensés quand ils touchaient la photo d'une personne qui souriait ou qui faisait une grimace de colère. Huber a ensuite testé la réaction des chiens à des images qu'ils n'avaient jamais vues auparavant. Le point important est que ces images de test ne montraient que la moitié du visage, soit la moitié supérieure avec les yeux, soit la moitié inférieure, avec la bouche. Les chiens choisirent toujours les bonnes émotions. Huber en conclut que les chiens étaient capables de généraliser le concept d'« heureux » et de « colère » à partir des caractéristiques locales de la bouche ou des yeux, puis d'appliquer cette connaissance à des visages qu'ils n'avaient jamais vus auparavant[13].

Les chiens traitent donc les informations qui se lisent sur notre visage. Mais comment un visage humain est-il représenté dans le cerveau du chien ? La plupart des animaux semblent interpréter un visage qui les regarde d'une seule manière : comme une menace. Mais pas les chiens. Ils sont l'une des rares espèces animales à avoir développé la capacité de regarder l'être humain sans crainte ni agressivité, et même d'y lire quelque chose de ses expressions faciales, y compris les émotions.

Il est possible que par la simple exposition répétée aux visages humains, les chiens construisent dans leur cerveau des tables d'expressions faciales. Par exemple, un chien pourrait apprendre que lorsqu'un être humain a la bouche retroussée et les yeux qui louchent légèrement, il se passe souvent quelque chose de bien. Mais cela ne constituerait pas vraiment une représentation sémantique de l'expression faciale « heureux ». Peut-être qu'au contraire les chiens possèdent un matériel neuronal semblable au nôtre pour le traitement du visage. Si tel est le cas, ils viendraient au monde en étant prêts à interpréter les visages comme le font les bébés, mais peut-être pas au même degré.

C'est ma fille Helen qui m'a incité à répondre à ces questions sur le traitement des informations faciales par les chiens. Elle participait au Projet chien depuis le début et devait réaliser une expérience pour un concours organisé par son collège.

« Tu crois que les chiens reconnaissent le visage de leurs maîtres ? m'a-t-elle demandé.

– Je ne sais pas, ai-je répondu. Pourquoi n'imagines-tu pas une expérience pour le découvrir ? »

Son idée était simple. On prend des photos des maîtres et on les montre aux chiens pendant qu'on examine leurs cerveaux. Comme dans toutes les expériences IRMf, il faudrait un groupe témoin. Après discussion, nous décidâmes que le contrôle le plus approprié serait des photos de personnes que les chiens ne connaissaient pas du tout. Et, juste pour le plaisir, nous avons décidé d'ajouter des images de chiens familiers et inconnus, en supposant que les chiens seraient peut-être mieux à même de reconnaître les membres de leur propre espèce.

Nous avons installé un écran translucide devant l'IRM. De cette façon, nous pourrions projeter des images pour que les chiens puissent le regarder pendant que leurs propriétaires restaient hors de leur vue. Comme tous les chiens étaient à présent très tolérants au scanner, nous espérions qu'ils étaient prêts pour ce type d'expérience qui exige de rester longtemps devant un écran, même si aucun d'entre eux ne s'était montré intéressé par les écrans à la maison.

Hélas, les choses ne se sont pas très bien passées. Beaucoup de chiens s'ennuyaient ou devenaient anxieux quand ils ne pouvaient plus voir leur humain en chair et en os. Seule la moitié des chiens est restée dans le scanner assez longtemps pour que nous puissions recueillir des données suffisantes. Les résultats de Helen ne furent pas concluants et elle n'arriva que deuxième au concours. Mais, comme toutes les bonnes expériences, son projet a ouvert une nouvelle voie d'investigation.

Plutôt que d'abandonner, j'ai contacté mon collègue Danny Dilks. Danny a utilisé l'IRMf pour comprendre comment le cerveau humain traite les visages. De gros morceaux de notre cerveau sont consacrés à cette tâche. En fait, chez l'homme comme chez le singe, toute une bande du lobe temporal répond de préférence aux images de visages plutôt qu'aux objets inanimés[14]. Le traitement effectué par cette région est tellement spécifique qu'elle a été baptisée « aire fusiforme des visages » ou FFA (*Fusiform Face Area*). Danny connaissait bien la FFA et le catalogue croissant d'autres régions consacrées au visage qui traitent ce genre d'images. Helen avait conçu les prémices de l'expérience et, avec l'aide de Danny, nous la modifiâmes pour qu'elle corresponde à ce qui marchait chez les humains. L'expérience de Helen s'était concentrée sur la reconnaissance faciale, mais il s'avère qu'il s'agit d'un processus très complexe impliquant plus que le traitement du visage. L'idée de Danny était de prendre du recul et de déterminer si les chiens possédaient l'équivalent d'une FFA.

Au lieu de montrer des images de visages familiers et inconnus, nous avons montré des photos de visages humains génériques, de visages de chiens, d'objets de la vie quotidienne, de scènes naturelles et des images brouillées. Une région dédiée au traitement des visages doit répondre aux photos de visages mais à aucune des autres catégories. Il s'agissait encore d'une expérience difficile, car les chiens devaient regarder des images en deux dimensions au lieu de la réalité, et seule une petite partie des chiens avait la patience d'aller jusqu'au bout des sessions de numérisation.

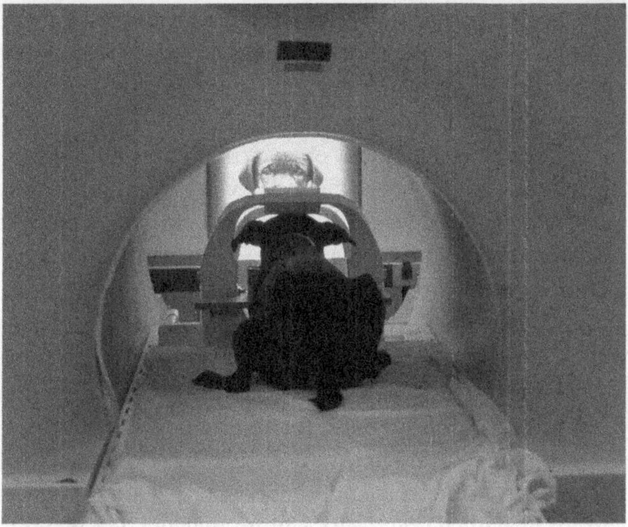

Callie dans le scanner en train de regarder des visages. (Gregory Berns)

Néanmoins, les résultats furent sans ambiguïté. Une zone du lobe temporal canin montrait la signature caractéristique d'une activation devant les visages. Par acquit de conscience, nous testâmes cette « région du visage » avec des photos statiques et de brefs clips vidéo. Le résultat se maintenait et nous donnâmes à cette région le surnom de « *Dog Face Area* », ou DFA[15]. Un autre groupe de recherche a confirmé cette découverte un an plus tard[16].

La réponse à la question sur la reconnaissance du visage touche au cœur de la communication. De quelles représentations le cerveau d'un chien est-il capable ? Clairement, les chiens sont câblés pour traiter les informations faciales et, de plus en plus, les chercheurs découvrent qu'ils ont aussi la capacité de lire les émotions. Les visages et les émotions font, semble-t-il, partie des choses qui se trouvent à l'intersection des diagrammes de Venn des espaces sémantiques de l'homme et du chien. Apparemment, ce sont deux choses importantes pour eux comme pour nous.

Il s'avère que les chiens et les primates ne sont pas les seuls animaux qui se soucient des visages. Les moutons aussi[17]. Les chèvres aussi[18]. Et, étonnamment, certains oiseaux aussi[19]. Dans un article remarquable publié en 2012, les chercheurs parlaient de douze corbeaux sauvages capturés près de Seattle. Le truc, c'était que les personnes qui les avaient attrapés portaient des masques identiques. Une fois en captivité, les corbeaux étaient soignés par des personnes portant des masques différents. Cela a duré un mois. Ensuite, un traceur radioactif était administré aux corbeaux alors qu'ils étaient exposés à une personne portant soit un masque de ravisseur, soit un masque de soignant. Le traceur s'est temporairement accumulé dans les parties du cerveau actives lors de l'exposition. Les corbeaux ont été brièvement anesthésiés et leur cerveau a été scanné à l'aide d'une tomographie par émission de positrons, ce qui a permis aux chercheurs de voir quelles parties du cerveau des corbeaux avaient été activées. Le masque du ravisseur avait activé l'amygdale et certaines parties du tronc cérébral, suggérant qu'il était associé à la peur et à la fuite. En revanche, le masque du soignant avait activé l'équivalent du noyau caudé – une région qui, chez nous et chez le chien, est impliquée dans des émotions positives, la motivation et le désir.

Nous ne devrions pas être surpris par la capacité de ces animaux à traiter les informations faciales. Il semble en effet qu'elle soit commune à de nombreuses espèces sociales. Les vaches peuvent distinguer les images de vaches familières ou non[20]. Les éléphants, comme les dauphins, semblent être capables de se reconnaître dans des miroirs[21]. Il n'est pas clair, cependant, que les chats puissent reconnaître les visages. Peut-être qu'ils s'en moquent[22].

L'expérience mot-objet nous prit beaucoup plus de temps que prévu. Ce n'est qu'une fois que nous l'avons simplifiée au maximum que les chiens ont amélioré leurs résultats jusqu'à faire mieux qu'en répondant au hasard. Deux mots et deux objets seulement, et il nous a fallu quand même six mois d'entraînement. Les maîtres les exerçaient à la maison et toutes les deux semaines nous testions leur performance en leur proposant dix essais. Les deux objets étaient placés contre un mur. Lorsque le propriétaire prononçait le nom d'un des deux, le chien était censé se diriger vers le bon. Quand les chiens réussissaient huit fois sur dix, ils étaient prêts pour la numérisation.

Callie n'y est pas parvenue.

J'étais trop concentré sur les détails de l'expérience pour avoir le temps et l'énergie d'enseigner à Callie le niveau de performance requis. Mais le débroussaillage que nous avions effectué ensemble était inestimable, et c'est ce qui permit aux autres chiens de franchir le cap.

Même avec les chiens qui atteignaient les 80 % de réussite, il était difficile de dire ce qu'ils comprenaient vraiment. Chacun d'entre eux devait avoir développé des idiosyncrasies lors de ses sessions de formation. Certains préféraient un côté, même si nous avions alterné la position des deux objets à chaque essai. D'autres préféraient un objet particulier. Et les préjugés n'étaient même pas cohérents d'une session à l'autre. Néanmoins, il nous fallait passer à la numérisation. Si nous ne l'avions pas fait, nous aurions eu une mutinerie sur les bras. Les maîtres étaient fatigués de s'entraîner à cette tâche et la lenteur des progrès avait diminué la motivation. Nous avons donc programmé le premier groupe de chiens pour les tests IRM.

Comme je ne savais pas comment cette expérience allait se dérouler, il était important de concevoir la partie IRM de manière à ce qu'elle contienne plusieurs résultats possibles. L'objectif principal était d'utiliser l'IRMf pour voir comment les chiens traitaient les deux mots qu'ils avaient appris. Ce serait un défi de taille. Même s'ils comprenaient la différence entre les deux mots, il pourrait être difficile de les distinguer sur les scanners du cerveau. C'était déjà malaisé chez l'homme, et, contrairement aux expériences de Gallant, les deux mots que nous avions appris aux chiens étaient sémantiquement similaires puisqu'ils désignaient tous deux des objets. Peut-être que si les objets présentaient des caractéristiques très différentes, telles que la taille ou la texture, nous pourrions détecter une différence dans la partie du cerveau qui traitait ces caractéristiques. Mais c'était un espoir tiré par les cheveux.

Nous avons donc ajouté une condition de contrôle couramment utilisée dans les expériences sur le langage humain : des mots sans signification. Nous avons pris tous les noms que les maîtres avaient donnés aux objets qu'ils utilisaient pour dresser leurs chiens et les avons insérés dans un programme informatique permettant de cracher des non-mots dotés d'un nombre de syllabes et de digrammes analogues. (Les digrammes sont des séquences de deux lettres dans les mots, comme « sh » ou « ng »). Les non-mots incluaient des choses comme : « bobbu », « prang », « cloft » et « zelve ». En plus de comparer la réponse aux mots que les chiens avaient appris, nous pourrions également comparer la réponse à ces non-mots.

Bien sûr, les chiens n'avaient aucun moyen de distinguer ce qui était un vrai mot de ce qui n'en était pas un. Si nous pouvions détecter une différence dans leur réaction cérébrale aux mots et aux non-mots, cela signifierait qu'ils pouvaient au moins faire la distinction entre ce qu'ils avaient entendu fréquemment et ce qu'ils n'avaient jamais entendu.

Enfin, nous avons ajouté une condition de contrôle supplémentaire. Après chaque mot prononcé, nous montrions un objet aux chiens. La plupart du temps, ils voyaient l'objet nommé. Mais, environ un tiers du temps, nous leur montrions un nouvel objet. Si les chiens savaient ce que les mots voulaient dire, ils seraient probablement surpris par l'apparition de la mauvaise image. Et s'ils étaient surpris, cela devrait se détecter dans leur cerveau. Comme contrôle supplémentaire, les mots absurdes seraient toujours suivis par de nouveaux objets.

L'IRM s'est passée sans incident notable pour la plupart des chiens. Manifestement les humains ont trouvé plus amusant de dire les mots insensés que les chiens de les écouter. Quelques chiens ont semblé excités par les mots familiers, allant même jusqu'à sauter du scanner pour courir à la recherche des objets. C'était un comble que devant des preuves aussi manifestes de compréhension, nous ne puissions pas obtenir de données sur le cerveau de ces chiens. Mais la plupart sont restés en place et nous avons obtenu des données sur une douzaine d'entre eux.

L'introduction des mots absurdes s'est révélée une bonne idée. Les pseudo-mots ont été utilisés pendant des décennies dans la recherche sur le langage humain, mais les réponses des sujets humains à ces pseudo-mots dépendent de ce qu'on leur demande d'en faire. Par comparaison aux mots réels, les pseudo-mots n'activent pas les régions linguistiques les plus postérieures du lobe temporal, qui semblent être nécessaires au traitement sémantique. Comme les pseudo-mots n'ont pas de sens, aucun traitement sémantique n'a lieu.

Les pseudo-mots ont cependant tendance à activer le lobe temporal supérieur davantage que les mots réels. Le lobe temporal supérieur est une région auditive responsable du traitement des aspects les plus fondamentaux du son, tels que le volume et la hauteur. C'est aussi la région qui, selon les études, reçoit des données auditives dans le cerveau du dauphin. L'augmentation de l'activité dans le lobe temporal supérieur en réponse à des non-mots serait due à leur nouveauté. Un mot étrange capte l'attention d'une personne et nécessite plus de travail mental[23].

De façon remarquable, nous avons observé la même chose chez les chiens. Les mots absurdes activaient la partie supérieure de leurs lobes temporaux plus fortement que les mots familiers. Cela prouve qu'ils font la différence entre les mots qu'ils ont appris et ceux qu'ils n'ont jamais entendus auparavant.

Les résultats ont également mis en évidence une différence fondamentale entre les chiens et les humains. Bien que les chiens aient une capacité rudimentaire à différencier les mots significatifs des mots absurdes, nous n'avons aucune preuve qu'ils aient compris les mots familiers comme se référant à des objets. Si tel avait été le cas, nous aurions observé une activation de certaines régions du cerveau associées à la reconnaissance, peut-être le cortex visuel ou une autre partie du système auditif. Au lieu de cela, les mots appris causaient simplement moins d'activité. C'était comme si les chiens s'habituaient aux mots qu'ils connaissaient et accordaient plus d'attention à ceux qu'ils ne connaissaient pas.

La nouveauté déclenche des processus cognitifs essentiels à la survie. Pour les animaux, la nouveauté peut signifier une nouvelle source de nourriture ou l'apparition d'un nouveau prédateur. Les événements nouveaux requièrent une action immédiate et modifient en outre les voies neuronales afin que l'animal puisse apprendre de l'expérience. Chez les humains, les mêmes processus sont en jeu, mais la nouveauté est également un point de départ au déploiement de systèmes de traitement symbolique et sémantique. Lorsque nous rencontrons quelque chose de nouveau, nous ne pouvons pas nous empêcher de le catégoriser. Nos résultats IRMf pour les chiens suggéraient que leur traitement du langage n'allait pas beaucoup plus loin que l'attrait de la nouveauté. Au minimum, les résultats montraient que rien chez eux ne ressemblait à la façon dont les humains utilisent le langage.

Outre la nouveauté, les chiens semblaient traiter les mots en termes d'actions associées aux objets. Dans notre expérience, les deux objets pouvaient être poussés ou ramassés avec la bouche, si bien que, même si nous avions enseigné deux mots aux chiens, il est possible que nous n'ayons pas constaté de différence dans la représentation sémantique parce que l'action associée était toujours la même. Un système sémantique basé sur l'action aurait du sens pour un animal. Pour un animal dépourvu de capacités langagières, il ne serait pas nécessaire de représenter symboliquement les noms des choses. Il est en revanche très important de savoir si une chose doit être ramassée, mâchonnée ou consommée.

Il se peut que dans l'espace sémantique d'un chien les actions et les choses soient très proches, ce qui expliquerait pourquoi il est si difficile d'enseigner aux chiens les noms de choses. La représentation sémantique d'« écureuil » pourrait être équivalente à « poursuivre et tuer », tandis que « balle » deviendrait « poursuivre et récupérer ». Le fait que nous ayons finalement pu enseigner aux chiens le nom de deux objets montrait qu'il n'était pas impossible de leur apprendre quelque chose sur la différence entre deux mots, mais les résultats de l'imagerie cérébrale suggéraient que le mécanisme par lequel ils encodaient ce sens était différent du nôtre.

Les humains représentent le monde avec des noms. Nous donnons des noms à tout. Il y a environ dix fois plus de noms que de verbes en anglais[24]. Les nourrissons apprennent le nom des choses avant d'apprendre le nom des actions, bien qu'on ne sache pas exactement pourquoi[25]. On ne pouvait nier que les différences de traitement du langage entraînaient des expériences subjectives différentes chez les chiens et chez les humains, mais cela n'excluait pas d'essayer de comprendre à quoi cela ressemblait d'être un chien.

Bien au contraire.

Le fait que nous puissions découvrir ces différences et que nous puissions les interpréter montre que nous pouvons comprendre ce que c'est d'être un chien. Comme nous l'avons vu tout au long de nos études sur le cerveau des animaux, ce n'est peut-être qu'un changement de point de vue. En l'occurrence, passer d'une vision du monde basée sur les noms à une vision basée sur les actions.

Que l'espace sémantique des chiens soit organisé autour d'actions plutôt que d'objets expliquerait pourquoi ils échouent au test classique de la conscience de soi, à savoir le test du miroir. Les humains savent qu'un reflet est une représentation visuelle de quelque chose ou de quelqu'un. Nous tenons pour acquis que le reflet n'est pas la chose même. Mais cette opération cognitive nécessite le dispositif mental nécessaire au traitement symbolique. Si les cerveaux des chiens ne sont pas câblés de manière à pouvoir représenter symboliquement les choses, ils n'auront pas la capacité de lier leur reflet à un sentiment de soi.

Cela ne veut pas dire qu'un chien n'a pas le sens de son identité, simplement, il n'a pas la capacité de se représenter de manière abstraite, ni par son nom ni par son image. Ma chère Callie n'avait probablement pas non plus de représentations abstraites de moi, de ma femme ou de mes enfants. J'étais juste « ce gars qui me nourrit de hot-dogs pendant que je suis dans le tube bruyant et avec lequel j'interagis d'une certaine manière ». Ma femme était « cette autre personne qui me nourrit et me fait des câlins mais ne joue pas avec moi et avec qui j'interagis différemment ». Les représentations mentales de Callie pourraient être entièrement définies par ces interactions. Nous pourrions dire que ces représentations sont transactionnelles.

Dans une vision du monde basée sur l'action, tout serait transactionnel. Même les émotions peuvent être représentées comme des actions. La peur deviendrait « ce sentiment par lequel j'ai besoin de m'éloigner de quelque chose ». La solitude serait « ce sentiment qui est atténué quand j'attends à la porte jusqu'à ce qu'elle s'ouvre et qui disparaît après ».

Ce n'est pas seulement de l'anthropomorphisme. Les mots que j'ai utilisés ne sont qu'une construction nécessaire pour communiquer une idée sous forme écrite. Un chien ne peut pas penser aux mots que j'ai écrits, car il n'a pas l'architecture cérébrale qui lui permet de penser avec des mots. Un système sémantique basé sur l'action ne signifie cependant pas que la peur n'est qu'un ensemble de programmes moteurs qu'un animal met en œuvre pour échapper à quelque chose de désagréable. Les aspects moteurs sont importants, mais la conscience subjective de ce qui se passe l'est tout autant, car c'est là que nous avons un terrain commun.

À l'exception peut-être de quelques singes et dauphins, je soupçonnais qu'un biais sémantique orienté vers l'action était une caractéristique de tous les animaux. Si oui, je devais repenser mes tentatives de communiquer. Les animaux n'ont pas la capacité d'adopter notre point de vue, mais nous avons la capacité d'adopter le leur. Et si nous mettions l'accent sur la communication des actions plutôt que sur les personnes et les choses ? Nous pourrions peut-être mieux comprendre ce que signifie d'être un chien, une chauve-souris ou un dauphin.

Nous pourrions même découvrir ce qu'ils ont à nous dire.

Malheureusement, de nombreux animaux pourraient disparaître de la surface de la Terre avant que nous ne sachions comment communiquer avec eux. Il faudrait alors découvrir comment parler aux morts.

CHAPITRE 9

UNE MORT EN TASMANIE

Le tigre arpentait le périmètre de son enclos. Il n'avait pas vu sa gardienne habituelle depuis des mois. Enfin, il n'avait aucune idée de ce qu'était un mois, mais il savait que du temps s'était écoulé. La femelle humaine l'avait nourri et avait ouvert sa tanière pour la dernière fois au cœur de l'hiver. D'autres gardiens du zoo étaient venus et partis depuis. Mais, désormais, les jours s'allongeaient[1].

La porte de sa tanière était fermée pour le maintenir à l'extérieur et à la vue des visiteurs, comme pour tous les carnivores. Le soleil brillait et il n'avait pas d'autre choix que de continuer à arpenter son coin. Sans répit. Sans l'ombre de l'eucalyptus qui recouvrait autrefois son enclos. Peut-être qu'un humain aurait pitié de lui et réclamerait qu'on ouvre sa porte ? Mais les humains se faisaient rares. Les gens qui venaient encore passaient leur temps à l'autre bout du zoo, où ils pouvaient admirer de vrais grands félins plutôt qu'une créature miteuse et puante dans son genre.

Car le « tigre » n'était pas vraiment un tigre, du moins pas dans le sens où les scientifiques l'envisageaient. C'était un thylacine. Un marsupial. Ce surnom de « tigre » lui avait été donné un siècle plus tôt par des colons et des bagnards venus d'Angleterre qui pensaient que tout animal portant des rayures sur le dos appartenait à la même famille.

Si des visiteurs s'étaient aventurés à l'arrière du zoo, ils auraient vu une meute de kangourous et quelques cerfs qui s'ennuyaient dans leurs enclos en face du thylacine. Mais les kangourous et les cerfs n'étaient pas l'attraction principale d'un zoo en Tasmanie. Tous les marcheurs de brousse les connaissaient bien, et le thylacine n'était pas terriblement nouveau non plus. Des jours entiers passaient sans que quiconque ne visite les animaux de Tasmanie. Sa fourrure était à présent dans un état désastreux, emmêlée et sale, pelée par endroits. Sa queue traînait derrière lui sans vigueur. Si quelqu'un était passé par là, il lui aurait été difficile de discerner ses fameuses rayures.

Dans le ciel sans nuages, le soleil cuisait telle une poêle le sol de son enclos au point qu'il devenait difficile d'y marcher. Sa meilleure stratégie consistait à se coucher au soleil de midi et à laisser le sol refroidir sous lui. Se prélasser ainsi allait à l'encontre de ses instincts naturels. Normalement, le thylacine était une créature du crépuscule, préférant les aléas du soir ou de l'aube, lorsque les gommiers des neiges jetaient leurs ombres à l'encre de Chine sur la brousse. Ce n'est qu'à ces heures que le bénéfice de ses rayures devenait pleinement apparent, lorsqu'elles le rendaient presque invisible aux yeux des wallabys et des wombats.

Trois ans s'étaient écoulés depuis son dernier wallaby. Trois ans qu'il n'avait vu un membre de sa propre espèce.

De l'autre côté de la ville, Alison Reid préparait le déjeuner de sa mère. La jeune femme de trente et un ans, à la peau blanche et pâle, aux cheveux châtains, sentait que la journée serait chaude. Bien qu'elle se soit réveillée avant le lever du soleil, sa mère venait tout juste de quitter sa chambre. Expulsées de son logement de fonction du conservateur du zoo de Hobart quelques mois auparavant en juin 1936, les deux femmes habitaient chez des parents. Le père d'Alison était mort depuis deux ans. Depuis, sa mère n'était plus la même. Elle était alitée de plus en plus souvent. Alors qu'Alison préparait le déjeuner, ses pensées se tournèrent vers des moments plus agréables.

Fille du premier conservateur du zoo, Alison avait grandi entourée d'animaux. Son père lui avait appris à préserver les dépouilles d'animaux morts, afin que les visiteurs puissent toujours les voir et en apprendre davantage sur eux. Elle se souvenait encore de sa recette secrète de la solution d'alun dans laquelle ils trempaient les peaux pour les rendre souples et les préserver des décennies durant. Alison avait appris l'art de construire une structure pour la recouvrir de la peau préservée, ramenant ainsi les morts à la vie. Elle avait monté des chiens et des chats pour des propriétaires qui ne pouvaient supporter de passer une journée sans leurs animaux disparus. Alison était tellement douée dans son métier que le Muséum de Tasmanie l'avait engagée comme taxidermiste à l'âge de dix-sept ans.

Mais le véritable amour d'Alison allait aux animaux vivants. Elle avait passé l'essentiel de son temps libre au zoo. Il lui semblait que cela faisait des siècles qu'elle avait aidé son père à soigner Sandy et Susie, deux bébés lionnes, ou vu son félin préféré, Mike, un léopard avec lequel la presse l'avait photographiée. Alison avait toujours la coupure de journal[2] : « La belle et la bête au zoo de Hobart : une fille dont le plus grand ami est un léopard adulte ». La photo de Mike qu'ils avaient publiée n'était pas sa préférée. Elle essayait de sourire en le prenant sur ses genoux. Le jeune mâle de cinquante kilos s'était montré têtu ce jour-là et, sur la photo, il était à moitié affalé par terre, à moitié sur ses genoux. Cela avait quand même fait d'elle une célébrité ! L'article racontait qu'elle avait emmené Mike faire des promenades le long de la rivière Derwent quand il était petit. Désormais, la coupure de presse ne faisait que provoquer une douloureuse nostalgie. Comme elle avait envie de promener Mike le long de la baie tandis que le soleil se coucherait derrière le mont Wellington !

Alison aussi était devenue crépusculaire. Ses moments préférés de la journée étaient le soir et l'aube. C'était l'heure à laquelle elle nourrissait les animaux et répondait à leurs besoins.

Elle pensa aux thylacines. Les trappeurs se présentaient à l'improviste avec un tigre, généralement la patte prise dans un piège. Alison et son père les avaient toujours accueillis et avaient fait de leur mieux pour restituer aux animaux leur pleine santé.

Les thylacines étaient des créatures nerveuses qui dégageaient une odeur désagréable lorsqu'elles s'agitaient. Il leur avait fallu des mois pour se sentir à l'aise en sa présence. Finalement, ils apprirent la routine du zoo : sortir le matin, manger l'après-midi et rentrer dans leur tanière la nuit. Et ils aimaient manger. Malgré leur timidité, si quelqu'un arrivait en retard pour leur donner leur repas à base de carcasses de lapins et de veaux, les tigres n'hésitaient pas à manifester leur mécontentement avec une sorte d'aboiement enroué qui ressemblait à la toux sèche d'un tuberculeux.

Les thylacines étaient des créatures grincheuses, difficiles à aimer. Mais cela ne justifiait pas le dégoût que la plupart des gens concevaient à leur égard, ni le « stupides marsupiaux » dont ils avaient été qualifiés. Alison avait sympathisé avec le thylacine, car elle aussi avait éprouvé le mépris des esprits étroits qui occupaient les postes de pouvoir. Elle était la plus qualifiée à Hobart pour gérer ce zoo. Et elle était là, à faire du thé au lieu de nourrir les animaux.

Elle se demandait si quelqu'un penserait à nourrir le thylacine.

La chaleur de midi ne dura pas. On était au début du mois de septembre et, à 16 heures, le soleil passait déjà de l'autre côté du mont Wellington. Tous les habitants de Hobart, hommes et bêtes, seraient bientôt à l'ombre.

Un photon, né à la surface du Soleil huit minutes plus tôt, traversa la poussière dans l'atmosphère au-dessus de l'océan Indien et fonça vers Sandy Bay. Il rebondit devant la porte de la tanière du thylacine. Sa trajectoire finale passa au travers des délicates paupières du tigre pour s'écraser contre sa rétine. Là, au cours d'une explosion chimique mineure, il abandonna ce qui restait de son énergie et envoya un signal au cerveau de l'animal.

Réveille-toi.

Le tigre cligna des yeux. Heureusement, il ne faisait plus aussi clair et ses pupilles se dilatèrent en conséquence. Il scruta les environs pour détecter un éventuel mouvement. Cent millions d'années d'évolution lui avaient légué un système visuel parfaitement adapté à la détection de déplacements à l'horizon. Mais au zoo il ne voyait plus que les kangourous qui sautillaient. Leur odeur suscita sa faim. Le tigre les observait et les reniflait depuis longtemps. Il savait que tout effort déployé pour les atteindre était inutile.

Sans aucune proie à sa portée, il toussa. Dans le passé, cela avait entraîné l'apparition de la femme humaine, qui lui lançait alors un animal mort. Quand il avait de la chance, la carcasse était fraîche et le sang coulait librement lorsqu'il déchirait le thorax et l'abdomen. Mais ce n'était souvent qu'un morceau de viande, mort depuis des jours.

La faim était mauvaise. Avait-il mangé hier ? Il n'arrivait pas à s'en souvenir. Cela ne voulait pas dire qu'il n'avait pas mangé. Il ne pouvait tout simplement pas s'en souvenir. Il n'y avait pas de crottes dans son enclos. Donc probablement pas.

Il toussa encore. Il entendait du bruit au loin, des humains, mais son odorat aiguisé ne repérait pas de viande. Après quelques tentatives pour attirer l'attention, il s'étendit.

Il était chez lui.

Depuis qu'il avait quitté la poche de sa mère, il avait vécu toute sa vie ici. La brume d'avant l'aube dans la Florentine Valley n'avait pas encore commencé à se dissiper. Le petit matin était frais mais pas inconfortable.

Depuis son poste d'observation sur la crête, il perça le brouillard, ses yeux vifs scrutant les cimes des eucalyptus géants. La vigueur de la jeunesse traversait son corps. Il ouvrit ses mâchoires massives, inspirant profondément pour goûter aux odeurs qui remontaient de la vallée. Ils étaient tous là : wallaby, wombat et diable de Tasmanie.

Il descendit la pente en douceur, glissant sans bruit dans la forêt. Les autres animaux du crépuscule se réveillaient ou revenaient de leur périple nocturne. Il n'était pas pressé. Ses semblables chassaient de façon réfléchie. Il n'avait aucun besoin de poursuivre ses proies quand, couvert de rayures, il pouvait les prendre par surprise.

Alors qu'il glissait dans le sous-bois, il décela le mouvement furtif d'une fougère. Comme il n'y avait pas de vent, il ne pouvait s'agir que d'un autre animal. Un autre thylacine ? Peu probable. Il n'en avait pas vu depuis des semaines.

Il continua dans sa direction d'origine, notant mentalement où se trouvait la fougère. À chaque pas, il corrigeait légèrement sa trajectoire, ce qui avait pour effet de transformer son chemin rectiligne en grand arc de cercle. L'arc se resserra et se transforma en spirale. Maintenant, il était passé derrière et pouvait voir le petit wallaby – un pademelon – en train de fouiller les herbes basses sous un myrte.

Le thylacine sauta sur le wallaby. Il tint son cou entre ses mâchoires avant qu'ils ne touchent le sol. Il n'y eut pas de lutte. Le thylacine ouvrit le ventre et mangea les organes.

Toujours confiant, il s'éloigna à grands pas, laissant la carcasse aux diables de Tasmanie.

Le dernier tigre de Tasmanie connu, ou thylacine d'après son nom scientifique *Thylacinus cynocephalus*, s'est éteint le 7 septembre 1936. Sa mort a été enregistrée une semaine plus tard par le conseil municipal de Hobart : « Le surintendant des réserves a annoncé la mort du tigre de Tasmanie lundi soir dernier et le corps a été transféré au Musée[3]. » Des années plus tard, on commença à parler de lui sous le nom de Benjamin ; quand il était en vie, il n'avait pas de nom.

Au moment de sa mort, personne ne savait que Benjamin serait le dernier thylacine à être vu vivant. Selon les normes internationales de conservation, si un animal n'est pas observé pendant cinquante ans, il est considéré comme éteint. Ainsi, en 1986, le thylacine a été transféré de la colonne des animaux en voie de disparition à celle des espèces éteintes. Mais la Tasmanie reste l'une des dernières grandes régions sauvages du monde et beaucoup de gens pensent que les thylacines existent toujours dans le lointain maquis.

Pour qui souhaiterait voir un thylacine aujourd'hui, il n'existe que trois minutes de film noir et blanc granuleux de thylacines en captivité[4]. Quand j'ai vu cette séquence muette, presque centenaire, elle m'a parlé. D'aspect, les thylacines ressemblent beaucoup plus à des chiens qu'à des tigres. Venant de la lignée des marsupiaux, ils sont cependant séparés des chiens par plus de 100 millions d'années d'évolution. Il est clair que leur apparence est un cas de convergence évolutive, mais cela me conduisait à me demander : si les thylacines ressemblaient tant à des chiens, pensaient-ils et se comportaient-ils comme eux ?

La question de l'esprit du thylacine commençait à m'obséder. C'était une route potentiellement dangereuse. La cryptozoologie – poursuivre des créatures fantastiques comme le Bigfoot et le monstre du Loch Ness, ou probablement disparues comme les thylacines – n'est généralement pas bien vue chez les universitaires. Et pourtant, le thylacine m'appelait.

Bien sûr, je suis gaga de tout ce qui ressemble de près ou de loin à un chien et le thylacine cochait toutes les cases. Son nom scientifique signifie « animal à poche avec une tête de chien ». Au-delà de ça, le thylacine était devenu une figure tragique. On en sait peu sur ses origines, la raison de sa disparition, en revanche, ne fait pas mystère.

Lorsque les premiers mammifères sont apparus, il y a environ 150 millions d'années, ils pondaient toujours des œufs, comme les dinosaures. Il n'existe aujourd'hui que quelques descendants de ces mammifères pondeurs : les monotrèmes. L'ornithorynque est le plus connu, mais il y a aussi les échidnés, des créatures ressemblant à des hérissons au long bec qui se nourrissent d'insectes. Les monotrèmes vivent exclusivement en Australie et en Nouvelle-Guinée.

Lorsque le grand continent du Gondwana s'est séparé, les mammifères ont été isolés sur chacun des sous-continents formés et ont commencé leurs propres trajectoires évolutives. Vers 120 millions d'années, certains avaient mis au point des mécanismes assurant la gestation interne de leurs œufs. Les œufs ne mettaient pas longtemps à éclore et les petits naissaient vivants, mais à l'état de fœtus. Ils continuaient à se développer dans une poche externe contenant plusieurs mamelles. Ces animaux étaient les premiers représentants du groupe des métathériens. Leurs descendants sont aujourd'hui connus sous le nom de marsupiaux, parmi lesquels on trouve le thylacine. La dernière séparation dans l'évolution des mammifères s'est produite il y a 100 millions d'années avec l'apparition des mammifères placentaires. Chez les placentaires, la gestation des petits dure plus longtemps que chez les marsupiaux. Finalement, ils vainquirent ces derniers dans la compétition darwinienne pour les ressources. L'Australie et la Nouvelle-Guinée sont les seuls lieux où les marsupiaux ont maintenu leur domination.

L'isolement de l'Australie fut à la fois son atout et sa malédiction. Les espèces australiennes ont pu évoluer sans subir la concurrence des plantes et des animaux du reste du monde. Mais cela les a rendues plus vulnérables lorsque cette concurrence finit par se manifester[5].

Les thylacines vivaient dans toute l'Australie et, en tant que prédateurs carnivores bien assis au sommet de la pyramide alimentaire, ils n'avaient subi aucune concurrence pendant des milliers d'années. Jusqu'à ce que les humains débarquent. Les premiers peuples autochtones sont arrivés il y a plus de 20 000 ans et l'art rupestre qu'ils ont laissé montre de nombreuses représentations de thylacines. Les thylacines ont coexisté avec les humains pendant un certain temps sur le continent. En 1966, un thylacine momifié a été découvert dans le sud-ouest de l'Australie. La datation au carbone 14 indique un âge de 4 650 ans[6]. Mais la concurrence directe a été rude, que ce soit avec les humains ou avec leurs chiens, et les thylacines ne purent rivaliser. La population continentale disparut. Il ne resta que quelques milliers de thylacines, tous piégés sur l'île de Tasmanie séparée des terres australiennes lors du dernier recul glaciaire.

La suite n'était qu'une question de temps.

Quand j'ai découvert l'existence des thylacines, leur esprit semblait perdu à jamais. Ils s'étaient éteints juste au moment où les scientifiques commençaient à examiner sérieusement le comportement des animaux. Les quelques thylacines captifs qui subsistaient ne leur apprirent pas grand-chose. Les gardiens de zoo avaient noté qu'ils aimaient se dorer au soleil, alors que les trappeurs avaient toujours affirmé qu'il s'agissait d'animaux nocturnes. On ne savait rien de leur vie sociale.

Mon obsession pour le thylacine continuait de croître. J'explorais tout ce qui existait sur ces tristes créatures. J'ai vite découvert que je n'étais pas le seul. Une communauté internationale, petite mais dévouée, s'est soudée autour du thylacine, certains motivés par la quête de connaissances, d'autres par la conscience que d'innombrables animaux sont sur le point de disparaître et que l'histoire du thylacine nous livre d'importants enseignements. Beaucoup croient que les tigres existent encore dans la nature reculée de Tasmanie. Des observations de tigres sont régulièrement revendiquées. Quelques vidéos postées sur YouTube montrent des images floues d'animaux censés être des tigres. Bien sûr, aucun de ces éléments n'est convaincant et aucun scientifique réputé ne les prend au sérieux. En 1984, Ted Turner a proposé cent mille dollars contre la preuve que le thylacine existe toujours. Le prix n'a jamais été réclamé.

Michael Archer est l'un des rares scientifiques à s'intéresser sérieusement à la question. Paléontologue respecté, Archer est professeur à l'université de New South Wales à Sydney. Il a été le conservateur de la section des mammifères au Queensland Museum et a reçu de nombreux prix pour ses travaux sur l'évolution des mammifères. Oh, et il a aussi essayé de cloner le thylacine.

Je ne rigole pas. Archer était en avance sur son temps lorsqu'il tenta de « déséteindre » le thylacine à partir des spécimens de la collection du musée. C'était en 1999. Le projet a finalement été abandonné par manque d'ADN de bonne qualité, mais si quelqu'un pouvait m'aider à réaliser ce que j'avais en tête, c'était bien Archer.

J'allais parler pour les morts et employer pour cela la seule technique que je connaissais, grâce au cerveau du thylacine.

Avec le succès du Projet dauphin, nous avions démontré qu'on pouvait apprendre quelque chose d'utile sur le monde perceptif d'un animal en observant son cerveau. Nos cerveaux de dauphins avaient plus de dix ans et il semblait difficile d'en extraire un signal suffisant. Mais nous l'avions fait. Un cerveau de thylacine, s'il en existait encore, aurait au mieux près d'un siècle. Pourrions-nous renouveler notre exploit ?

Archer répondit tout de suite. Il ne connaissait pas l'état des cerveaux de thylacines, mais il savait qui pourrait nous renseigner.

Stephen Sleightholme travaille depuis 2005 à la constitution d'une base de données de tous les spécimens de thylacine connus. Il l'appelle la base de données internationale sur les échantillons de thylacines (ITSD) et, en 2013, elle était si volumineuse qu'elle tenait à peine sur un DVD. Je n'avais jamais rien vu de tel. Et, comme Archer, Sleightholme répondit immédiatement.

Selon lui, il existait quatre cerveaux de thylacines intacts : un en Australie, un en Allemagne, un en Angleterre et un aux États-Unis. On pensait que deux des spécimens étaient partiellement endommagés. Celui des États-Unis était détenu par la Smithsonian Institution.

La collection de spécimens de la Smithsonian est bien plus étendue que ce que l'on en voit au musée de

Washington DC. Darrin Lunde et Esther Langan, de la division des mammifères, savaient tout du cerveau du thylacine. Comme c'était l'un des quatre seuls au monde, ce cerveau était un trésor national qui ne devait pas être exposé au public. De plus, qui, à part les cryptozoologues, s'en souciait ?

Moi. Beaucoup même. Ce cerveau qui marinait dans une chambre forte de la Smithsonian contenait peut-être les clés de l'esprit du thylacine.

Lunde m'a envoyé une image du cerveau dans un pot de formaldéhyde et une copie du catalogage original. Le catalogue de fiches était destiné à la Division d'anthropologie physique et n'était manifestement pas conçu pour enregistrer des animaux, mais la fiche contenait des informations cruciales. Le spécimen avait été reçu le 11 janvier 1905, ce qui était aussi la date de la mort du spécimen. Sexe : masculin, âge : adulte, profession : m N.Z.P. Vraisemblablement, un raccourci pour « membre » du Parc zoologique national, alias le zoo national.

Selon la base de données de Sleightholme, l'ancien propriétaire de ce cerveau avait été capturé petit, avec sa mère, sa sœur et un autre frère, en 1902. La famille avait été vendue au zoo de Launceston City Park, en Tasmanie, qui l'avait ensuite vendue au zoo national de Washington DC. On en sait beaucoup sur l'histoire de cette première famille de thylacines[7], et ce n'est pas joli-joli.

En réalité, seule la mère avait été capturée. Ce n'est que lorsqu'elle arriva à Washington, après trois semaines de voyage stressant dans un bateau sur l'océan puis dans un train à travers les États-Unis, que les gardiens du zoo remarquèrent qu'elle portait des petits dans sa poche. Qu'ils aient pu survivre jusque-là tenait du miracle. L'un d'eux mourut d'ailleurs, après neuf jours au zoo.

Les deux thylacines survivants du zoo national. Image publiée à l'origine dans le *Smithsonian Institution Annual Report*, 1903, p. 66. (Smithsonian Institution Archives Image #NZP 139)

Malheureusement, la mère était tellement affaiblie par le voyage qu'elle s'éteignit quatre mois plus tard d'une « grave inflammation du tractus intestinal » et d'une charge importante de ténias dans tout le corps. Cela ne laissait que deux petits survivants.

Le mâle vécut jusqu'au 11 janvier 1905, date à laquelle il succomba lui aussi à une entérite hémorragique. Sa tête s'est retrouvée entre les mains d'un anatomiste, Aleš Hrdlička, qui en avait extrait le cerveau – celui qui se trouvait désormais dans le coffre-fort de la Smithsonian Institution. La femelle vécut seule pendant quelques années.

Qu'avait-on appris lors de cette si glorieuse occasion d'observer les thylacines ? Apparemment rien[8]. Aucune étude scientifique de ces créatures n'a jamais été entreprise de leur vivant. C'est ainsi que je fis face à la perspective d'une reconstruction médicolégale de l'esprit du thylacine à partir du seul indice restant : son cerveau.

À la Smithsonian, Lunde et Langan me dirent que le cerveau de thylacine avait été soumis à une IRM il y a de nombreuses années, mais que les résultats étaient d'une qualité si médiocre qu'ils ne méritaient pas d'être publiés. C'était risqué, mais je leur demandai s'ils étaient disposés à réessayer, cette fois avec un scanner plus puissant et de nouvelles séquences conçues pour les cerveaux prélevés post mortem.

Ils donnèrent leur accord. Mais en raison de la rareté des spécimens, nous devrions suivre un protocole strict pour manipuler et protéger le cerveau.

Autant que je sache, personne n'avait jamais essayé d'analyser un cerveau aussi vieux. Le thylacine que nous allions scanner était mort en 1905. L'âge du spécimen était donc de cent dix ans. Même s'il était conservé dans le formaldéhyde, les conséquences de cette marinade de plus d'un siècle étaient imprévisibles. Nous l'avions appris avec le cerveau des dauphins : une décennie dans un liquide de préservation suffisait à changer les propriétés d'un tissu. Mais il était risqué d'extrapoler ces effets de dix à cent ans. Peut-être que les changements empiraient, peut-être qu'ils plafonnaient au bout d'un moment. Il nous faudrait passer beaucoup de temps à tester des séquences différemment paramétrées pour extraire le plus de signaux possible du cerveau du thylacine, en supposant qu'il y reste encore quelque chose susceptible de produire un signal.

Nous serions aussi pressés par le temps. La Smithsonian Institution nous prêtait généreusement le spécimen, mais cette générosité avait ses limites. Il faudrait le garder dans un endroit sûr et je n'osais pas faire savoir que nous détenions un trésor national. L'idéal serait de le scanner et de le renvoyer immédiatement. Moins longtemps j'en serais responsable, mieux ce serait.

Pour que la numérisation se passe au plus vite et sans accroc, mieux valait nous préparer à l'avance à la réception du cerveau. Pour nous aider à régler tous les détails de la numérisation, Lunde proposa d'envoyer celui d'un raton laveur datant de la même époque. Que la Smithsonian ait conservé le cerveau d'un raton laveur vieux d'un siècle était d'un intérêt essentiellement historique et non scientifique. Le plus important pour nous, c'est que le cerveau du raton laveur avait été extrait et préservé par le même anatomiste qui avait travaillé sur le thylacine. Par conséquent, sa recette de liquide conservateur devait être la même dans les deux cas.

Une semaine plus tard, une caisse en bois de la taille d'une boîte à chaussures est arrivée au laboratoire. En vertu de la réglementation en matière de transport aérien, il était interdit d'expédier des liquides inflammables. Le spécimen avait donc été emballé dans une gaze humide et enveloppé dans du plastique scellé. C'était plus petit que ce à quoi je m'attendais, environ de la taille d'une noix, mais, encore une fois, j'étais habitué au cerveau de grands carnivores.

Je pris le cerveau en sandwich entre deux morceaux d'éponge et le coinçai dans un récipient en plastique cylindrique. Je couvris ensuite le tout d'un liquide inerte qui ne dégagerait aucun signal de résonance magnétique.

Le cerveau était trop petit pour être placé dans la bobine crânienne. Les capteurs seraient trop loin pour déceler le moindre signal, et je n'avais ni le temps ni l'argent pour construire une bobine miniature. La meilleure option était donc la bobine flexible, un équipement standard du scanner IRM. Une bobine flexible contient deux têtes de lecture intégrées dans une feuille de mousse qu'on peut enrouler autour de n'importe quelle partie du corps. En imagerie clinique, les bobines flexibles sont utilisées pour les régions du corps difficiles à placer dans une bobine cylindrique, comme l'épaule par exemple.

Ce n'était pas idéal, mais j'ai enroulé la bobine flexible autour du récipient contenant le spécimen et j'ai envoyé le tout au centre de l'IRM. Les gradients nous limiteraient probablement à une résolution d'environ un millimètre. Cette limite de résolution signifierait que chaque voxel dans un petit cerveau contiendrait plus d'éléments qu'un voxel dans un grand cerveau. J'espérais que sur un cerveau de raton laveur, cette résolution serait suffisante pour que nous distinguions sa structure interne.

Peter et moi avons programmé une série de séquences en IRM structurelle et avons appuyé sur « Scan ». L'IRM a émis ses clics et ses bourdonnements préparatoires avant de se lancer dans l'analyse en faisant autant de bruit qu'un sous-marin sur le point de plonger. Le spécimen était si petit que tout fut fini en deux minutes.

Les images apparurent à l'écran. Elles avaient l'air bonnes. Très bonnes même. Nous avions poussé les gradients jusqu'à leurs limites et atteint une résolution de 0,3 mm, meilleure que celle à laquelle je m'attendais. On distinguait tout : le noyau caudé, le corps calleux, le cervelet, l'hippocampe. Les images présentaient un contraste intéressant entre la matière grise et la matière blanche. Cela signifiait que les tissus ne s'étaient pas décomposés en une bouillie uniforme après un siècle passé dans le formaldéhyde.

La DTI s'avéra plus difficile. Les paramètres que nous avions utilisés pour les otaries et les dauphins ne produisaient que des images pâles, essentiellement du bruit pixélisé. Je consultai Karla Miller, la physicienne de l'IRM à Oxford, qui me conseilla de calculer la vitesse à laquelle le cerveau préservé répondait aux champs magnétiques et d'ajuster les temps de balayage afin de capturer les signaux avant qu'ils ne disparaissent.

Deux quantités décrivent le comportement d'un objet dans un champ magnétique. T1, le temps nécessaire à un tissu placé dans un aimant pour se magnétiser complètement, et T2, le temps pour que les protons se désynchronisent après avoir été touchés par une onde radio résonnante. Les paramètres T1 et T2 sont appelés « paramètres de relaxation » et ils sont spécifiques à chaque type de tissus. Ces différences permettent d'accroître le contraste des images. Un cerveau en bonne santé, placé dans un aimant de 3 teslas, a un T1 de 1 300 millisecondes (ms) pour la substance grise et de 830 ms pour la substance blanche. T2 est encore plus court, environ 80 ms, ce qui signifie que le signal de résonance magnétique dans un cerveau en bonne santé s'évanouit très rapidement. Les cerveaux de dauphins conservés, qui étaient dans le formaldéhyde depuis dix à quinze ans, présentaient un T1 raccourci de 350 ms. Chez le raton laveur, le T1 était tombé à 200 ms et le T2 à 30 ms.

Ces temps de relaxation raccourcis entraînaient une décroissance rapide du signal IRM. Il nous fallait scanner plus rapidement si nous voulions capter ces émissions évanescentes. Mais en IRM tout est question de compromis. Un balayage plus rapide signifie tirer davantage sur les bobines de gradient. Il fallait choisir. Balayer plus vite ou balayer avec des champs plus intenses. Nous ne pourrions pas avoir les deux.

Je passai des heures à la console IRM. Par la méthode essais-erreurs, j'ajustais la vitesse de balayage (appelée TR pour le délai de répétition), puis j'essayais de trouver la puissance de gradient maximale tolérée par le système. Parfois, les balayages s'arrêtaient immédiatement, un message d'alerte indiquant que la puissance du gradient avait été dépassée. Parfois, les analyses commençaient mais s'arrêtaient après une heure ou deux d'analyse. C'était frustrant.

Au bout d'une semaine de travail, je pensai que nous avions trouvé le compromis idéal afin d'extraire les signaux du cerveau sans griller le scanner. Les images étaient toujours entachées de bruit, mais, si nous répétions les numérisations plusieurs fois, nous pourrions les additionner et réduire ainsi les effets du bruit.

J'écrivis un mail à Lunde et à Langan leur annonçant que nous étions prêts pour le thylacine.

Beaucoup ont écrit sur cet animal, mais seules quelques-uns sont considérés comme de véritables experts. Archer, le paléontologue, et Sleightholme, le conservateur de la base de données de spécimens, en font partie. Il y en a un troisième : Cameron Campbell, qui gère un site Web remarquable appelé The Thylacine Museum, source complète sur tout ce qui a trait à cet animal[9]. Des informations sur tout : de son histoire à son anatomie en passant par les débats en cours sur son existence à l'état sauvage, vous trouverez tout sur le site de Campbell.

En parcourant les bases de données de Sleightholme et de Campbell, il me parut évident que la plupart des informations provenaient de quelques individus, morts pour la plupart. Le véritable père de la recherche sur le thylacine était Eric Guiler, un biologiste marin irlandais installé en Tasmanie en 1947. Guiler a toujours envisagé la possibilité que le thylacine ne soit pas éteint. Ses expéditions et ses entretiens avec des chasseurs et des trappeurs ayant vu le thylacine sont une des principales sources sur cet animal remarquable. Guiler est mort en 2008, six ans après avoir été victime d'un accident vasculaire cérébral lors d'une expédition à la recherche du thylacine.

Guiler pensait que le déclin du thylacine sur le continent, peut-être accéléré par l'homme, était plus probablement dû au changement climatique. Jusqu'à il y a 6 000 ans, le climat continental était humide, ce qui aurait alimenté la croissance de plantes dont se nourrissaient des animaux comme le wallaby. Les thylacines se nourrissaient de ces herbivores tandis que les forêts leur procuraient un abri pour leurs parties de chasse. Mais il y a 5 000 ans, le climat continental est devenu beaucoup plus aride, plus proche de ce qu'il est aujourd'hui. L'habitat du thylacine recula et, bientôt, ils disparurent.

Le pont terrestre qui menait à la Tasmanie était passé sous les eaux à la fin de la dernière glaciation, isolant la population animale de l'île. Située plus au sud, vers l'Antarctique, la Tasmanie jouit d'un climat considérablement plus tempéré et varié que celui de l'Australie continentale. Les habitats de la Tasmanie vont de la forêt tropicale aux plateaux herbacés en passant par tous les intermédiaires. Pour les thylacines, c'était parfait.

Pour autant qu'on sache, la population de thylacines de Tasmanie se portait bien jusqu'à l'arrivée des colons anglais. Nommée en l'honneur de l'explorateur hollandais Abel Tasman qui découvrit l'île en 1642, la Tasmanie devint un point de passage tristement célèbre pour les navigateurs qui se rendaient dans le sud du Pacifique. Lors de l'exploration de la région par le capitaine James Cook en 1773, le HMS *Adventure* jeta l'ancre dans une baie bien abritée de la côte sud-est, connue sous le nom d'Adventure Bay. William Bligh y fit escale avec le HMS *Bounty* en 1789 lors de son voyage vers Tahiti.

Ces explorateurs ne rapportèrent aucune observation de thylacine. Ils ne s'enfoncèrent probablement pas assez loin dans les terres pour les observer. Néanmoins, Adventure Bay devint une destination réputée pour ses ressources abondantes en eau douce et sa vie végétale et animale. La première référence au thylacine date de 1805, lorsqu'on rapporta l'existence d'un « *tyger*[10] ».

Les premiers colons apportèrent avec eux des moutons pour la viande et la laine. Sans ces malheureux moutons, il est possible que les thylacines aient survécu. Mais les moutons étaient des proies faciles pour tous les prédateurs de l'île : chiens, diables et thylacines. Le problème prit une telle ampleur que la tête des trois animaux fut mise à prix. Les thylacines, que les colons appelaient des « hyènes », rapportaient la plus grosse prime, deux fois plus que les diables et que les chiens sauvages. Pire, la prime augmentait tous les vingt thylacines tués. C'était une incitation claire à en débarrasser complètement l'île[11].

Les fermiers se plaignirent que les thylacines tuaient leurs moutons jusqu'à la fin du XIXe siècle. Le nombre de moutons tués était sûrement exagéré et les chiens sauvages probablement responsables de l'essentiel du carnage. Néanmoins, c'est le thylacine qu'on accusait. Des mythes circulèrent selon lesquels les thylacines poursuivaient les moutons pour les faire tomber des falaises.

Le thylacine n'était pas le seul animal indigène persécuté. Les autres prédateurs connurent de même un déclin rapide, en particulier les « chats » indigènes qui, comme le thylacine, étaient en fait des marsupiaux (on les appelle désormais des « quolls »). Bien que les primes aient joué un rôle important, la perte d'habitat compta aussi. De nombreuses forêts furent défrichées pour laisser la place au bétail et aux moutons.

Dans les années 1930, les thylacines se firent de plus en plus rares et les défenseurs de l'environnement commencèrent à craindre leur disparition. À la mort de Benjamin en 1936, il était trop tard. Les appels à la création de sanctuaires furent ignorés[12]. Le problème était en partie dû à l'ignorance et au déni. La brousse de Tasmanie était encore vaste et beaucoup de gens pensaient qu'ils vivaient toujours, là-bas. Après tout, certains continuaient à prétendre qu'ils en voyaient.

En 1937, une commission de protection des animaux de Tasmanie nouvellement formée dépêcha une expédition dirigée par un policier, Arthur Fleming, homme de brousse expérimenté, pour localiser le thylacine. Lors de sa première expédition, Fleming se dirigea vers les montagnes de l'ouest. C'était un terrain extraordinairement difficile. Bien qu'il n'ait pas vu de thylacine, il en observa des traces. Encouragé par ses découvertes, il revint en 1938 avec une équipe plus nombreuse. Encore une fois, ils observèrent des empreintes mais ne virent pas d'animal vivant.

Fleming essaya une troisième fois, en 1945. Pendant six mois, son équipe fit des va-et-vient entre la rivière Jane et le lac Sainte-Claire. Ils essayèrent par tous les moyens de guider les thylacines vers leurs pièges, y accrochant des moutons vivants comme appâts ou des tripes traînées dans la brousse. Ils réussirent à attraper à peu près tous les autres animaux indigènes, mais aucun thylacine. En avril 1946, ils abandonnèrent[13].

La piste du thylacine s'est refroidie pendant dix ans. Puis, en septembre 1957, des moutons furent retrouvés mutilés dans une ville au nord de Hobart. Guiler, qui y vivait depuis plusieurs années, s'ébranla. Il écrivit : « Tous les moutons ont été tués par des morsures à la gorge. Il n'y a pas de sang près des carcasses, il a donc probablement été bu par le meurtrier. Les os du nez ont également été rongés et la laine des victimes n'a pas été arrachée.[14] »

Pour Guiler, l'état de la carcasse n'était pas caractéristique de la façon dont les chiens tuaient les moutons, notamment parce qu'il n'y avait pas de morsures aux jambes. De plus, il trouva des empreintes de pas qui auraient pu être celles d'un thylacine. En élargissant ses recherches, il découvrit que d'autres agriculteurs avaient eu des moutons tués de la même manière au cours des derniers mois. Les anciens trappeurs affirmèrent à Guiler que ces dégâts étaient typiques des thylacines. Un agriculteur rapporta même avoir vu un thylacine voler une miche de pain.

Guiler construisit un piège qu'il plaça sur la propriété où le thylacine avait été repéré. Mais au bout d'un an, il n'avait toujours rien attrapé.

De 1957 jusqu'à son accident vasculaire cérébral en 2002, Guiler organisa plus d'une douzaine d'expéditions à la recherche des preuves de l'existence du thylacine. Il se concentra sur la région de Woolnorth, où les moutons avaient été tués, mais ses tentatives furent toutes infructueuses. Pour couvrir plus de territoire, il opta finalement pour la pose de pièges légers, plus faciles à transporter à travers la brousse, puis employa finalement des caméras.

Guiler affirma toujours catégoriquement que Benjamin n'avait certainement pas été le dernier thylacine vivant. Certains avaient survécu dans la brousse après lui, mais il ne pouvait pas dire pendant combien de temps. Au fil des décennies, la technologie s'est améliorée. Pourtant, les recherches devinrent plus difficiles et donnaient de moins en moins d'indices. Faute de preuve irréfutable du contraire, Guiler finit par accepter que le thylacine avait probablement disparu pour toujours.

Le cerveau de thylacine est arrivé dans une caisse en bois beaucoup plus grosse que celle du raton laveur. Elle aurait pu facilement accueillir un cerveau humain. Le catalogue de fiches de la Smithsonian indiquait qu'il pesait 43 grammes lorsqu'il avait été extrait. Un cerveau humain pèse environ 1 300 grammes.

Peter regarda fixement la caisse et dit tout haut ce que nous pensions tous les deux tout bas : « Pourquoi une si grande boîte ? »

Il n'y avait qu'un moyen de le savoir.

Nous attrapâmes un tournevis et retirâmes la douzaine de vis qui fixaient le couvercle. À l'intérieur, nous n'apercevions que de la mousse d'emballage. Je plongeai la main dedans, cherchant quelque chose au fond, jusqu'à ce que je trouve le sac en plastique scellé. Mes mains tremblaient quand je sortis de son écrin le trésor national. Comme le cerveau du raton laveur, le contenu du sac était enveloppé dans de la gaze.

Nous avions reçu des instructions strictes pour conserver l'échantillon dans une solution de formaldéhyde et d'éthanol. Peter tenait à la main un Tupperware. Je pris une profonde respiration, j'essayai de calmer le tremblement de ma main et ouvris le sac. L'odeur de formaldéhyde et d'alcool était puissante. Avec le plus grand soin, je déballai la gaze.

C'était bien plus petit que je m'y attendais. Le thylacine avait la taille d'un chien moyen. Les cerveaux de chiens ont à peu près celle d'un gros citron. Mais ce que je tenais dans ma main ressemblait à une noix. Et c'était presque aussi dur. Même les cerveaux imprégnés de formaldéhyde sont encore un peu mous. Pas celui-ci.

Peter pensait la même chose et fit simplement :

« Bof.

– Pesons-le », dis-je.

Peter mit le spécimen sur une balance numérique et lut :

« Seize grammes.

– Un tiers de son poids initial, dis-je. Comment est-ce possible ?

– Il doit avoir rétréci. »

Ce rétrécissement m'inquiétait, aussi ai-je procédé à un rapide calcul. Si le cerveau se contractait au taux de 1 % par an, après cent dix ans, il ne ferait plus effectivement que 33 % de son poids initial. C'était inattendu. Je ne savais pas si le cerveau avait rétréci uniformément ou si le rétrécissement irrégulier avait provoqué des distorsions.

Cela ne ressemblait à aucun des cerveaux que j'avais vus auparavant. Le cervelet était une collection noueuse de crêtes et ressemblait à un morceau de chou-fleur. Le cortex n'était pas tout à fait lisse et je pouvais y distinguer des sillons. C'était une bonne chose. Cela signifiait que le thylacine avait développé un outillage cérébral assez complexe pour nécessiter d'être replié dans la boîte crânienne. Et puis il y avait les gros bulbes olfactifs qui faisaient saillie, comme une paire d'antennes. Par rapport à la taille du reste du cerveau, ils étaient encore plus gros que chez le chien. Je constatai que les bulbes olfactifs étaient attachés à un morceau de cortex qui semblait différent du reste du cerveau. C'était le corpus piriforme – la partie du cerveau consacrée au traitement des odeurs.

Mais que pourrions-nous apprendre sur le thylacine ? La taille ne fait pas tout. J'espérais que nous pourrions cartographier les connexions de son cerveau et apprendre quelque chose de sa vie mentale. Les thylacines étaient-ils sociaux ? Avaient-ils un gros lobe frontal pour résoudre les problèmes ?

Avant que Peter et moi ne puissions accéder aux analyses DTI et cartographier la connectivité, nous devions obtenir une image détaillée de la structure interne du cerveau.

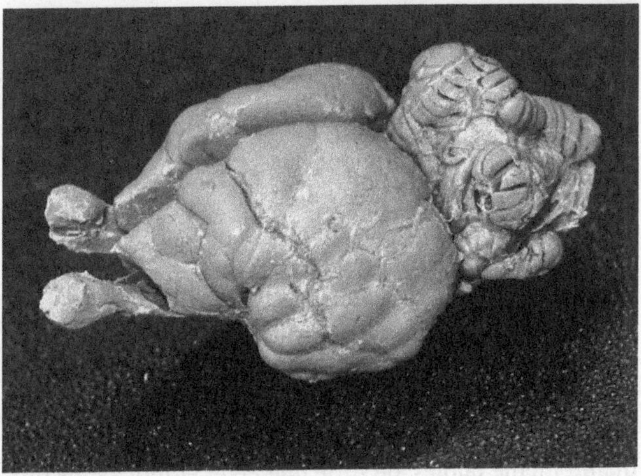

Le cerveau du thylacine. (Smithsonian Institution, spécimen USNM 125345). (Gregory Berns)

Nous avons suivi le protocole habituel et mis en place le cerveau pour une analyse structurelle.

Peter dit :

– Cela ne ressemble en rien à la cervelle d'un chien.

Les bulbes olfactifs étaient gros et projetés en dehors du cerveau. Je pouvais identifier quelques points de repère majeurs, tels que le thalamus et l'étrange cervelet. Mais il n'y avait pas de corps calleux. Tout ce que nous pouvions distinguer, c'était une mince tresse de fibres entre les deux hippocampes.

J'écrivis un courriel à Sleightholme qui me répondit que l'absence de corps calleux est une caractéristique du cerveau des marsupiaux. Seuls les mammifères placentaires en ont un. Au lieu de cela, les hémisphères du cerveau marsupial communiquent l'un avec l'autre par le biais d'un groupe de fibres appelé « commissure antérieure ». Celle-ci se trouve vers l'avant du cerveau, en dessous de ma structure préférée, le noyau caudé.

La façon dont les hémisphères du thylacine communiquaient était bien plus qu'une question théorique. Comme nous l'avons vu dans le cas du cerveau des dauphins, la disposition physique nous indique la manière dont l'information est transmise, ce qui nous renseigne sur la fonction. Pour aller plus loin, nous aurions besoin des données DTI.

Au bout d'une journée de travail, j'eus la certitude que nous avions réussi à trouver un compromis raisonnable entre la nécessité de numériser rapidement et celle d'appliquer un champ aussi fort que possible. Les signaux seraient quand même faibles, de sorte que Peter et moi avons programmé le scanner pour qu'il collecte douze répétitions de chaque image. Comme nous mesurions la diffusion dans deux directions différentes, cela représentait plus de six cents images au total. En raison de sa rareté, je n'osais pas laisser le spécimen sans surveillance, je le gardai donc toute la journée. À 21 heures, la séquence était terminée.

Les scans m'ont laissé perplexe pendant des mois. Personne n'avait jamais essayé de scanner un cerveau aussi vieux et nous étions certainement les premiers à essayer de créer une carte de la connectivité à partir des données DTI. Le cerveau du thylacine était trop différent de ce à quoi j'étais habitué. Était-ce parce qu'il s'agissait d'un thylacine ou parce que c'était un marsupial ? Je ne savais dire. J'avais besoin de l'aide de quelqu'un qui connaissait le cerveau des marsupiaux.

Personne, ou presque, n'a étudié de très près le cerveau des marsupiaux. Ken Ashwell, neuroanatomiste à l'université de New South Wales à Sydney, est une exception. Il a édité le manuel définitif sur le sujet[15]. Je lui écrivis donc pour lui demander s'il souhaitait collaborer au projet.

Ken était intrigué. Il poursuivait des approches IRM similaires auprès de monotrèmes, comme l'échidné et l'ornithorynque. Il accepta de jeter un coup d'œil aux scans et d'essayer d'y localiser les repères clés, en particulier les noyaux dans le thalamus.

Même pour cet expert mondial, ce n'était pas une tâche facile. Fort de ses connaissances en anatomie du cerveau marsupial, Ken devina l'emplacement de structures telles que le noyau genouillé médial – le point d'arrivée des informations auditives, qui était analogue à la structure que Peter et moi avions utilisée dans le cerveau du dauphin.

Pendant plusieurs mois, Ken et moi avons progressé. J'envoyais des images structurelles du thylacine, il localisait des noyaux thalamiques et, à l'aide de ces localisations, j'utilisais un traçage probabiliste des voies pour déterminer leur lien avec le cortex. C'était lent et je ne pouvais travailler que par intermittence. Et pour chaque nouveau résultat, nous devions poser une question fondamentale : était-ce spécifique au thylacine ou une caractéristique générale des cerveaux de marsupiaux, ou peut-être juste des marsupiaux carnivores ?

Quand j'ai commencé mes recherches sur le thylacine, Sleightholme m'avait appris qu'il y avait quatre cerveaux intacts dans le monde. Ceux de Berlin et d'Oxford étaient probablement trop endommagés pour que cela vaille la peine de s'en occuper. Le spécimen de la Smithsonian, bien que rétréci, était en bon état. Ne restait plus que le spécimen australien.

Les Australiens protègent les restes de thylacines comme la prunelle de leurs yeux. Des peaux censées avoir été celles de thylacines font parfois surface lors de ventes aux enchères, mais ce sont souvent des faux. La plupart des restes de thylacine authentiques sont encore en Australie[16] et les spécimens gardés par les musées n'ont aucune chance de quitter un jour le pays. C'est pour cette raison que je n'avais même pas envisagé, au départ, la possibilité de scanner le cerveau australien.

Mais Ken voyait les choses autrement. Il travaillait avec l'Australian Museum de Sydney, où il scannait certains des cerveaux de la collection de mammifères. Ken s'intéressait aux monotrèmes, mais, lors d'une de ses visites, il avait vu le cerveau de thylacine baignant dans un pot de formaldéhyde.

Dans un courriel, il m'écrivit : « Et il a l'air en bon état. »

Comme il était hors de question que le musée me laisse emprunter le cerveau, il était évident que je devrais aller à Sydney pour le scanner. Heureusement, l'université de Ken possédait une machine IRM de 9,4 teslas. C'était trois fois la puissance de la nôtre, à Atlanta. Un champ magnétique plus intense signifiait un signal plus puissant, ce qui nous permettrait de numériser en plus haute résolution.

Le musée était disposé à prêter le cerveau à Ken, mais dans des conditions strictes. Nous aurions aimé l'avoir pour nous pendant quelques jours car il faudrait un certain temps pour le préparer dans un récipient de fluide inerte et pour jouer avec les paramètres du scanner. Chaque cerveau était différent, surtout les plus anciens. Mais le musée ne laisserait le cerveau passer la nuit à l'université que si nous postions un garde. Le coût aurait été prohibitif. De plus, nous devions souscrire une assurance, ce qui n'était pas une mince affaire vu que sa valeur était inestimable. Ce serait comme mettre un prix sur la *Joconde*. Nous avons fait un compromis et avons accepté de ne garder le cerveau que pendant une journée. D'une manière ou d'une autre, il nous faudrait tout faire en huit heures.

Je devais donc aller en Australie. De là, il n'y avait qu'un pas jusqu'en Tasmanie.

CHAPITRE 10

LE TIGRE SOLITAIRE

Mon dernier emplacement connu avait dû être enregistré par la plus proche tour de téléphonie tasmanienne, à quinze kilomètres au sud-est, juste avant que je ne quitte la route principale pour m'enfoncer sur le chemin forestier. Après avoir conduit pendant une demi-heure sans croiser âme qui vive, je me trouvais devant une piste, deux traces de pneus en réalité, simplement désignées par le numéro 5, qui quittaient le chemin et disparaissaient dans la forêt. J'y manœuvrais prudemment la voiture de location, qui passait à peine sous les arbres couchés presque à l'horizontale. Ignorant tous les signaux par lesquels la forêt me signifiait qu'elle ne voulait pas de moi, je poursuivis encore pendant un kilomètre, jusqu'à ce qu'un portail me bloque le passage et m'interdise d'aller plus loin.

À partir de là, il fallait marcher. Je faillis rater l'entrée du sentier qui n'était guère plus qu'une dépression dans les fourrés. Un petit morceau de ruban adhésif noué à une branche était le seul signe que j'étais au bon endroit.

Je n'aurais pas dû faire ainsi de la randonnée tout seul. Mon sac à dos contenait une bouteille d'eau, deux barres de céréales et des instructions écrites sur la localisation du dernier thylacine connu. Mes bottes furent trempées dès la première centaine de mètres à l'intérieur de la forêt primaire. Il y a trente ans, je n'aurais pas hésité à faire une randonnée en solitaire sur un sentier en Tasmanie. Mais, à présent, je prenais conscience que c'était fondamentalement absurde – absurde de partir seul, car en dehors de cela, cette quête était parfaitement logique.

Comme Peter et moi l'avions constaté chez d'autres animaux, l'interprétation de la structure du cerveau supposait de connaître la niche écologique de l'animal et son comportement. Dans le cas des cerveaux de dauphins, nous nous étions appuyés sur une mine de connaissances concernant leur physiologie et leur environnement marin pour comprendre comment leurs voies auditives étaient responsables à la fois de l'ouïe conventionnelle et de l'écholocalisation. Avec le cerveau des otaries, nous nous étions appuyés sur les travaux de Frances Gulland concernant l'acide domoïque pour relier les dommages causés à l'hippocampe aux crises épileptiques et aux troubles de la mémoire.

Mais les thylacines avaient disparu et personne n'avait étudié leur comportement de leur vivant. Si je devais donner un sens à leur cerveau et déterminer ce que signifiait être un thylacine, je devais d'abord comprendre l'environnement dans lequel ils avaient vécu. Je devais en faire moi-même l'expérience.

On m'avait prévenu que la brousse était touffue, mais il est difficile d'apprécier à quel point tant que vous n'y êtes pas. Les Australiens utilisent le mot « brousse » pour décrire pratiquement tous les types de régions où la nature est encore vierge.

Sur le continent, le maquis est principalement désertique. Mais dans le sud-ouest de la Tasmanie, comme je devais vite m'en rendre compte, la brousse, c'est la forêt vierge, la jungle.

Je me faufilai sous un bosquet de palmiers pandani dont les feuilles dentelées s'accrochaient à mes vêtements, comme si la forêt essayait d'empêcher les intrus d'accéder à ses secrets. Je repoussai le feuillage, et l'eau de pluie de la nuit précédente me coula dans le cou. La piste, bien que visible, n'avait pas vu passer grand monde depuis un moment. La brousse avait vite tendance à reprendre ses droits.

Les palmiers ont cédé la place à une lande de hautes herbes. Les touffes de carex poussaient en monticules d'un peu moins d'un mètre, formant un paysage bosselé. Moins haute que les pandanis, l'herbe-en-bouton australienne n'entravait pas moins efficacement mon avancée. Cette herbe épineuse, tout droit sortie du Crétacé, prospère sur les sols détrempés comme celui du maquis tasmanien où je progressais à présent. À chacun de mes pas, je sentais la nature résister, et mes pieds s'enfonçaient d'un bon centimètre dans l'eau. Je ne m'en apercevrais que plus tard, mais des sangsues se frayaient également un chemin dans mes bottes.

Une semaine auparavant, j'avais scanné un autre cerveau de thylacine avec Ken Ashwell, à l'université de New South Wales, à Sydney. Le jour du scan, Ken m'avait récupéré à mon hôtel et nous étions allés au musée. Sandy Ingleby, la conservatrice de la division des mammifères, nous attendait dehors. Elle portait un carton de champagne.

Ken plaisanta : « C'est pas un peu tôt pour boire ? »

Sandy avait ri. « C'est la seule boîte que j'ai trouvée pour y mettre le spécimen. »

Dans la salle d'IRM, Sandy sortit soigneusement le cerveau de sa boîte à champagne. L'odeur d'alcool était forte.

« Qu'est-ce que c'est ? », demandai-je.

Personne ne le savait.

Sandy dit : « Ken, à toi l'honneur. »

Ken enfila des gants et ôta délicatement le cerveau de sa jarre. Il le déposa sur une balance. Il pesait trente grammes. « C'est deux fois plus que le spécimen de la Smithsonian, leur dis-je. Cela signifie qu'il n'a pas autant rétréci. Nous devrions avoir de meilleurs signaux. »

Le cerveau était loin d'être parfait. En notant le poids, je remarquai une grande entaille au sommet. Ce serait peut-être un problème. Il n'y avait aucun moyen de connaître sa profondeur avant de l'avoir scannée. De plus, les bulbes olfactifs avaient été sectionnés.

Nous ne pouvions pas plonger le cerveau dans un fluide inerte, faute de temps. Nous l'avons scellé dans un sac en plastique et chargé dans le scanner. L'aimant de 9,4 teslas était considérablement plus petit que celui de 3 teslas que Peter et moi utilisions chez nous. Un champ aussi élevé était difficile à générer de manière uniforme dans un aimant de taille humaine. Il avait donc un diamètre d'environ trente centimètres, soit la moitié de celui d'un appareil IRM conçu pour l'homme. Mais c'était assez grand pour les cerveaux de rats et de singes. Et de thylacines.

Les analyses initiales semblaient prometteuses. Les images présentaient un bon contraste, ce qui signifiait que la matière grise et blanche ne s'était pas dégradée en une bouillie indifférenciée. Les champs magnétiques plus forts signifiaient que nous pouvions scanner avec une résolution plus fine. Nous l'avons réglée à 200 microns – un cinquième de millimètre. Avec cette résolution, nous pourrions voir des choses à peine visibles à l'œil nu. Ce serait comme mettre le cerveau sous un microscope, sauf que nous n'aurions pas à le découper et que nous ne serions pas limités à des images en deux dimensions. Le scan prendrait trois heures. Les images de diffusion en prendraient trois autres.

Comme le cerveau était en sécurité dans l'aimant, Sandy retourna au musée, non sans nous ordonner de ne pas le laisser sans surveillance.

Les habitudes alimentaires du thylacine étaient en grande partie inconnues. Comme tous les marsupiaux, ils étaient nocturnes et peu de gens les avaient déjà vus chasser. En tant que superprédateurs de Tasmanie, ils se nourrissaient sûrement d'animaux plus petits qu'eux, comme les wallabys, les opossums et les pademelons. Qu'ils aient pu tuer des moutons restait douteux.

Certes, il est possible que le thylacine ait parfois attaqué des moutons. Physiquement, leur taille était comparable à celle des coyotes que les éleveurs de moutons connaissent bien, et qu'ils craignent. Aux États-Unis, 61 712 moutons et agneaux ont été tués par des prédateurs en 2014, et les coyotes furent responsables de 54 % de ces morts[1]. Mais la structure de la jambe du thylacine était différente de celle des coyotes et, par conséquent, sa stratégie de chasse devait aussi être différente. L'analyse des coudes des thylacines a montré qu'ils n'avaient pas de structure biomécanique adaptée à la poursuite[2]. Ils ne couraient pas vite. Ils devaient donc manœuvrer pour tendre des embuscades à leurs proies. Les conclusions sont similaires quand on observe leurs dents[3]. De leur forme, en particulier celle des canines, on déduit la manière dont un carnivore tue sa proie. Les chiens ont des canines plus profondes que larges. Avec cette section transversale ovale, leurs dents sont bien adaptées pour déchirer et découper. Les chats ont des dents de section ronde, ce qui les rend plus aptes à tuer par perforation et par écrasement. En coupe transversale, les thylacines avaient des canines ovoïdes, entre celles des chats et celles des canidés, semblables à celles des renards et des hyènes.

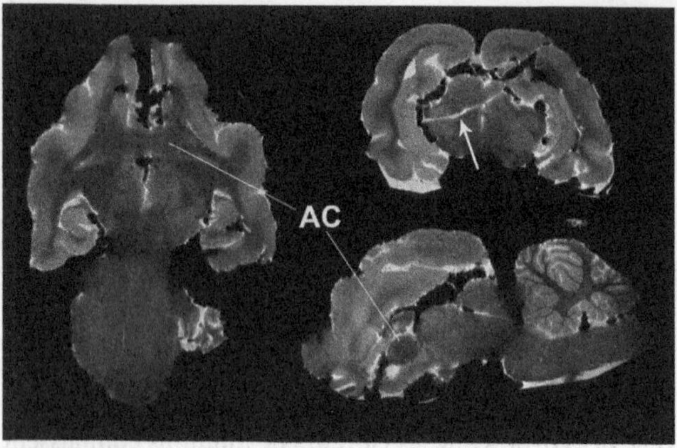

Trois vues du thylacine de Sydney. Avec un champ de 9,4 teslas, les plus petits détails font 200 microns, mais une entaille pénétrait dans une bonne partie du cerveau (flèche). La commissure antérieure (AC) est le principal faisceau de fibres connectant les hémisphères gauche et droit. (Gregory Berns)

Le seul point d'accord entre le folklore et les reconstructions modernes était que les thylacines ne devaient pas être rapides. Les premiers colons et les hommes vivant dans la brousse les pensaient même un peu stupides, ce qui semble contradictoire avec leur réputation de tueurs de moutons. Mais, bien sûr, la lenteur n'est pas un signe de stupidité. J'espérais que le cerveau du thylacine ferait la lumière sur cette controverse.

À tout le moins, notre patience fut récompensée par de belles images de la structure du cerveau du thylacine. Comme le spécimen de Sydney était en meilleur état que celui de la Smithsonian et que nous avions numérisé à

9,4 teslas, la résolution était impressionnante. Je pouvais distinguer des zones de matière blanche que nous n'avions pas vues dans le spécimen de la Smithsonian. Mais la blessure que j'avais remarquée lorsque nous avons placé le spécimen dans le scanner était plus profonde que je ne m'y attendais. Une lame avait entaillé le cortex en diagonale jusqu'au thalamus gauche. Cela rendrait la reconstruction des voies dans la substance blanche difficile, car aucun des deux hémisphères n'était indemne.

Nous disposions néanmoins de deux des quatre cerveaux de thylacine connus, et nous étions bien mieux placés pour interpréter les résultats que nous ne l'étions avec le seul spécimen de la Smithsonian. Avec deux cerveaux, nous pouvions déterminer des points communs, ce qui nous permettrait de combler les brèches dues aux dommages subis par l'un ou l'autre. Mais, pour donner un sens aux voies de circulation dans la matière blanche, il nous fallait encore comparer le thylacine à une autre créature, de préférence un autre carnivore. J'avais anticipé cela avant de me rendre en Australie.

Il n'y a pas beaucoup de marsupiaux carnivores. La plupart sont classés dans l'ordre *Dasyuromorphia*, qui signifie « queue touffue ». Outre le thylacine, les dasyuromorphes incluent les quolls, les dunnarts, les numbats et le diable de Tasmanie. L'arbre généalogique reconstruit à partir de l'ADN mitochondrial suggère que les numbats, également connus sous le nom de fourmiliers marsupiaux, sont les plus proches parents des thylacines[4]. Mais les numbats sont de petits insectivores. Leur niche écologique est très différente de celle des thylacines, ce qui suggère que leur cerveau pourrait bien l'être aussi. Les dunnarts sont aussi des insectivores et ne font que la taille d'une souris. Les quolls (anciennement appelés « chats indigènes ») mangent des lézards, des oiseaux et d'autres petits mammifères. Ils sont plus proches d'un point de vue écologique mais même le plus grand d'entre eux, le « tigre quoll », ne pèse qu'un peu plus de trois kilos. Ne restait plus que le diable de Tasmanie.

Les diables n'ont pas bonne réputation. Ils se nourrissent principalement de charognes, ce qui les rend aussi repoussants que les vautours aux yeux de la plupart. Ils mangent tout, y compris les os, grâce à leurs mâchoires qui sont, relativement à leur poids, les plus puissantes de tous les mammifères terrestres. Ils font beaucoup de bruit et produisent un large éventail de cris qui peuvent être entendus toute la nuit. Et, comme ce sont des créatures essentiellement solitaires, ils ont tendance à se battre entre eux.

Cette agressivité ne leur vaut pas beaucoup de fans. Elle risque aussi de les faire disparaître.

Depuis la fin des années 1990, les diables meurent en masse d'une sorte de cancer qui leur pousse sur le visage. Ces tumeurs deviennent si grosses que l'animal finit par ne plus pouvoir manger et meurt de faim. C'est ce qu'on appelle la « maladie tumorale faciale du diable » (DFTD) et elle se propage lorsque ces animaux se battent entre eux. Bien qu'elle menace l'espèce tout entière, la maladie présente un grand intérêt car c'est l'un des rares cas connus de cancer transmissible. Contrairement au papillomavirus humain, associé au cancer du col de l'utérus, la DFTD n'est pas provoquée par un virus. Au lieu de cela, elle semble être causée par la transmission directe de cellules cancéreuses, en l'occurrence celles dérivées d'une cellule de Schwann, qui est un type de cellule entourant les neurones[5]. La DFTD est l'un des seuls quatre cas connus de cancers transmissibles directement. Les chiens, les palourdes et les hamsters dorés sont les hôtes des trois autres. Chez les chiens, le cancer se transmet sexuellement et s'appelle tumeur vénérienne transmissible canine (CTV), mais il n'est pas mortel comme le cancer du diable[6].

En 2008, la situation s'était tellement détériorée que de nombreux conservateurs pensaient que les diables de Tasmanie étaient sur le point de s'éteindre. Certaines régions de Tasmanie ont enregistré un déclin de 90 % de la population sauvage. Consciente de la gravité de la situation, l'Union internationale pour la conservation de la nature et des ressources naturelles (UICN) a déclaré le diable en danger cette année-là[7].

À ce stade, un groupe de scientifiques, de défenseurs de l'environnement et de responsables politiques décida de consacrer les ressources nécessaires à la sauvegarde de cet animal emblématique. La Société de conservation de Taronga, qui gère le zoo de Sydney, le département des Industries primaires, des Parcs, de l'Eau et de l'Environnement de Tasmanie et un groupe de spécialistes de la sélection pour la conservation appartenant à l'UICN élaborèrent un plan consistant à créer une population de diables en réserve. C'était une entreprise énorme avec une logistique complexe. L'idée était de créer une population reproductrice stable en captivité qui pourrait être relâchée si les populations sauvages disparaissaient. Des programmes similaires n'avaient été mis en place que pour quelques animaux, notamment le condor de Californie et le loup rouge de Caroline du Nord, avec un succès mitigé[8].

En cas d'extinction des diables sauvages, le groupe de travail estimait qu'une population captive de cinq cents diables reproducteurs serait nécessaire pour repeupler. Ces diables étaient hébergés dans un réseau de zoos et de parcs animaliers à travers l'Australie. Il y avait aussi quelques enclaves libres en Tasmanie qui constituaient des environnements gérés de manière moins intensive et où les diables pourraient mieux conserver leurs comportements naturels.

Carolyn Hogg, une généticienne et biologiste de la conservation à l'université de Sydney, dirigeait une grande partie du programme de sélection. Lorsque Peter et moi avions scanné le thylacine de la Smithsonian, j'avais écrit à Carolyn pour lui demander s'il serait possible d'obtenir le cerveau d'un diable de Tasmanie à des fins de comparaison[9].

C'était une question délicate. Les diables sont en voie de disparition et une certaine fierté nationale était en jeu. Depuis la disparition du thylacine, le diable était devenu la nouvelle mascotte de la Tasmanie. Quand j'avais demandé d'accéder à des restes, j'avais senti une certaine réticence de la part des autorités australiennes. Carolyn, cependant, comprit l'intérêt de cartographier le cerveau du diable de Tasmanie comme nous essayions de le faire avec le thylacine. Elle contourna la bureaucratie et trouva le moyen de m'envoyer le cerveau d'un diable récemment euthanasié. Le nombre de permis que nous dûmes obtenir fut impressionnant. L'US Fish and Wildlife Service, qui autorisa finalement l'importation de ce matériel, n'avait connaissance d'aucun précédent. Personne n'avait jamais introduit un cerveau de diable de Tasmanie aux États-Unis. Afin qu'il me parvienne intact, j'ai dû commander une livraison pour l'aéroport de Los Angeles. De là, les douanes l'ont acheminé par un vol intérieur jusqu'à Atlanta.

Le cerveau du diable est arrivé en octobre 2015 et nous l'avons immédiatement préparé pour la numérisation. Contrairement aux cerveaux de thylacines ou même de dauphins, le spécimen du diable de Tasmanie était relativement frais. Même s'il était petit, nous n'eûmes aucune difficulté à obtenir d'excellents signaux. Les images structurelles étaient magnifiques. Les images de diffusion semblaient tout aussi bonnes. Comme le thylacine, le diable n'avait pas de corps calleux. La commissure antérieure, cependant, est apparue comme une bande épaisse de fibres reliant les hémisphères. J'avais bon espoir que le cerveau du diable soit le support de comparaison nécessaire pour interpréter les données du thylacine.

Le diable et le thylacine sont tous deux des marsupiaux carnivores, mais le thylacine ne se nourrissait pas comme le diable. Selon certains écologues, cela devrait se voir sur leurs cerveaux. Une théorie suggère en effet que les animaux dont les stratégies d'alimentation sont complexes ont besoin d'un cerveau plus gros que ceux qui se contentent de stratégies simples. Ce serait certainement le cas des thylacines, du moins s'ils avaient été les tueurs de moutons que les broussards avaient décrits.

Mais où chercher ? On ne pouvait s'attendre à trouver une région du cerveau spécifiquement dédiée à la chasse. Nous pourrions peut-être, au lieu de cela, déterminer dans quelle mesure le cerveau était « frontal » : savoir quelle proportion se situait en avant des régions motrices. Si le cerveau marsupial et celui des mammifères placentaires étaient organisés de la même manière, cette région serait associée à des tâches cognitives telles que la planification, le contrôle des pulsions (comme nous l'avons vu avec les chiens) et le traitement social.

On en savait beaucoup plus sur l'organisation du cerveau des mammifères placentaires que sur celle des cerveaux marsupiaux. La divergence était surprenante, car on pensait que les marsupiaux, en particulier australiens, ressemblaient aux premiers mammifères d'il y a 150 millions d'années. L'organisation du cerveau des marsupiaux devait éclairer la façon dont celui des mammifères a évolué.

Au niveau le plus élémentaire, nous voulions savoir comment sont organisées les informations sensorielles et motrices. Chez les mammifères placentaires, les principales régions sensorielles et motrices sont séparées par un sillon et divisées en une structure modulaire et de multiples cartes représentant les parties du corps dans le cerveau. Les marsupiaux, plus anciens, avaient-ils des cerveaux plus simples ? Les premiers enregistrements électriques de cerveaux de marsupiaux avaient suggéré qu'ils n'ont pas de représentation séparée des informations motrices et sensorielles[10]. Des expériences récentes avaient cependant brossé un tableau plus nuancé. Leah Krubitzer, de l'université de Californie à Davis, a suggéré que les marsupiaux « primitifs », tels que l'opossum de Virginie et le kangourou rouge, ont des représentations motrices et sensorielles qui se chevauchent, tandis que les marsupiaux plus « avancés », comme le wombat, le pademelon et le diable, ont des représentations séparées.

Bien sûr, il est difficile de définir les termes « primitif » et « avancé ». Il vaut mieux examiner la sociabilité et les habitudes alimentaires de l'animal. En général, plus la stratégie de recherche de nourriture est souple, plus le cerveau doit être complexe.

Avec l'aide de la Smithsonian, de l'Australian Museum et du projet Save the Devil, nous avions accumulé des données sur quatre spécimens : deux thylacines et deux diables. Seul le cerveau du diable récemment euthanasié était en bon état. Tous les autres avaient subi une dégradation ou un traumatisme au cours du siècle précédent. Il s'agissait en réalité d'une reconstitution médicolégale à partir de pièces distinctes. Mais le fait d'en avoir deux de chaque espèce nous a beaucoup aidés. Nous pourrions enfin dire ce qui était commun à chacune et ce qui était différent.

Ken voulait que nous nous concentrions sur les liens entre le thalamus et le cortex. Le thalamus contient des dizaines de groupes de neurones différents appelés « noyaux », mais seuls les plus grands peuvent être identifiés sur des images IRM. Il pouvait certes deviner où ils se trouvaient, mais, comme ils étaient enfouis dans une structure plus grande, le traçage des voies de la substance blanche était incertain, en particulier à leur entrée dans le thalamus.

Pour confirmation, je me concentrai sur un ensemble de structures appelées « ganglions basaux ». On savait beaucoup de choses sur les noyaux gris centraux. En fait, nous en avions étudié un gros morceau dans le cadre du Projet chien, le noyau caudé. Les ganglions basaux étant gros et facilement identifiables, il était possible d'en retracer des sous-parties, même dans les étranges cerveaux de marsupiaux. C'était très important. La plupart des différences entre les cerveaux semblent concerner la taille et la structure du cortex. Les structures dites « sous-corticales », telles que les noyaux gris centraux et le thalamus, semblent relativement invariantes d'une espèce à l'autre.

L'idée était de voir comment les structures sous-corticales étaient connectées au cortex, ce qui nous donnerait une carte de haut niveau des cerveaux du diable et du thylacine. Ce qu'il y a de bien avec les noyaux gris centraux, c'est que, du moins chez les placentaires, certains sont associés à des fonctions motrices, tandis que d'autres sont plus sensoriels ou cognitifs. Chez les mammifères placentaires, comme les chiens et les humains, le devant de cette arche est relié à des parties du cortex frontal associées à des fonctions cognitives telles que la planification et le contrôle des pulsions. L'arrière du noyau caudé est quant à lui lié aux parties du cortex qui traitent les entrées sensorielles. En se déplaçant latéralement, on trouve une autre partie des noyaux gris centraux, le putamen, dont on sait qu'il est connecté aux systèmes moteurs.

Pour le thalamus, Ken localisa les noyaux de transmission d'informations visuelles et – comme avec le cerveau des dauphins – des informations auditives. Il localisa également les noyaux associés aux entrées tactiles et aux sorties motrices. Lorsque nous avons reconstruit toutes les voies du cortex et que nous les avons intégrées aux voies des noyaux gris centraux, une image cohérente est apparue.

À grands traits, les cartes du diable et les cartes du thylacine étaient semblables. La partie la plus postérieure du cortex était essentiellement sensorielle et correspondait aux régions visuelle et auditive. En allant vers l'avant, on trouvait une grande partie du cortex consacrée aux fonctions motrices. Cet arrangement – le moteur devant le sensoriel – semble commun aux cerveaux de tous les mammifères. On l'observe chez les rats, les chiens et les humains. Devant la région motrice, nous décelâmes ce qui était presque certainement une zone cognitive, puis la région la plus avancée, probablement une région gérant émotions et motivation[11].

Cependant, le thylacine semblait disposer de relativement plus de « substance » devant la région motrice. C'était l'indice que je cherchais. Chez tous les autres mammifères, les espèces qui vivent dans des environnements plus complexes ont un cortex préfrontal élargi. Une telle complexité est souvent observée chez les prédateurs, en particulier ceux pourvus de structures sociales élaborées. Les cerveaux d'otaries que Peter et moi avions étudiés avaient plus de cortex préfrontal que les phoques communs. Bien que les deux espèces mangent du poisson, les otaries ont une stratégie de recherche de nourriture plus élaborée et s'aventurent souvent plus profondément dans l'océan et plus loin des côtes.

En vertu de son cortex préfrontal plus grand, nous pouvions conclure que le thylacine avait une vie mentale plus complexe que son plus proche parent vivant, le diable de Tasmanie. Le thylacine avait-il assez de cortex préfrontal pour atteindre la conscience ? Comme nous ignorons la quantité de cerveau nécessaire à la conscience de soi, la question est difficile. Mais, compte tenu de la taille du cortex frontal et de ses connexions avec d'autres parties du cerveau, j'étais convaincu que le thylacine était une créature qui jouissait d'une vie mentale et émotive.

Les marsupiaux n'ont jamais eu la réputation qu'ils méritent. Considérés comme plus « anciens » que les mammifères placentaires, les marsupiaux sont souvent vus comme moins évolués et moins intelligents. Mais c'est idiot. Les marsupiaux ont une histoire évolutive aussi longue que tout autre mammifère, nous compris, et ils régnaient sur le continent australien jusque récemment, avec une diversité bien plus grande que celle que nous observons aujourd'hui. Il y avait même des marsupiaux géants. Le diprotodon était un wombat de la taille d'un hippopotame qui vécut jusqu'à il y a environ 40 000 ans. Comme les wombats d'aujourd'hui et le koala, ils étaient herbivores. Le roi des prédateurs fut certainement le « lion marsupial » (*Thylacoleo carnifex*), une sorte de thylacine géant. De la taille d'un lion ou d'un tigre des temps modernes, le lion marsupial était bien adapté à la chasse. Ses mâchoires massives dotées de grandes canines devaient infliger des blessures mortelles. On estime que la morsure du lion marsupial rapportée à son poids corporel fut la plus puissante de tous les mammifères ayant jamais existé[12].

Jusqu'à il y a environ 12 000 ans, la Tasmanie était reliée au continent. Quand les glaciers se sont retirés à la fin de la dernière glaciation, le niveau de la mer est monté et la Tasmanie est devenue une île. Les plantes et les animaux qui y vivaient alors n'avaient plus d'autre choix que de coexister dans l'isolement. Il y a environ 4 000 ans, tous les thylacines et leurs parents restés sur le continent avaient disparu, probablement en raison du changement climatique en cours et de la concurrence des Aborigènes et de leurs chiens. Il ne restait dès lors qu'une population d'environ quelques milliers de thylacines en Tasmanie.

À l'arrivée des Britanniques, il devait y avoir environ un millier d'Aborigènes en Tasmanie. Les intrus déclarèrent la guerre au thylacine, mais aussi aux autochtones. Les thylacines ne pouvaient pas se défendre, mais les Aborigènes, si. La Guerre noire, qui débuta au milieu des années 1820, est pratiquement inconnue en dehors de l'Australie[13]. Le résultat en fut finalement l'éradication de la population aborigène. Comme ce sont les mêmes colons qui exterminèrent la population de thylacines, les événements qui ont conduit à la Guerre noire mettent en lumière la disparition des tigres de Tasmanie.

La majorité des colons n'avaient même pas envie de vivre en Tasmanie. Ces condamnés et ces soldats ne s'intéressaient pas aux Aborigènes et la pénurie de femmes parmi les colons encourageait les pratiques d'enlèvement et de viol des filles et des femmes autochtones[14]. L'attitude des colons à l'égard des peuples indigènes témoigne de leur mentalité générale. Nouveaux arrivants sur un territoire difficile, ils étaient persuadés, comme beaucoup de Britanniques ailleurs dans le monde, que Dieu leur avait donné le droit de s'y installer.

Si le viol n'avait pas été aussi courant, une coexistence pacifique aurait été possible. Mais, comme on pouvait s'y attendre, les tribus autochtones se livrèrent à des représailles. La guerre devint inévitable.

Au tout début, de nombreux colons, en particulier ceux du port principal de Hobart, cherchèrent une issue humanitaire – la coexistence pacifique, ou peut-être la réinstallation des

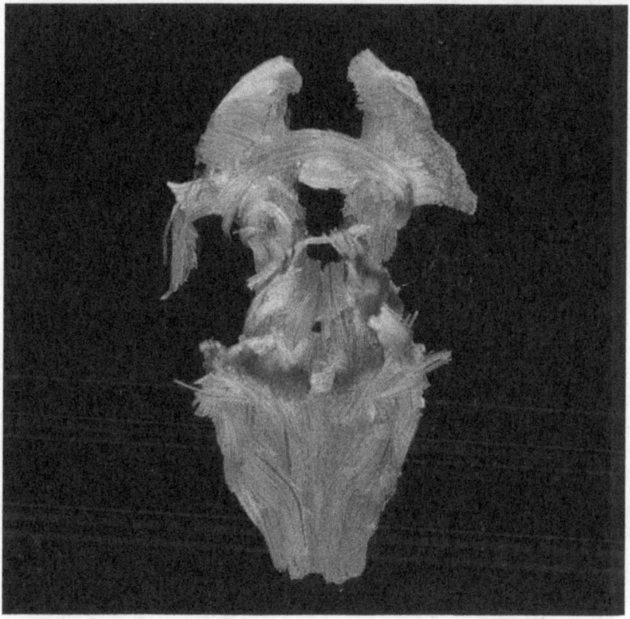

Cette reconstitution des fibres dans le cerveau du diable de Tasmanie montre des faisceaux montants de fibres. (Gregory Berns)

autochtones sur une autre île. Mais ceux installés plus loin dans les terres ne voyaient pas les choses ainsi. En mai 1828, la gazette *The Colonial Advocate* affirma que toute solution qui n'irait pas jusqu'à l'extermination totale des Aborigènes serait de la folie pure[15]. En 1830, des groupes itinérants fouillaient la campagne. Certaines de ces expéditions étaient composées de militaires et de policiers, tandis que d'autres étaient composées de condamnés qui chassaient les Noirs en échange de la promesse d'une réduction de peine.

L'historien Nicholas Clements de l'université de Tasmanie a parfaitement décrit le changement d'attitude envers les Aborigènes lorsqu'il écrit : « Le désintérêt envers les indigènes s'est transformé en méfiance dans les premières années de la guerre, puis en crainte et en haine...[16] »

Les Aborigènes ripostèrent. Comme ils ne disposaient pas des fusils des colons, ils eurent recours à deux autres tactiques : l'incendie et le massacre du bétail[17]. L'abattage du bétail est important parce que les autochtones n'emportaient jamais les carcasses. Les colons surveillant de près leurs chevaux, aussi les Aborigènes s'attaquèrent-ils aux moutons et aux vaches, qu'ils tuèrent par milliers au cours de la guerre[18].

C'est là que l'histoire met en lumière le destin du thylacine.

Les premières rumeurs selon lesquelles des moutons avaient été tués par des thylacines datent de 1824 – quand le conflit avec les autochtones s'aggravait. En particulier, on rapportait que les thylacines tuaient les moutons et buvaient leur sang tout en abandonnant les carcasses. Peu importe que le sang ait eu peu de valeur nutritive pour un carnivore superprédateur comme le thylacine, ou que les grands prédateurs dans son genre n'abandonnent pas leurs proies à l'appétit des autres animaux. Il fut communément admis que les thylacines étaient la principale cause des pertes de moutons.

La Van Diemen's Land Company, qui détenait les droits sur de vastes étendues de terres, y compris la totalité du nord-ouest de l'île, fut la plus touchée. Que les coupables aient été les thylacines, les Aborigènes ou des chiens sauvages, cela conduisit la compagnie à instaurer un système de primes en 1830. Cinq shillings étaient versés pour chaque thylacine mâle et sept pour les femelles[19], une somme qui représentait à l'époque une semaine de loyer dans une chambre simple dans le quartier de Soho à Londres[20]. En Tasmanie, cela valait encore plus. Les diables et les chiens sauvages rapportaient moitié moins que le thylacine.

Eric Guiler qui, avant sa mort en 2008, en savait plus que quiconque sur les thylacines, ne put jamais déterminer leur part de responsabilité dans les morts de moutons. Certains des hommes de brousse qu'il interrogea au cours de sa carrière juraient avoir vu un thylacine tuer plusieurs moutons en une nuit. D'autres jugeaient au contraire que les thylacines ne s'intéressaient pas aux moutons, qu'ils passaient au travers des troupeaux sans les déranger. Même à l'époque des primes, les employés de la Van Diemen's savaient que les chiens sauvages étaient probablement responsables d'une bonne partie des pertes. Ce qu'on observait était compatible avec le style de chasse des canidés, comme le coyote moderne. Néanmoins, les thylacines continuèrent à faire figure de principaux accusés. L'hypothèse des chiens est également soutenue par Clements. Importés par les Britanniques eux-mêmes, ils auraient été les principaux tueurs de moutons. Clements souligne que certains de ces chiens avaient également été adoptés par les autochtones pour la chasse ou comme animaux de compagnie. Dans un courrier électronique, Clements m'a écrit : « Pendant la guerre, il était dangereux d'allumer des feux, car c'était le principal moyen par lequel les colons repéraient les Aborigènes et les massacraient. Du coup, ils se blottissaient contre leurs chiens pour se réchauffer.[21] » On pense que les chiens les suivaient et tuèrent un grand nombre de moutons.

En 1832, la Guerre noire était finie, du moins à l'est de la Tasmanie. Les quelques tribus qui subsistaient dans la région, leurs effectifs réduits à moins de cent personnes, se rendirent et furent finalement déportées sur l'île Flinders. Mais le conflit se poursuivit jusqu'en 1842 dans le nord-ouest. Contrairement à la guerre autour de Hobart, celle dans le nord-ouest fut menée par des agriculteurs et des bergers. Mais les raisons étaient les mêmes : lorsque les colons, mâles dans leur écrasante majorité, enlevaient des femmes aborigènes, les tribus ripostaient.

Le mythe selon lequel les thylacines poursuivaient les moutons pour les faire tomber des falaises commença à circuler aussi à cette époque, et ce n'est peut-être pas un hasard. Le nord-ouest était une région très reculée, même à l'échelle de la Tasmanie. Son point le plus éloigné s'appelle encore aujourd'hui Cape Grim (« cap lugubre » en anglais). Les bergers coloniaux et les représentants de la compagnie Van Diemen's étaient motivés à l'extrême par le profit et ils opéraient sans trop de contraintes légales. Il est facile de comprendre comment rendre les Aborigènes et les thylacines responsables des pertes de bétail conduisit finalement à leur extermination.

Les liens profonds entre le passé colonial de la Tasmanie et le destin des autochtones et des thylacines étaient pour moi très significatifs. Mais cela ne disait rien du comportement des thylacines, mis à part qu'ils ne furent jamais les tueurs de moutons qu'on disait. Personne en vie n'avait vu un vrai thylacine. Sauf peut-être Col Bailey, dernier chasseur de thylacines, authentiquement convaincu qu'ils existent toujours encore aujourd'hui.

Col a écrit en 1995 le récit célèbre d'une rencontre avec un thylacine dans le sud-ouest lointain de la Tasmanie, la

Weld Valley, près de la rivière Snake[22]. Même en 2016, cette région était l'une des plus difficiles à atteindre de l'île. Si le thylacine avait survécu, c'était probablement là, dans ce coin relativement épargné, qu'on avait des chances de le trouver.

Je rencontrai Col chez lui, à environ une heure de Hobart.

Col et son épouse, Lexia, avaient vécu dans les régions sauvages du sud-ouest, où Col pouvait assouvir sa passion pour la recherche du thylacine. Désormais septuagénaires, Col et Lexia s'étaient rabattus sur une maison en ville, petite mais disposant de plus de confort que n'en pouvait offrir la brousse. Col avait transformé son salon en un bureau rempli de souvenirs du thylacine.

Il ouvrit l'un de ses innombrables cahiers et me montra l'image d'une patte.

« Ceci est le pied d'un thylacine. J'ai pris cette photo chez le gars qui l'a tué en 1990. »

Je ne savais pas trop quoi penser. Cela ressemblait à une patte de chien. Mais je ne savais pas différencier les pattes des canidés de celles des marsupiaux carnivores.

Mon scepticisme devait se voir, parce que Col sortit une image similaire d'une patte photographiée par Stephen Sleightholme. C'était un spécimen conservé au musée de l'université d'Oxford.

« Vous voyez ? déclara Col. Identique.

– Où a été tué le thylacine ?

– Près d'Adamsfield. »

À la fin du XIXe et au début du XXe siècle, Adamsfield était une ville minière. Les prospecteurs y cherchaient de l'osmiridium, un alliage d'osmium et d'iridium beaucoup plus rare et plus précieux que l'or. Adamsfield fut abandonnée après la Seconde Guerre mondiale, et la brousse a depuis longtemps reconquis la région.

Adamsfield était également le lieu où Elias Churchill avait capturé Benjamin en 1933.

« Si vous voulez voir le pays des tigres, dit Col, allez à Adamsfield. »

C'était pour ça que j'étais venu. Je ne m'attendais pas à découvrir des thylacines, mais je voulais savoir où ils avaient vécu. J'avais besoin d'un cadre de référence pour comprendre leur habitat et la manière dont leur cerveau avait évolué en lien avec une niche écologique particulière.

« Qu'en pensez-vous ? demanda Col.

– De quoi ?

– Ils sont toujours là-bas, d'après vous ?

– Je ne sais pas, ai-je dit. Il y a peu de chances. »

Col haussa les épaules. Il avait déjà entendu ça. Le scepticisme des scientifiques. J'ai ajouté :

« Vous ne pensez pas qu'avec tous les progrès technologiques, quelqu'un aurait fini par en prendre un en photo ?

– Les thylacines sont timides, répondit Col. Ils ont un odorat incroyable et ils restent à l'écart de tout ce qui a une odeur d'humain. »

J'étais encore sceptique. En me rendant chez Col, j'avais vu beaucoup de wallabys écrasés sur la route. Il n'y avait pas de pénurie de proies pour le thylacine, je ne pouvais donc qu'en conclure qu'il n'était plus là. Du moins plus dans la région.

« Supposons, dis-je, que vous trouviez la preuve qu'ils existent toujours. Que feriez-vous ?

– Ah, vous avez mis dans le mille. Je suppose que je le garderais pour moi. Peut-être prendrais-je quelques poils pour les envoyer à Mike Archer, qu'il le clone. »

Je sentis qu'il n'y avait rien d'inhabituel dans l'attitude de Col. La méfiance à l'égard du gouvernement était courante dans cette partie du pays et la plupart des gens pensaient que les autorités ne feraient que tout gâcher.

J'avais au moins appris que l'endroit où je devais me rendre était Adamsfield. Y parvenir était une autre affaire. Comme il n'y avait aucune route dans cette région sauvage, Col ne pouvait pas me donner d'indications précises. Mais le lendemain, sur un coup de tête, je pris contact avec les rangers du Parc national de Mount Field.

Mount Field est une porte d'entrée vers la zone de nature sauvage de Tasmanie, classée parmi les dernières grandes régions sauvages de la planète avec le Serengeti en Afrique ou le Parc national de Redwood en Californie, et inscrite sur la liste du patrimoine mondial de l'UNESCO. Les plantes et les animaux de la zone patrimoniale sont absolument uniques et méritent d'être protégés. La plupart des amateurs de thylacines pensent que s'ils survivent aujourd'hui, c'est là.

J'ai discuté avec une ranger au centre d'accueil.

« Alors, comment puis-je me rendre à la cabane de Churchill ? »

La garde forestière ne semblait pas du tout surprise par la question, même si elle me scruta du regard un moment. Elle dut probablement conclure que j'étais de taille à faire le voyage parce qu'elle m'imprima les instructions[23].

Elle me dit :

« J'étais là-bas il y a quelques mois. J'ai mis du ruban adhésif à l'entrée de la piste, mais je ne sais pas s'il y est toujours. »

Je la remerciai et signai le journal de bord.

Un autre garde forestier apparut au même moment.

« Nous ne vérifions pas le journal de bord à moins que quelqu'un ne signale ta disparition.

– Mais je suis ici tout seul. Si je disparais, personne ne le saura.

– Y'a quelqu'un à qui tu peux dire où tu vas ?

– Je te le dis à toi. »

Ils semblaient un peu mal à l'aise, mais convinrent que je pourrais me signaler auprès d'eux à mon retour. Si je ne revenais pas avant la fin de la journée, ils viendraient me chercher.

De la piste forestière jusqu'à la mystérieuse route « n° 5 », les instructions de la ranger étaient parfaites. À en juger par l'état du sentier, elle avait peut-être été la dernière personne à le parcourir. Il avait plu la nuit précédente et chaque pas s'accompagnait d'un chuintement humide de la boue. La brousse était dense et s'accrochait à mes vêtements. S'il y avait des thylacines dans le coin, ils pouvaient surveiller sans problème mon passage du bord de la piste sans que je les remarque.

L'herbe-en-bouton australienne poussait en monticules qui m'arrivaient désormais à la poitrine. Les rayures d'un thylacine se seraient parfaitement fondues parmi les feuilles épineuses et les ombres droites qu'elles projetaient. Le sol meuble aurait étouffé le bruit de ses pas et j'imaginais les créatures se déplaçant silencieusement à travers la brousse. Ils se seraient déplacés avec détermination, flairant leurs proies à l'aide de leurs gros bulbes olfactifs. Il devait effectivement être difficile de chasser à vue dans la brousse. Les thylacines auraient pu se placer stratégiquement sous le vent de leur proie et se seraient jetés dessus quand elles auraient été assez près.

Tandis que je marchais vers la cabane de Churchill, j'imaginais ce que c'était d'être un thylacine.

C'était solitaire.

Le cortex préfrontal du thylacine était suffisamment grand pour soutenir des opérations cognitives complexes, peut-être même assez pour lui accorder la conscience de soi. Mais ce n'est pas parce que le thylacine était solitaire qu'il était esseulé. Un mâle comme Benjamin n'aurait pas souffert de sa solitude. Les femelles avaient dû maintenir un lien maternel avec leurs jeunes, mais probablement de courte durée. Dès qu'ils en étaient capables, les petits devaient quitter la tanière pour se débrouiller seuls. Il est difficile de dire s'ils se seraient reconnus en se rencontrant des années plus tard.

Par rapport aux autres carnivores que nous avions étudiés – dauphins, otaries et chiens – les thylacines ne devaient pas faire dans le sentiment. Dépourvus de sociabilité par évolution, ils n'auraient pas fait de bons animaux de compagnie. Leur disposition stoïque leur a valu la réputation d'être lents et faibles d'esprit. En réalité, le thylacine était plutôt asocial et timide. Mais pas bête. Il n'y a pas de carnivores stupides. Comme tous les autres prédateurs étudiés, le thylacine avait un cerveau et un esprit qui lui permettaient d'être plus malin que les animaux qu'il chassait.

J'atteignis rapidement un point où la piste était coupée par un ruisseau assez large et rapide, gonflée par les pluies récentes. Je pouvais à peine distinguer une structure rudimentaire sur l'autre rive, la cabane de Churchill. Mes bottes étaient déjà gorgées d'eau et remplies de sangsues, mais, vu que j'étais seul, j'ai préféré ne pas risquer la traversée.

Un thylacine, lui, n'en aurait pas été dissuadé.

Moi, en revanche, j'étais encore une créature sociale et ma famille attendait mon retour.

CHAPITRE 11

LE LABO CANIN

Depuis que nous avions lancé le Projet chien en 2011, trois principes avaient guidé nos recherches. Tous trois allaient bien au-delà de ce qui était exigé des chercheurs travaillant sur des animaux.

Premièrement, nous nous interdisions de faire quoi que ce soit qui puisse nuire aux chiens. Cela impliquait de n'utiliser que du renforcement positif pour les entraîner. Cela signifiait également que nous nous interdisions de leur causer quelque douleur que ce soit. Cela peut sembler évident, mais des vétérinaires m'ont posé plusieurs fois des questions sur la possibilité d'utiliser l'IRMf pour étudier la douleur chez le chien. La gestion de la douleur est un problème important pour les soins vétérinaires, mais je ne voyais aucun moyen éthique d'infliger des douleurs aux chiens soumis à une IRM, même si les connaissances acquises pouvaient aider d'autres animaux.

Deuxièmement, nous nous interdisions à la fois la contrainte physique et la sédation. C'était en partie pour des raisons scientifiques. Après tout, vous n'apprendrez pas grand-chose du cerveau d'un animal s'il est inconscient, et obliger les animaux à participer à nos expériences en les attachant ne ferait que leur causer de l'anxiété. Mais la raison principale était éthique. Nous ne forcerions jamais des êtres humains à participer à de telles recherches : alors pourquoi serait-il acceptable de forcer des animaux ?

Cette question nous conduisit au troisième principe, le plus iconoclaste. Nous avons donné aux chiens leur droit à l'autodétermination. Nous leur avons fourni des marches leur permettant de grimper ou de descendre du scanner à volonté au lieu de les attacher sur la table du patient. Surtout, nous les avons traités comme des êtres pensants, dotés de leurs propres envies et dégoûts.

En vertu de ces trois principes, les chiens jouissaient du même privilège fondamental que les humains qui participent à la recherche scientifique : le droit de refuser.

Ces principes, en particulier le droit au refus, me donnèrent l'impression de commettre un péché culturel et scientifique. C'était une hérésie de permettre à un animal de choisir de se soumettre ou non à un examen humain. Cela allait à l'encontre de toutes les pratiques habituelles de la recherche sur les animaux en laboratoire, sans même parler de l'élevage industriel.

Mais, et j'ai honte de l'avouer, je ne me suis pas toujours comporté de la sorte.

En 1990, alors que j'étais en faculté de médecine, les apprentis médecins devaient affronter deux grands rites de passage : l'anatomie générale et le laboratoire canin.

Pour la plupart de mes camarades de classe, l'anatomie générale était la conclusion du programme préclinique. Alors que la première année d'école de médecine était consacrée à l'apprentissage des fonctions corporelles normales, la deuxième nous initiait aux effets de la maladie.

L'anatomie générale faisait le lien entre la santé et la pathologie. Pour beaucoup, c'était la première fois qu'ils voyaient un cadavre et les plus sensibles voyaient approcher le jour de la dissection avec beaucoup d'appréhension.

Cependant, la faculté pratiquait ces méthodes depuis des décennies et savait que la clé, pour apprendre l'anatomie, était de prendre du recul et d'oublier cette évidence : le spécimen sur la table était, il n'y a pas si longtemps, un être humain. La tâche était facilitée du fait que la partie la plus humaine, la tête, était conservée pour la fin. Nous passions la majeure partie du semestre à disséquer tout ce qui se trouve en dessous du cou, et ce n'était qu'à la fin que nous avions le droit de déballer la tête et d'apprendre les secrets de tout ce qu'elle contenait.

Certains de mes camarades ont eu du mal à disséquer un être humain. Pas moi. J'ai été séduit par la beauté du corps. Même dans la mort, la perfection de cette machine est incomparable. Et ceux qui étaient devenus les véhicules de notre éducation l'avaient fait de leur propre chef. Nous ignorions ce qui avait motivé une personne à donner son corps à la science. Le désir de rendre sa mort utile ? Un dernier acte honorable ? En tout cas, l'expérience était déterminante pour beaucoup d'étudiants. J'en suis sorti avec une conscience nouvelle de la complexité du corps humain et la confiance nécessaire pour y plonger un scalpel, compétence bientôt mise à profit lors de ma formation chirurgicale.

L'anatomie générale donnait de la valeur à la mort. Elle en faisait une expérience profonde. Le laboratoire canin faisait tout le contraire.

Le laboratoire canin était censé démontrer les effets de divers médicaments sur la fonction cardiovasculaire. Tout dans le laboratoire tournait autour de la loi de Frank-Starling, selon laquelle plus il y a de sang qui retourne au cœur, plus il pompe fort. Pour la première fois, nous pouvions administrer de vrais médicaments à des créatures vivantes et voir comment leur fréquence cardiaque et leur pression artérielle étaient modifiées. Nous acceptâmes la justification implicite de ces pratiques, à savoir qu'il fallait bien que les médecins s'entraînent sur des animaux avant de passer aux humains.

Bien que j'aie passé tout un semestre avec mon cadavre en anatomie générale, je ne me souviens d'aucun détail de son corps. Certains groupes avaient nommé le leur. Pas le mien. Je ne me rappelle même pas si c'était un homme ou une femme. Mais mon séjour au laboratoire canin, qui ne dura qu'une matinée, est resté gravé au fer rouge dans ma mémoire. Le souvenir de ce que j'y ai fait revient régulièrement me hanter.

Il y avait cent vingt étudiants dans ma classe et nous avions été répartis en groupes de quatre. Nous sommes entrés dans le laboratoire de physiologie vêtus de nos impeccables blouses blanches d'étudiants en médecine. Sur chacune des trente tables en acier inoxydable, un chien était étendu sur le dos. Pour maintenir les animaux en position, leurs pattes avaient été attachées, chacune fixée à un coin de la table. Les chiens étaient déjà anesthésiés. Celui de mon groupe était une femelle à la fourrure courte et raide, avec des taches blanches, noires et marron.

Le professeur nous demanda de contrôler périodiquement la profondeur de l'anesthésie en pinçant doucement la peau entre les orteils. Si le chien n'essayait pas d'éloigner la patte, l'anesthésie était jugée adéquate. La nervosité me glaçait le sang. Quand je caressai la patte du chien, ma main recula par réflexe à cause de la chaleur que je ressentis.

Le protocole de laboratoire nous obligeait à injecter une série de médicaments. L'épinéphrine (adrénaline) augmentait la fréquence cardiaque et la tension artérielle des chiens, tandis que l'acétylcholine avait l'effet opposé. Après avoir mesuré les effets de plusieurs médicaments, les assistants chirurgicaux du professeur ouvraient la poitrine du chien pour que nous puissions voir le cœur battre et les poumons gonfler. Lorsque nous en avions terminé, la dernière étape du protocole consistait à injecter du chlorure de potassium directement dans le cœur, ce qui l'arrêterait.

Pendant des décennies, le potassium a été utilisé comme ingrédient fatal dans le cocktail de médicaments destiné aux exécutions. Le potassium arrête le cœur, mais ce n'est pas instantané. Il le fait en ralentissant le muscle cardiaque. Pire : cela ne fonctionne pas toujours tout de suite. Il faut laisser s'écouler dix minutes sans un battement pour s'assurer que tout s'est bien arrêté.

Lorsque nous en sommes arrivés à ce point, le professeur responsable du laboratoire canin s'est approché de notre table et nous a dit, sans aucune trace d'émotion : « Ça va plus vite de couper l'artère pulmonaire. »

Aucun de nous ne voulait rester debout à attendre que le potassium agisse, mais aucun de mes compagnons de laboratoire n'osait tuer ce pauvre chien. Le professeur n'allait pas le faire pour nous. Il croisa les bras pendant que nous nous décidions. C'était un rite de passage. Nous devions affronter la mort.

Alors, j'ai pris le couteau d'autopsie de la main du professeur, j'ai soulevé le cœur et j'ai coupé les vaisseaux derrière lui. Le sang chaud a rempli la cavité thoracique. Privé de sang à pomper, le cœur s'est calmé et s'est arrêté instantanément.

Le professeur acquiesça et se dirigea vers la table voisine.

Je n'ai jamais raconté cette histoire auparavant. C'est l'un de mes remords les plus profonds. J'aurais aimé être assez fort pour boycotter le laboratoire. Cette pensée m'avait traversé l'esprit, mais je justifiais ma participation par les raisons habituelles : les chiens venaient de la fourrière et seraient tués de toute façon, et les médecins devaient voir comment fonctionnaient de véritables systèmes vivants. Rétrospectivement, j'ai pris conscience que rien de tout cela n'était vrai. Les chiens n'auraient pas nécessairement été tués, et cet exercice de laboratoire n'avait fait que confirmer ce que nous avions appris en classe. Voir comment les médicaments fonctionnent sur un animal vivant n'apporte aucune connaissance supplémentaire.

Le laboratoire n'a pas fait de moi un meilleur médecin et il m'a diminué en tant qu'être humain. Les connaissances pratiques que nous étions censés acquérir aux dépens des chiens, je les ai apprises bien plus sûrement et directement plus tard, en traitant des humains en milieu clinique. Je pense maintenant qu'en essayant de comprendre ce que les chiens pensent et ressentent, j'ai essayé de me racheter. Si je pouvais prouver que leurs expériences subjectives sont similaires aux nôtres, alors les pratiques universitaires inutiles telles que le laboratoire canin deviendraient injustifiables. La dernière école de médecine des États-Unis à utiliser des animaux vivants pour les formations a finalement arrêté cette pratique en 2016[1]. Ce renoncement ne doit rien au Projet chien. C'est plutôt la pression croissante exercée par le mouvement pour le bien-être animal, des organisations telles que People for the Ethical Treatment of Animals (PETA) et les sociétés antivivisection, ainsi que le changement d'attitude global dans la société qui ont poussé les écoles de médecine à abandonner l'usage d'animaux vivants. Les simulations sur ordinateur ont également atteint un niveau de réalisme qui rend difficile la justification de la mise à mort d'animaux.

On attribue au philosophe britannique Jeremy Bentham la fondation du mouvement moderne de protection des animaux. Bentham écrivait en 1780 : « Le jour arrivera peut-être où le reste de la création animale acquerra les droits que seule une main tyrannique a pu leur retirer... La question n'est pas : peuvent-ils *raisonner ?* Ni : peuvent-ils *parler ?* Mais : peuvent-ils *souffrir ?*[2] » Bentham était un utilitariste. En tant que tel, il se préoccupait d'étudier objectivement les résultats de toute action. Des actions qui augmentent le bien-être et le bonheur, ou qui diminuent la douleur et la souffrance sont souhaitables. Cette philosophie a conduit au principe du plus grand bien pour le plus grand nombre.

Même si Bentham eut le mérite de reconnaître que les animaux pouvaient souffrir, le calcul utilitariste brutal subordonne toujours les intérêts des animaux à ceux de l'être humain, parce qu'on suppose généralement qu'une vie humaine vaut plus qu'une vie animale. C'est pourquoi la plupart des gens admettent implicitement qu'il est acceptable de tuer des animaux pour les manger, pour s'habiller ou pour faire progresser la science médicale. En vertu du principe utilitariste, de telles actions sont non seulement justifiables, mais souhaitables. Bien que la loi contre la cruauté envers les animaux ait été adoptée au Royaume-Uni en 1849, ce n'est qu'en 1966 qu'une loi fédérale réglementant la souffrance des animaux a été adoptée aux États-Unis – l'Animal Welfare Act, ou AWA.

À l'origine, l'AWA était destiné à empêcher le vol d'animaux de compagnie pour la vente à des laboratoires de recherche et à réglementer le traitement des chiens, chats et autres dans la recherche[3]. La loi a été modifiée à plusieurs reprises depuis, afin d'interdire des activités telles que les combats d'animaux et d'élargir la liste des pratiques considérées comme cruelles. Néanmoins, l'AWA était à l'origine principalement axé sur la recherche animale et ne s'appliquait pas à tous. Il définit ainsi les animaux comme « tout chien vivant ou mort, chat, singe (mammifère primate non humain), cobaye, hamster, lapin ou tout autre animal à sang chaud dont le Secrétaire pourra déterminer qu'il était utilisé ou destiné à être utilisé à des fins de recherche, de test, d'expérimentation, d'exposition, ou comme animal de compagnie. » La loi exclut les oiseaux, les rats, les souris, les chevaux non utilisés à des fins de recherche et les autres animaux de ferme utilisés comme aliments ou sources de matière première[4].

La loi précise que les universités doivent créer un comité chargé de superviser la recherche sur les animaux. En théorie, ces comités institutionnels de protection et d'utilisation des animaux, ou IACUC, évaluent la pertinence des propositions de recherche. Mais l'AWA ne précise pas comment ces comités déterminent ce qui devrait être autorisé. Au lieu de cela, il adopte la position utilitariste. La recherche animale, par définition, profite au plus grand nombre. Le principal problème demeure alors la réduction de la souffrance.

Une métrique particulière a émergé, qu'on appelle les « trois R » : remplacement, réduction et raffinement[5]. « Remplacement » signifie que les scientifiques doivent chercher des solutions alternatives, qu'il s'agisse de systèmes non vivants, telles des simulations sur ordinateur ou, à défaut, d'animaux le moins « intelligents » possible. Puisque personne ne sait mesurer l'intelligence, un « ordre naturel » s'y est substitué. Les singes et les dauphins sont considérés comme plus conscients que les chiens, les chiens plus que les rats, les rats plus que les poissons, etc. L'échelle est hautement arbitraire. Les rats, par exemple, ont probablement autant de personnalité et d'intelligence que les chiens. La « réduction », de son côté, est un concept purement utilitariste : si vous devez utiliser des animaux, essayez d'en utiliser le moins possible. Cela signifie également que vous ne devez pas répéter inutilement des expériences, puisque cela causerait souffrances et morts inutiles. Le « raffinement », enfin, exige que les chercheurs perfectionnent leurs méthodes pour infliger le moins de douleur et de souffrance possible.

Il est à noter qu'une mesure similaire a été adoptée pour les animaux de la ferme. En Angleterre, le Farm Animal Welfare Council, fondé en 1979, a commencé à plaider en faveur de cinq libertés fondamentales pour les animaux : l'absence de soif et de faim, l'absence de mauvais traitements, l'absence de douleur, de blessure ou de maladie, la liberté d'exprimer un comportement normal et la protection contre la peur et la détresse. Même si les animaux de ferme doivent finalement être tués pour nourrir les humains, l'agriculture éthique reconnaît qu'ils ont des sentiments et que leurs gardiens humains ont le devoir de leur rendre la vie le plus agréable possible.

En apparence, ces principes semblent raisonnables et ils étaient révolutionnaires au moment de leur rédaction, mais leur impact a été limité. Même dans les années 1970, comme l'expliquait Peter Singer dans son livre *Animal Liberation*, les trois R étaient systématiquement ignorés[6]. Le problème fondamental est qu'il s'agissait de directives et non d'exigences. De plus, même face à des exigences, le calcul utilitariste des bénéfices humains pouvait toujours être invoqué pour justifier les expériences les plus horribles. Quant aux cinq libertés, elles semblaient être prises au sérieux en Europe, mais pas tellement aux États-Unis.

Singer a écrit que « la douleur est la douleur ». Cela peut sembler évident, mais ce n'est pas encore largement accepté chez les scientifiques du domaine biomédical. Une longue tradition qui remonte à René Descartes décrit les animaux comme des automates qui ne pensent pas et ne ressentent pas la douleur, ce qui continue de guider de nombreuses réflexions scientifiques. Même le principe moderne de « remplacement » implique que les « animaux inférieurs » souffrent moins et que les scientifiques doivent utiliser l'animal le plus simple possible pour atteindre leurs objectifs. Ce n'est qu'en 2012 qu'un groupe de scientifiques a rédigé la Déclaration de Cambridge sur la conscience, selon laquelle « les humains ne sont pas les seuls à posséder les substrats neurologiques qui génèrent la conscience[7] ».

Il n'y a pas d'interdiction de la douleur. En effet, le ministère de l'Agriculture des États-Unis (USDA) exige seulement que les instituts de recherche catégorisent le niveau de douleur. La catégorie C correspond à « sans douleur » et comprend l'euthanasie d'un animal anesthésié. La catégorie D concerne la douleur soulagée par des médicaments et la catégorie E, les douleurs non soulagées par des médicaments.

En 2015, l'USDA a rapporté que 767 622 animaux avaient été utilisés dans le cadre de la recherche[8]. Parmi eux, 61 101 étaient des chiens, dont 40 071 dans la catégorie C, 20 668 dans la catégorie D et 362 dans la catégorie E. Et les autres ? Des cochons d'Inde, hamsters, lapins, singes, chats, cochons, moutons et autres, non spécifiés dans les registres de l'USDA. Les cobayes et les hamsters ont été les plus durement touchés, représentant 80 % des animaux de la catégorie E. Étant donné que l'USDA décompose les données par État, il est facile de voir où l'expérimentation animale a lieu. Pour la catégorie E, le Missouri et le Michigan ont dominé le peloton avec les hamsters et les cobayes, tandis que le New Jersey avait l'indigne honneur d'être en tête chez les chiens. Toutes catégories de douleur confondues, le New Jersey représentait 13 % des animaux de recherche. Pourquoi ? Les grandes entreprises pharmaceutiques sont fortement concentrées dans le New Jersey.

Personne ne sait combien de rats et de souris sont utilisés, car aucun organisme fédéral ne les surveille. Les estimations vont de 25 millions à 100 millions par an[9]. C'est frappant, car la différence entre un hamster et un rat n'est pas si grande. Il n'y a aucune raison éthique justifiant qu'une espèce soit couverte par l'AWA et l'autre non.

C'est dans ce contexte que nous avons donné aux chiens le droit de ne pas participer aux recherches dans le scanner IRM. Rien dans l'AWA, les trois R ou les cinq libertés n'indique quoi que ce soit quant à l'autodétermination. Pourtant, l'autodétermination était à la base de la recherche médicale sur les humains. L'idée était directement issue des procès de Nuremberg. L'autodétermination est si importante que le premier principe du Code de Nuremberg est celui du consentement éclairé. Les gens doivent savoir à quoi ils consentent et ils doivent pouvoir y consentir volontairement.

Nous avons simplement appliqué le même principe aux chiens. Bien sûr, les chiens ne comprenaient pas l'objectif de l'IRM, mais nous leur avons quand même accordé le droit de refuser. Parfois, ils l'ont fait. En dépit de toute la préparation et de l'entraînement, confrontés au véritable scanner IRM, quelques chiens furent trop anxieux pour y entrer. Nous travaillions avec eux pour les persuader que le scanner était une grosse machine à gâteries, mais parfois rien ne les apaisait. À ce stade, les maîtres se rendaient généralement compte que leurs chiens n'étaient pas faits pour être des chiens IRM.

Que se passerait-il si le principe d'autodétermination était largement accordé aux chiens et aux autres animaux ? Certains diront que cela signifierait la fin de la recherche médicale, ou que nous deviendrions tous végétaliens. Après tout, quel rat accepterait de vivre dans une cage électrifiée pour se faire couper la tête à la fin de l'expérience ? Quel poulet voudrait vivre dans neuf cents centimètres carrés ?

Il n'est pas surprenant que la plupart des gens acceptent la nécessité de manger des animaux ou de les utiliser pour la recherche médicale. Certains y accordent à peine une pensée. D'autres, comme moi, luttent avec leurs choix. Les psychologues appellent cela la « dissonance cognitive ». Hal Herzog, chercheur en relations entre humains et animaux, a déclaré qu'il était impossible d'être cohérent dans notre traitement des animaux[10].

À une époque plus pastorale, les animaux vivaient dans des fermes. Ils étaient nourris et soignés, ils menaient une belle vie jusqu'à une mort rapide et sans douleur. Cela pouvait sembler un compromis raisonnable : nourrir vos gardiens à la fin, en échange d'une vie de soins. Il est désormais difficile de savoir dans quelle mesure les animaux d'élevage ont bien vécu, mais l'agriculture industrialisée moderne ne répond certainement à aucune attente raisonnable que les animaux pourraient concevoir. Le contre-argument, bien sûr, est ce refrain usé jusqu'à la corde : nous ne savons pas ce que c'est d'être un animal de ferme.

Mais je pense que nous le savons. L'imagerie cérébrale, à la fois en termes de structure et de fonction, montre suffisamment de similitudes pour qu'il soit raisonnable d'extrapoler un grand nombre d'expériences intérieures variées sur un large éventail d'animaux différents. Comme ils sont dotés d'architectures cérébrales similaires, associées à l'expérience de la joie, de la douleur et même des liens sociaux, nous pouvons supposer que les animaux vivent toutes ces choses de la même manière que nous, même s'ils n'ont pas les mots pour qualifier ces états subjectifs.

La question importante est maintenant de savoir si les animaux sont conscients de leurs souffrances. Si ce n'est pas le cas, on pourrait admettre de les manger. Mais s'ils le sont, eh bien, cela change un peu la donne. Un animal conscient de ses souffrances pourrait bien ressentir la peur existentielle associée à une mort imminente. Et la prise de conscience de la peur chez ses congénères ne pourra que la renforcer.

Nous ne disposons pas encore de suffisamment d'informations sur la base neurale de la conscience de soi pour répondre de manière définitive à la question, mais il existe suffisamment de preuves circonstancielles pour suggérer que de nombreux animaux sont conscients de leur état interne, ce qui signifie qu'ils sont *sentients* : les rats éprouvent du regret, certains chiens accordent autant de valeur aux félicitations de leur maître qu'à la nourriture, et les otaries peuvent opérer des raisonnements logiques de base. En deçà de la sentience, il y a la conscience et la conscience de soi. Bien que ce soit une mesure grossière, la taille du cerveau peut constituer un point de départ raisonnable pour évaluer la conscience. Les plus gros cerveaux sont plus modulaires, ce qui nécessite une coordination des flux d'informations entre les régions. Pour autant que nous le sachions, la conscience provient de ce flux d'informations. Les plus gros cerveaux sont donc susceptibles d'avoir des niveaux de conscience plus élevés. Étant donné que le cerveau d'une vache pèse à peu près le même poids que celui d'un chimpanzé et que la plupart des gens ne mangent pas de chimpanzé, nous ne devrions logiquement pas manger de vache. Mais personne ne sait quelle quantité de cerveau est nécessaire à la conscience.

Il se peut que les neurosciences ne soient pas nécessaires pour démontrer la conscience de soi. Une expérience très astucieuse menée en 2016 a montré que les souris sont suffisamment conscientes d'elles-mêmes pour se laisser berner par une illusion particulière, ce qu'on n'avait observé jusque-là que chez l'homme. La démonstration de l'illusion de la main en caoutchouc fut réalisée pour la première fois en 1998 par Matthew Botvinick et Jonathan Cohen, psychologues de l'université Carnegie Mellon[11]. On fait asseoir une personne, sa main gauche posée sur une table mais cachée à sa vue par un écran. On pose ensuite une main en caoutchouc devant lui, à la vue de tous. Pendant que le sujet regarde la main en caoutchouc, les chercheurs brossent simultanément la main réelle (cachée) et la main en caoutchouc. La plupart des sujets rapportent qu'ils ressentent une sensation de pincement à l'endroit où se trouve la main en caoutchouc et 80 % affirment qu'ils finissent par avoir l'impression que la main en caoutchouc est la leur. On pense que cela se produit parce que notre notion de soi dépend de l'intégration de multiples entrées sensorielles, notamment la vision et le toucher. Pour l'homme, ces deux sens sont essentiels pour définir la frontière entre le corps et l'environnement. Lorsque les signaux visuels et tactiles sont en conflit, comme dans le cas de l'illusion, le cerveau fait de son mieux pour donner un sens à l'information, y compris en étendant le sens de soi à la main en caoutchouc.

L'expérience menée en 2016 sur des souris portait sur la même illusion[12], mais au lieu d'une main en caoutchouc, elle utilisait une queue en caoutchouc construite à partir d'un fil de fer recouvert de poils synthétiques. Comme dans l'expérience humaine, les chercheurs ont simultanément brossé la vraie queue de la souris, qu'elle ne pouvait pas voir, ainsi que la fausse queue. Pour former les souris, des séances de vingt minutes étaient effectuées quotidiennement. Après un mois, les chercheurs testaient les souris en saisissant brièvement la fausse queue. De façon remarquable, les souris tournaient la tête vers la fausse queue comme s'il s'était agi de la leur, ce qui semble indiquer non seulement qu'elles possèdent le sentiment d'avoir un corps qui leur est propre, mais aussi qu'elles peuvent être amenées, comme les humains, à étendre le sens de cette propriété à une fausse queue. C'était une preuve indirecte mais importante de la conscience de soi.

Je ne suis pas naïf au point de croire que les neurosciences entraîneront une floraison de changements législatifs en faveur des animaux. Les sphères législative et judiciaire sont notoirement résistantes à la science, pas tant parce que les gens ne croient pas en la science – même si c'est le cas de beaucoup – mais parce que les lois reflètent généralement les intuitions morales de la société, pas les découvertes scientifiques. Les lois sont établies parce que, pour un nombre suffisant de gens, telle ou telle chose est juste ou non. Cela ne veut pas dire que la science n'est pas pertinente. La science peut influer indirectement sur les lois en modifiant les sentiments moraux des gens[13].

Lorsque j'écrivis en 2013 un éditorial dans le *New York Times* intitulé « Les chiens sont aussi des personnes », je voulais raconter l'histoire du Projet chien. Mais je spéculais également sur ce qu'impliquait la recherche dans le cerveau canin de preuves de processus émotionnels analogues à ceux qui se produisent en nous. Je suggérais qu'il serait bientôt temps de reconsidérer le fait de traiter les animaux comme une propriété. Je ne m'attendais pas à ce qui allait arriver un mois plus tard.

En ce mois de novembre, Shannon Travis et Trisha Murray comparaissaient devant la Cour suprême de New York, celle du juge Matthew Cooper[14]. Le couple était marié depuis moins d'un an quand elles avaient décidé de divorcer. Alors que Travis était en voyage d'affaires, Murray avait quitté leur appartement de New York. Elle avait emporté les meubles. Et elle avait aussi pris Joey, leur teckel.

Travis pensait que Joey lui appartenait parce que c'était elle qui l'avait acheté dans une animalerie. Murray était en désaccord, arguant que Joey lui appartenait. Elle jugeait, entre autres, que c'était dans l'intérêt du chien. Elle donna comme exemple le fait que Joey dormait près d'elle, de son côté du lit. En l'absence de précédent, le juge Cooper devait décider s'il était judicieux de tenir une audience pour déterminer le droit de garde d'un chien.

Décider du partage des biens était une chose, mais tenir compte des intérêts du chien était tout autre. Si le chien était une propriété, comme le dit la loi en vigueur, il ne pourrait pas plus faire valoir ses intérêts qu'un meuble. Cela reviendrait à dire qu'une chaise se souciait de la pièce dans laquelle on la plaçait.

Le juge Cooper rendit un avis remarquablement lisible, dans lequel il se débattait avec le concept de garde canine. En parcourant la jurisprudence, il avait trouvé des exemples de tribunaux qui avaient statué que les animaux de compagnie étaient des biens meubles, et d'autres cas dans lesquels ils étaient autre chose. En 1979, un tribunal municipal du Queens avait déclaré qu'« un animal de compagnie n'est pas simplement une chose, mais occupe une place particulière entre une personne et un bien personnel ». Et, en 2001, la Cour suprême du Wisconsin avait écrit : « La société a depuis longtemps dépassé la vision cartésienne intenable selon laquelle les animaux sont des automates insensibles et, par conséquent, de simples biens[15]. »

Dans le même ordre d'idées, le juge Cooper citait ma chronique du *New York Times*, mais ce n'était pas la science qui influença directement sa décision. Même si cela s'avérait possible, il ne pensait pas judicieux d'utiliser des machines IRM pour « mesurer le bonheur d'un chien ou ses sentiments envers une personne ». Pour Cooper, c'était le fait que mon article avait paru dans le *New York Times* qui comptait. Cela indiquait un intérêt pour nos travaux qui démontrait le sentiment croissant, au sein de la population, que les chiens (et d'autres animaux) étaient plus que de simples articles de propriété.

Le juge Cooper s'est prononcé en faveur d'une audience d'une journée pour déterminer les droits de garde et examiner le cas en fonction de ce qui conviendrait le mieux à tous les concernés, y compris Joey. Le couple n'est finalement pas revenu au tribunal. Elles ont conclu un accord qui donnait à Murray, celle qui avait emmené Joey et auprès de laquelle il dormait, la garde exclusive.

Amener les gens à reconsidérer leur façon d'envisager les chiens est facile. Dans tout le monde industrialisé, les gens dépensent pour leurs animaux de compagnie des sommes inimaginables depuis quelques décennies. Peu importe que les chiens et les chats servent de signes extérieurs de richesse ou d'enfants de substitution, il est clair que les normes culturelles ont changé. Tenant compte du fait que de nombreux chiens proviennent d'usines à chiots, certaines villes ont par exemple commencé à interdire la vente de chiots dans les animaleries. Des célébrités s'affichent avec des bâtards récupérés dans un chenil, au lieu du dernier chien de race à la mode.

Mais que signifient les neurosciences pour les autres animaux ?

Nos résultats ont montré, quel que soit le cerveau de l'animal que nous avons examiné, que s'il avait un cortex, l'animal était très probablement sentient et que son expérience subjective était comparable à la nôtre et n'en différait qu'en degré. Peu importe qu'il s'agisse d'une chauve-souris, d'un dauphin, d'une otarie ou d'un marsupial.

Les humains ont toujours pratiqué le favoritisme. C'est ce qui explique le racisme, le sexisme et le spécisme. Avec le temps, cependant, tous ces préjugés ont reculé. Les progrès en matière d'égalité humaine débordent aujourd'hui sur le monde animal. Bien sûr, il est logique que de telles concessions concernent d'abord les animaux de compagnie, mais la popularité croissante des sources de nourriture végétales suggère que le souci du bien-être animal s'étend désormais au-delà du foyer.

En 2013, les Instituts nationaux de la santé (NIH) ont cessé de financer les recherches utilisant des chimpanzés et ont commencé à mettre à la retraite, dans des sanctuaires réservés, les chimpanzés hébergés dans les installations nationales pour primates. En 2016, le Ringling Bros. and Barnum & Bailey Circus, en réponse au tollé général, accéléra le retrait progressif des éléphants du cirque. Sans les éléphants, le cirque ne put pas se maintenir et il ferma ses portes en mai 2017. SeaWorld a souffert des révélations dévastatrices du film *Blackfish* de 2013. Trois ans plus tard, après le déclin des ventes de billets, SeaWorld annonça qu'il cesserait de faire se reproduire des épaulards en captivité et réduirait leur utilisation dans les spectacles.

La mégafaune du monde – ses chimpanzés, ses éléphants, ses baleines et autres – a été la première à bénéficier de la reconnaissance croissante de la sensibilité des animaux. Bien que ce soit encore du spécisme, nous devrions considérer cela comme un développement positif. Ces grands animaux, ainsi que certains plus petits, comme le diable de Tasmanie, qui ont eu la chance d'être emblématiques, sont devenus les ambassadeurs du monde animal. Tous les efforts pour les aider aideront les innombrables autres espèces qui partagent leurs écosystèmes. L'histoire évolutive a montré que les mégafaunes ont disparu lorsque leurs écosystèmes se sont effondrés, que ce soit pour des raisons naturelles ou du fait de l'homme. Nous ne pouvons pas suivre une à une toutes les espèces de la planète, mais nous savons où vivent toutes les mégafaunes. Elles n'ont plus nulle part où se cacher. Leur seul avantage, c'est que nous savons ainsi exactement où notre aide est requise.

Inévitablement, les intérêts de ces animaux entrent en conflit avec les nôtres. Le dernier des trois rhinocéros blancs du Nord a vécu au Kenya au prix exorbitant d'une protection armée vingt-quatre heures sur vingt-quatre. Dans le même temps, les populations voisines luttaient pour survivre avec peine. Certains ont fait valoir que les ressources consacrées à ces animaux devraient servir à aider l'humanité, par exemple pour trouver un traitement curatif contre le sida. Sommes-nous arrivés au point où la vie d'un animal vaut plus que celle d'un humain ? Faut-il tenir compte du fait qu'un animal est le dernier de son espèce ?

Ce ne sont pas les bonnes façons de penser ces problèmes. Il est temps de dépasser Bentham et l'utilitarisme dont les considérations échouent parce que, en définitive, les domaines animal et humain sont tous deux des puits de souffrance sans fond. Peu importe la quantité de ressources que l'on consacre à l'un ou à l'autre, il restera toujours du travail. Et il est toujours possible de faire pencher la balance en faveur des gens, car ils ont plus de valeur aux yeux des humains. L'autre extrême, fondé sur l'éthique d'Emmanuel Kant, ne vaut pas mieux. Certains soutiennent que toutes les vies comptent et qu'il est mal de les placer sur une échelle de valeurs. Leur objectif est louable, mais pour résoudre les problèmes du monde, il n'est pas très opérant.

J'ai commencé à reconsidérer le rôle des défenseurs des animaux. Les animaux ne pourront jamais plaider eux-mêmes pour leur défense. Mais c'est également le cas des enfants et des handicapés mentaux. Or, quand des décisions doivent être prises concernant ces personnes, nous désignons souvent un tuteur.

Imaginez ce qui se passerait si les IACUC devaient intégrer un défenseur des animaux, dont le travail serait de défendre leurs intérêts ? Les IACUC doivent déjà compter au moins un membre de la communauté qui aura pour tâche de représenter ses intérêts en matière de « soins et de traitements appropriés aux animaux ». Un défenseur des animaux représenterait simplement l'animal lui-même.

Les défenseurs des animaux pourraient représenter la faune. Dans les cas où les habitats sont détruits par les activités humaines, un tel avocat plaiderait en faveur des animaux qui les occupent. De même pour le bétail. Aussi fou que cela puisse paraître, la décision du juge Cooper d'autoriser une audience pour déterminer la garde de Joey était fondée sur cette idée. Bien que Joey n'ait pas d'avocat, chaque partie était prête à se disputer en son nom.

Bien sûr, il n'y a pas encore de tribunal pour entendre les arguments avancés au nom des animaux. Parce que la plupart des juridictions les considèrent toujours comme des choses, les animaux n'ont pas de statut. Mais cela change petit à petit. La décision du juge Cooper en est un exemple, et le projet Non-Human Rights (« Droits des non-humains »), dirigé par l'avocat Steven Wise, plaide au nom des chimpanzés pour que les tribunaux les considèrent comme des personnes, ce qui leur conférerait un statut juridique. En 2016, l'Alaska est devenu le premier État des États-Unis à adopter une loi exigeant que le bien-être des animaux soit pris en compte dans les divorces et les séparations, comme pour Joey.

Les neurosciences ne nous diront pas exactement ce que nous devons faire, mais, avec d'autres technologies, elles changeront ce que nous savons des expériences subjectives internes des animaux. L'imagerie cérébrale est un outil qui ne peut que s'améliorer. La technologie IRM progresse et pousse la résolution à des niveaux toujours plus fins, de sorte que nous pourrons bientôt apercevoir des détails bien en dessous du millimètre, proches de l'échelle des neurones. La mise au point de supraconducteurs à température ambiante permettra bientôt à l'imagerie cérébrale de se passer de puissants aimants[16]. Nous pourrons analyser le cerveau des personnes pendant qu'elles se promèneront dans une pièce, puis nous pourrons faire la même chose avec les animaux dans un environnement plus naturel. L'optogénétique, qui peut activer et désactiver les neurones avec de la lumière, a déjà révolutionné notre compréhension de la façon dont des circuits spécifiques affectent le comportement, au moins chez la souris.

La science a un pouvoir énorme quant à la modification de nos intuitions morales. Les connaissances acquises sur le fonctionnement du cerveau ne peuvent que nous aider à prendre conscience de ce que c'est d'être un animal. Nous découvrirons qu'ils ont beaucoup en commun avec nous, humains, mais qu'il y a aussi des différences. Il existe déjà de nombreuses preuves que de nombreux animaux sont conscients de leurs sensations et de leur environnement. C'est la sentience. Nous ne savons pas encore à quel point ils sont conscients d'eux-mêmes, mais je pense que les neurosciences répondront bientôt à cette question. Avant cela, nous devrons décider quelle quantité de conscience – simple sensibilité ou conscience de soi – est requise pour pouvoir prétendre à un statut juridique. C'est à ce prix que nous pourrons défendre efficacement les animaux.

Il y a une dernière raison de se préoccuper de la façon dont nous traitons les animaux et de décider si tout ce qui compte, c'est la souffrance, ou s'il faut aussi tenir compte de la sentience. Nous autres, *Homo sapiens*, pourrions bientôt devenir un animal aux yeux de nos successeurs.

La sélection naturelle est en train de s'effacer pour l'espèce humaine. Nous sommes maintenant au début d'une nouvelle forme d'évolution, si on peut même l'appeler ainsi. Yuval Harari appelle cela l'ère du « dessein intelligent », mais il n'y a pas eu beaucoup de preuves d'intelligence dans ce que nous avons fait à notre génome ou à notre environnement[17]. Je l'appellerais plutôt « l'ère du bricolage ».

À l'ère du bricolage, la facilité avec laquelle nous manipulons le génome s'est accélérée à un rythme remarquable. Un génome humain a été complètement séquencé en 2003, après une décennie d'efforts et pour un coût de près de cinq milliards de dollars (en dollars de 2016). En 2016, le coût du séquençage de haute qualité du génome d'une seule personne est tombé à environ mille dollars[18].

La nouvelle technologie la plus redoutable est celle du complexe CRISPR-Cas9, décrite pour la première fois en 2012 comme un outil permettant l'édition de l'ADN dans les cellules vivantes. Cas9 est une protéine capable de dérouler et de couper une partie de l'ADN. Elle a été découverte pour la première fois dans une bactérie où elle servait de mécanisme de défense contre l'ADN viral parasite qui s'insère dans le génome de la bactérie. Mais Cas9 n'est pas limitée à l'ADN viral et peut recevoir n'importe quelle séquence d'ADN, la traquer et la détruire. Elle a été utilisée pour supprimer des mutations et, une fois cette réduction effectuée, les scientifiques ont pu insérer à la place le nouvel ADN de leur choix. Des méthodes plus primitives de modification de l'ADN ont déjà permis de créer divers types d'animaux hybrides. Du côté relativement inoffensif du spectre, les ingénieurs généticiens ont conçu des poissons et des chats qui brillent dans le noir grâce à un gène tiré d'une méduse fluorescente. Avec le complexe CRISPR, les choses se déplacent vers l'extrémité plus inquiétante du spectre, où des ingénieurs introduiraient des fragments d'ADN humain chez des porcs afin qu'ils produisent dans leurs corps des organes prêts pour la transplantation. Nous pourrions bientôt atteindre le point où il deviendra difficile de définir une espèce. Combien d'ADN humain faudrait-il pour produire un cochon qui ne soit plus un cochon ?

Étant donné que ces modifications agissent sur l'ADN qui constitue les cellules, un animal génétiquement modifié peut transmettre ces modifications à sa descendance. Jusqu'ici, les chercheurs ont pris soin de prendre des mesures pour que ces animaux ne se reproduisent pas, mais ce n'est qu'une question de temps avant qu'un accouplement accidentel ne se produise. Vous pouvez être sûrs d'une chose : nous surestimons notre capacité à contenir le développement d'une technologie.

Les chimères porc-humain ou même les futurs chiens dotés de gènes humains du langage ne m'inquiètent pas trop. Je m'inquiète de la fin d'*Homo sapiens*, qui est en train de se produire plus rapidement qu'on ne le pense. George Church, l'un des principaux défenseurs du génie génétique, a déclaré qu'il serait contraire à l'éthique de ne pas modifier l'ADN d'une personne atteinte de cancer. Il est difficile de s'opposer à cette affirmation. Mais une fois que nous marcherons sur ce chemin, la traque du « mauvais » ADN, seul un petit pas nous séparera de l'amélioration de l'ADN « normal ».

Les humains ont toujours eu envie de s'améliorer. Il est déraisonnable de s'attendre à ce que les interdictions de bricolage sur les embryons humains, comme celles que les NIH ont mises en place, soient efficaces. Ceux qui ont de l'argent le feront quand même, probablement dans un autre pays. La reproduction sexuée, avec tous ses mélanges hasardeux d'ADN, pourrait devenir obsolète, du moins pour ce qui est de faire des enfants. Et c'est à ce moment qu'une nouvelle espèce naîtra.

Appelez ça *Homo hominis*. L'Homme des hommes[19].

Les Néandertaliens ont coexisté pendant des dizaines de milliers d'années avec *Homo sapiens*, mais je ne m'attends pas à ce que nous restions aussi longtemps en compagnie d'*Homo hominis*. Peut-être que *H. hominis* traitera la planète mieux que nous. Mais *H. hominis* pourrait vite être aussi loin de nous que nous ne le sommes des chimpanzés. Nous rendrions service à l'avenir de notre espèce en réfléchissant à ce que cela signifie d'être sentient, et aux droits que cela confère. Plus tard, il ne sera peut-être plus temps de se demander si les *sapiens* méritent de coexister avec les *hominis* ou s'il faut les reléguer dans des zoos.

ÉPILOGUE

– L'Arche des cerveaux –

Bien sûr, nous ne nous sommes pas arrêtés au thylacine ou au diable de Tasmanie. L'imagerie par tenseur de diffusion (DTI) peut être utilisée sur le cerveau de n'importe quel animal et de plus en plus de cerveaux commencèrent à arriver au laboratoire. C'était en grande partie le résultat du réseautage de Peter, mais il devint vite évident qu'il existait une foule de cerveaux exotiques sur les étagères des chercheurs et dans les coffres des collections de musées. C'était une mine d'or potentielle pour reconstituer le puzzle de l'évolution du cerveau.

Le Centre des mammifères marins nous envoya des cerveaux d'espèces de pinnipèdes autres que les otaries. Nous disposâmes bientôt de données DTI sur les phoques communs et les éléphants de mer. Peter localisa même les cerveaux de deux lamantins en Floride. Bien que tous ces mammifères marins partagent la même morphologie corporelle de base, ils ne chassent ni ne se nourrissent de la même façon, et ont des vies sociales extrêmement différentes. Les phoques communs ont un registre vocal plus étendu que les otaries, le plus célèbre étant Hoover, un phoque sauvé et élevé dans le Maine dans les années 1970. Hoover est devenu célèbre par son cri : « Hé ! Hé ! Viens par ici, toi ! » lancé avec un accent bourru du Maine. Et, bien que les otaries ne disposent pas d'un grand choix de vocalisations, les éléphants de mer sont réputés pour les compétitions nuptiales auxquelles se livrent les mâles à grand renfort de borborygmes intimidants et de bagarres. Et les lamantins... Eh bien, les lamantins ne font pas grand-chose. Ces grandes différences dans un domaine aussi simple que les vocalisations, même chez des espèces étroitement apparentées, doivent se manifester dans leur cerveau, tout comme les différences que nous avons constatées entre le thylacine et le diable de Tasmanie. Ces différences nous aideront à comprendre ce que cela signifie d'être une otarie, un phoque ou un lamantin.

Sur le front canin, nous commençâmes à récupérer les cerveaux de coyotes euthanasiés auprès de l'installation dédiée aux prédateurs du département de l'Agriculture des États-Unis, dans l'Utah, qui gère la plus grande colonie de coyotes captifs en Amérique du Nord. J'ai des sentiments mitigés à l'égard de ces installations, mais les coyotes sont désormais omniprésents, même dans les environnements urbains, et il est nécessaire de comprendre leur psychologie et leur comportement si nous voulons parvenir à une coexistence pacifique. Dans la banlieue d'Atlanta où j'habite, un quartier a poussé le conseil municipal à autoriser la chasse au coyote dans les limites de la ville. Bien sûr, je suis contre de tels efforts. J'apprécie les cris et les hurlements plaintifs des coyotes la nuit, et j'espère vivement que les cerveaux que nous avons scannés éclairciront ce qui distingue les coyotes des chiens.

Même avec cette collection grandissante de cerveaux, nous ne faisons que gratter la surface. Presque toutes les recherches en neurosciences sont actuellement concentrées sur une poignée d'espèces. La recherche sur le cerveau humain est fondamentale pour comprendre des maladies comme Alzheimer et Parkinson, ainsi que des maladies mentales comme la schizophrénie et la dépression. La recherche sur les primates non humains, principalement des singes, était jusque récemment un domaine majeur de la recherche en neurosciences, mais la reconnaissance croissante de la sensibilité des primates a entraîné une diminution rapide du financement fédéral pour ce type de travail. À l'autre bout du spectre, des recherches sur les rats et les souris ont explosé. Ces espèces sont un élément clé de l'initiative fédérale de recherche sur le cerveau par le développement des neurotechnologies innovantes (BRAIN), qui vise à financer de nouvelles technologies telles que l'optogénétique, qui finiront par changer notre compréhension du cerveau humain.

Mais il y a beaucoup d'espèces entre les rats et les humains. Même en ne considérant que les mammifères : environ cinq mille. Pourquoi n'étudions-nous pas leur cerveau ?

La question apparaît d'autant plus urgente que les preuves de la disparition d'un grand nombre d'espèces à un rythme alarmant s'accumulent. Le *Living Planet Report* de 2016 publié par le WWF dresse un tableau particulièrement sombre[1]. La perte d'habitats, la surexploitation, la pollution, le développement d'espèces invasives et le changement climatique contribuent à produire ce que beaucoup considèrent désormais comme la sixième extinction de masse de l'histoire de la vie. Ces problèmes semblent accablants et il serait facile de baisser les bras et de penser que, faute d'une volonté politique et économique suffisante pour les affronter, ils sont insolubles.

Mais nous devons essayer.

Je partage fortement le point de vue du WWF selon lequel nous constituons « une seule planète ». La Terre n'est pas un jeu à somme nulle dans lequel l'humanité doit survivre aux dépens de tout le reste. Il suffit d'un léger changement de perspective pour comprendre que le bien-être de toutes les espèces est lié. La poursuite des pratiques non durables actuelles entraînera sans aucun doute l'extinction de nombreuses espèces. En fin de compte, l'espèce humaine souffrira elle aussi des changements climatiques, de la montée du niveau de la mer et des maladies émergentes.

Mon modeste rôle est de sensibiliser à la vie mentale des animaux avec qui nous partageons la planète.

Pour commencer, mes collègues et moi avons lancé « L'Arche des cerveaux » (http://brainark.org). Notre objectif est de répertorier et de décrire les cerveaux de la mégafaune de la Terre avant que ses membres ne disparaissent. L'Arche contiendra des reconstructions en trois dimensions des voies de la substance blanche de chaque espèce, pouvant être liées à des observations comportementales ou à des analyses écologiques. Les données seront suffisamment détaillées pour que nous puissions explorer virtuellement la manière dont les régions du cerveau sont connectées et ainsi répondre à des questions sur l'évolution du cerveau, ou comprendre comment sa structure est liée aux attributs spécifiques des espèces, tels que les relations prédateur-proie, leurs niches écologiques et les stratégies de recherche de la nourriture.

Le WWF estime que les deux tiers de la population de nombreuses espèces pourraient disparaître d'ici à 2020. Outre la catastrophe écologique que cela représente, des opportunités scientifiques inestimables risquent d'être perdues à jamais. Il est impératif de commencer le processus d'archivage pour toutes les espèces, en particulier la mégafaune, afin de pouvoir conserver les informations concernant leurs cerveaux avec la plus haute précision possible avec la technologie actuelle. Ces informations peuvent également contribuer aux efforts de conservation, en déterminant la manière dont les animaux s'adaptent à des environnements spécifiques, en particulier en cas de perte d'habitat.

Cela pourrait même contribuer à la défense des animaux, qui ne peuvent pas parler pour eux-mêmes.

NOTES BIBLIOGRAPHIQUES

Introduction

1. G. Berns, *How Dogs Love Us : A Neuroscientist and His Adopted Dog Decode the Canine Brain*, New York, New Harvest, 2013.

1. Qu'est-ce que ça fait d'être un chien ?

1. T. Nagel, « *What Is It Like to Be a Bat ?* », *Philosophical Review* 83, 1974, p. 435-450.

2. La dichotomie interne/externe de l'expérience subjective a été abordée longtemps avant l'essai de Nagel. Voir L. Wittgenstein, *Philosophical Investigations*, traduit par G. E. M. Anscombe, P. M. S. Hacker, et J. Schulte, 4e éd., West Sussex, UK, Wiley-Blackwell, 2009.

3. P. M. Churchland, « *Some Reductive Strategies in Cognitive Neurobiology* », *Mind* 95, 1986, p. 279-309 ; P. Godfrey-Smith, « *On Being an Octopus* », *Boston Review*, mai/juin 2013, p. 46-60.

4. Le lecteur averti se rend compte que le cerveau n'est pas un système linéaire et qu'il n'y a aucune garantie pour qu'on puisse le décrire simplement comme la somme de ses parties. Je pense par exemple au domaine du relief en photographie. Une photo est une représentation bidimensionnelle d'un objet ou d'un paysage. Si une seule photo ne donne pas une représentation complète de l'objet, il suffit d'ajouter une seconde image prise d'un point de

vue suffisamment éloigné pour obtenir une représentation plus fidèle. Les domaines mentaux sont peut-être des instantanés de l'esprit pris de différents points de vue.

5. J. E. LeDoux, « *Coming to Terms with Fear* », *Proceedings of the National Academy of Sciences of the United States of America* 111, 2014, p. 2871-2878.

6. A. M. Owen, M. R. Coleman, M. Boly, M. H. Davis, S. Lau- reys, et J. D. Pickard, « *Detecting Awareness in the Vegetative State* », *Science* 313, 2006, p. 1402.

7. K.N. Kay, T. Naselaris, R.J. Prenger, et J.L. Gallant, « *Identifying Natural Images from Human Brain Activity* », *Nature* 452, 2008, p. 352-356 ; S. Nishimoto, A. T. Vu, T. Naselaris, Y. Benjamini, B. Yu, et J. L. Gallant, « *Reconstructing Visual Experiences from Brain Activity Evoked by Natural Movies* », *Current Biology* 21, 2011, p. 1641-1646 ; T. Naselaris, C. A. Olman, D. E. Stansbury, K. Ugurbil, et J. L. Gallant, « *A Voxel-Wise Encoding Model for Early Visual Areas Decodes Mental Images of Remembered Scenes* », *NeuroImage* 105, 2015, p. 215-228.

2. Le test du Chamallow

1. K. Rubia, S. Overmeyer, E. Taylor, M. Brammer, S. C. R. Williams, A. Simmons, C. Andrew, et E. T. Bullmore, « *Functional Frontalisation with Age : Mapping Neurodevelopmental Trajectories with FMRI* », *Neuroscience Biobehavioral Reviews* 24, 2000, p. 13-19; A. R. Aron, T. E. Behrens, S. Smith, M. J. Frank, et R. A. Poldrack, « *Triangulating a Cognitive Control Network Using Diffusion-Weighted Magnetic Resonance Imaging (MRI) and Functional MRI* », *Journal of Neuroscience* 27, 2007, p. 3743-3752 ; A. Aron, T. W. Robbins, et R. A. Poldrack, « *Inhibition and the Right Inferior Frontal Cortex* », *Trends in Cognitive Sciences* 8, 2004, p. 170-177.

2. W. Mischel, Y. Shoda, et M. L. Rodriguez, « *Delay of Gratification in Children* », *Science* 244, 1989, p. 933-938.

3. B. J. Casey, L. H. Somerville, I. H. Gotlib, O. Ayduk, N. T. Franklin, M. K. Askren, J. Jonides, *et al.*, « *Behavioral and Neural Correlates of Delay of Gratification 40 Years Later* », *Proceedings of the National Academy of Sciences of the United States of America* 108, 2011, p. 14998-15003.

4. B. Milner, « *Effects of Different Brain Lesions on Card Sorting: The Role of the Frontal Lobes* », *Archives of Neurology* 9, 1963, p. 90-100 ; A. M. Owen, A. C. Roberts, J. R. Hodges, B. A. Summers, C. E. Polkey, et T. W. Robbins, « *Contrasting Mechanisms of Impaired Attentional Set-Shifting in Patients with Frontal Lobe Damage or Parkinson's Disease* », *Brain* 116, 1993, p. 1159-1175.

5. A. Diamond, et P. S. Goldman-Rakic, « *Comparison of Human Infants and Rhesus Monkeys on Piaget's AB Task: Evidence for Dependence on Dorsolateral Prefrontal Cortex* », *Experimental Brain Research* 74, 1989, p. 24-40.

6. E. L. MacLean, B. Hare, C. L. Nunn, E. Addessi, F. Amici, R. C. Anderson, F. Aureli, *et al.*, « *The Evolution of Self-Control* », *Proceedings of the National Academy of Sciences of the United States of America* 111, 2014, E2140-E2148.

3. Un cerveau, pour quoi faire ?

1. W. James, *The Principles of Psychology*, New York, Henry Holt, 1890 ; I. P. Pavlov, *Conditioned Reflexes*, Oxford, Oxford University Press, 1927 ; E. L. Thorndike, *Animal Intelligence*, New York, Macmillan, 1911 ; B. F. Skinner, *The Behavior of Organisms: An Experimental Analysis*, New York, Appleton-Century-Crofts, 1938.

2. A. Newell, et H. A. Simon, *Human Problem Solving*, New York, Prentice-Hall, 1972.

3. D. E. Rumelhart, J. L. McClelland, et PDP Research Group, *Parallel Distributed Processing: Explorations in the Microstructure of Cognition*, Cambridge, MA, MIT Press, 1986 ; P. S. Churchland, et T. J. Sejnowski, *The Computational Brain*, Cambridge, MA, MIT Press, 1992.

4. G. Jékeley, F. Keijzer, et P. Godfrey-Smith, « *An Option Space for Early Neural Evolution* », *Philosophical Transactions of the Royal Society B* 370, 2015, 2015.0181.

5. F. J. Varela, E. Thompson, et E. Rosch, *The Embodied Mind: Cognitive Science and Human Experience*, Cambridge, MA, MIT Press, 1991.

6. L. P. J. Selen, M. N. Shadlen, et D. M. Wolpert, « *Deliberation in the Motor System: Reflex Gains Track Evolving Evidence*

Leading to a Decision », *Journal of Neuroscience* 32, 2012, p. 2276-2286.

7. A. R. Damasio, *Descartes' Error : Emotion, Reason, and the Human Brain*, New York, G. P. Putnam, 1994.

8. N. Shubin, *Your Inner Fish : A Journey into the 3.5-Billion-Year History of the Human Body*, New York, Pantheon, 2008.

9. M. Ruta, J. Botha-Brink, S. A. Mitchell, et M. J. Benton, « *The Radiation of Cynodonts and the Ground Plan of Mammalian Morphological Diversity* », *Proceedings of the Royal Society of London B* 280, 2013, 2013.1865.

10. G. von Bonin, « *Brain-Weight and Body-Weight of Mammals* », *Journal of General Psychology* 16, 1937, p. 379-389 ; K. S. Lashley, « *Persistent Problems in the Evolution of Mind* », *Quarterly Review of Biology* 24, 1949, p. 28-42 ; L. Chittka, et J. Niven, « *Are Bigger Brains Better ?* », *Current Biology* 19, 2009, R995-R1008.

11. H. J. Jerison, *Evolution of the Brain and Intelligence*, New York, Academic, 1973.

12. G. Roth, et U. Dicke, « *Evolution of the Brain and Intelligence* », *Trends in Cognitive Sciences* 9, 2005, p. 250-257.

13. Par exemple, la surface d'une sphère est proportionnelle à r^2, où r est le rayon, tandis que le volume est proportionnel à r^3. L'aire est donc proportionnelle au volume 2/3.

14. T. W. Deacon, « *Rethinking Mammalian Brain Evolution* », *American Zoologist* 30, 1990, p. 629-705.

15. S'il existe des preuves que le régime alimentaire et l'exercice ont des effets positifs sur les fonctions cognitives, cela est probablement dû à la libération de facteurs de croissance neuronaux plus qu'aux changements de masse corporelle.

16. S. Herculano-Houzel, *The Human Advantage : A New Understanding of How Our Brain Became Remarkable*, Cambridge, MA, MIT Press, 2016.

17. B. L. Finlay, et R. B. Darlington, « *Linked Regularities in the Development and Evolution of Mammalian Brains* », *Science* 268, 1995, p. 1578-1584.

18. R. A. Barton, et P. H. Harvey, « *Mosaic Evolution of Brain Structure in Mammals* », *Nature Neuroscience* 405, 2000, p. 1055-1058.

19. H. J. Karten, « *Vertebrate Brains and Evolutionary Connectomics, On the Origins of the Mammalian "Neocortex"* », *Proceedings of the Royal Society of London B* 370, 2015, 2015.0060.

20. J. R. Krebs, D. F. Sherry, S. D. Healy, V. H. Perry, et A. L. Vaccarino, « *Hippocampal Specialization of Food-Storing Birds* », *Proceedings of the National Academy of Sciences of the United States of America* 86, 1989, p. 1388-1392.

21. K. Zhang, et T. J. Sejnowski, « *A Universal Scaling Law Between Gray Matter and White Matter of Cerebral Cortex* », *Proceedings of the National Academy of Sciences of the United States of America* 97, 2000, p. 5621-5626.

22. S. Seung, *Connectome : How the Brain's Wiring Makes Us Who We Are*, New York, Houghton Mifflin Harcourt, 2012.

23. S. Dehaene, *Consciousness and the Brain : Deciphering How the Brain Codes Our Thoughts*, New York, Penguin, 2014.

4. Des otaries épileptiques

1. T. M. Perl, L. Bedard, T. Kosatsky, E. C. D. Todd, et R. S. Remis, « *An Outbreak of Toxic Encephalopathy Caused by Eating Mussels Contaminated with Domoic Acid* », *New England Journal of Medicine* 322, 1990, p. 1775-1780.

2. H. Parfenova, S. Basuroy, S. Bhattacharya, D. Tcheranova, Y. Qu, R. F. Regan, et C. W. Leffler, « *Glutamate Induces Oxidative Stress and Apoptosis in Cerebral Vascular Endothelial Cells : Contributions of HO-1 and HO-2 to Cytoprotection* », *American Journal of Physiology-Cell Physiology* 290, 2006, C1399-C1410.

3. R. S. Teitelbaum, R. J. Zatorre, S. Carpenter, D. Gendron, A. C. Evans, et A. Gjedde, « *Neurologic Sequelae of Domoic Acid Intoxication Due to the Ingestion of Contaminated Mussels* », *New England Journal of Medicine* 322, 1990, p. 1781-1787.

4. S. S. Bates, C. J. Bird, A. S. W. de Freitas, R. Foxall, M. Gilgan, L. A. Hanic, G. R. Johnson, *et al.*, « *Pennate Diatom Nitzschia Pungens as the Primary Source of Domoic Acid, a Toxinin Shellfish from Eastern Prince Edward Island, Canada* », Canadian Journal of Fisheries and Aquatic Sciences 46, 1989, 1203-1215.

5. C. A. Scholin, F. Gulland, G. J. Doucette, S. Benson, M. Busman, F. P. Chavez, J. Cordaro, *et al.*, « *Mortality of Sea*

Lions Along the Central California Coast Linked to a Toxic Diatom Bloom », Nature 403, 2000, p. 80-84.

6. P. F. Cook, C. Reichmuth, A. A. Rouse, L. A. Libby, S. E. Dennison, O. T. Carmichael, K. T. Kruse-Elliott, *et al.*, « *Algal Toxin Impairs Sea Lion Memory and Hippocampal Connectivity, with Implications for Strandings* », *Science* 350, 2015, p. 1545-1547.

7. « *What Is Epilepsy* ? », Epilepsy Foundation, www.epilepsy.com/learn/epilepsy-101/what-epilepsy, consulté en mars 2016.

8. M. Costandi, « *Diagnosing Dostoyevsky's Epilepsy* », 2007, https://neurophilosophy.wordpress.com/2007/04/16/diagnosing-dostoyevskys-epilepsy, consulté en mars 2016

9. F. Dostoyevsky, *The Idiot*, 1868, Projet Gutenberg, 2012.

10. L. Bonilha, T. Nesland, G. U. Martz, J. E. Joseph, M. V. Spampinato, J. C. Edwards, et A. Tabesh, « *Medial Temporal Lobe Epilepsy Is Associated with Neuronal Fibre Loss and Paradoxical Increase in Structural Connectivity of Limbic Structures* », *Journal of Neurology, Neurosurgery and Psychiatry* 83, nº 9, 2012 ; V. Dinkelacker, R. Valabregue, L. Thivard, S. Lehéricy, M. Baulac, S. Samson, et S. Dupont, « *Hippocampal-Thalamic Wiring in Medial Temporal Lobe Epilepsy : Enhanced Connectivity Per Hippocampal Voxel* », *Epilepsia* 56, 2015, p. 1217-1226.

5. Rudiments

1. S. Pinker, *The Language Instinct*, New York, William Morrow, 1994.

2. R. J. Schusterman, et K. Krieger, « *California Sea Lions Are Capable of Semantic Representation* », *Psychological Record* 34, 1984, p. 3-23.

3. R. J. Schusterman, C. R. Kastak, et D. Kastak, « *The Cognitive Sea Lion : Meaning and Memory in the Laboratory and in Nature* », dans *The Cognitive Animal : Empirical and Theoretical Perspectives on Animal Cognition*, édité par M. Bekoff, C. Allen, et G. M. Burghardt, Cambridge, MA, MIT Press, 2002, p. 217-228.

4. Le langage présente bien d'autres aspects comme la grammaire, la syntaxe et la récursivité.

5. P. Kivy, « *Charles Darwin on Music* », *Journal of the American Musicological Society* 12, 1959, p. 42-48.

6. C. Darwin, *The Descent of Man, and Selection in Relation to Sex*, London, John Murray, 1871.

7. A. D. Patel, « *Musical Rhythm, Linguistic Rhythm, and Human Evolution* », *Music Perception : An Interdisciplinary Journal* 24, 2006, p. 99-104.

8. P. Cook, A. Rouse, M. Wilson, et C. Reichmuth, « *A California Sea Lion (Zalophus Californianus) Can Keep the Beat : Motor Entrainment to Rhythmic Auditory Stimuli in a Non Vocal Mimic* », *Journal of Comparative Psychology* 127, 2013, p. 412.

9. Voir « *Sea Lion Dances to "Boogie Wonderland"* » YouTube, posté le 2 avril 2013, https://www.youtube.com/watch?v=KUfRS m8NTZg ; « *Beat Keeping in a California Sea Lion* », YouTube, posté le 31 mars 2013, https://www.youtube.com/watch?v=6yS6qU_w3JQ.

10. M. Dhamala, G. Pagnoni, K. Wiesenfeld, C. F. Zink, M. Martin, et G. S. Berns, « *Neural Correlates of the Complexity of Rhythmic Finger Tapping* », *NeuroImage* 20, 2003, p. 918-926.

11. S. H. Fatemi, K. A. Aldinger, P. Ashwood, M. L. Bauman, C. D. Blaha, G. J. Blatt, A. Chauhan, *et al.*, « *Consensus Paper : Pathological Role of the Cerebellum in Autism* », *The Cerebellum* 11, 2012, p. 777-807.

12. A. A. Rouse, P. F. Cook, E. W. Large, et C. Reichmuth, « *Beat Keeping in a Sea Lion as Coupled Oscillation : Implications for Comparative Understanding of Human Rhythm* », *Frontiers in Neuroscience* 10, n° 257, 2016.

6. Peindre avec des sons

1. L. Marino, T. L. Murphy, A. L. DeWeerd, J. A. Morris, S. H. Ridgway, A. J. Fobbs, N. Humblot, et J. I. Johnson, « *Anatomy and Three-Dimensional Reconstructions of the Brain of a White Whale (Delphinapterus Leucas) from Magnetic Resonance Images* », *Anatomical Record* 262, 2001, p. 429-439 ; L. Marino, K. D. Sudheimer, D. A. Pabst, W. A. McLellan, D. Filsoof, et J. I. Johnson, « *Neuroanatomy of the Common Dolphin (Delphinus Delphis) as Revealed by Magnetic Resonance Imaging* », *Anatomical Record* 268, 2002, p. 411-429.

2. D. Reiss, et L. Marino, « *Mirror Self-Recognition in the Bottlenose Dolphin : A Case of Cognitive Convergence* »,

Proceedings of the National Academy of Sciences of the United States of America 98, 2001, p. 5937-5942.

3. H. H. A. Oelschlager, et J. S. Oelschlager, « *Brain* », dans *Encyclopedia of Marine Mammals*, édité par W. F. Perrin, B. Wursig, et J. G. M. Thewissen, Burlington, MA, Academic Press, 2009, p. 134-149.

4. A. S. Frankel, « *Sound Production* », dans *Encyclopedia of Marine Mammals*, édité par W. F. Perrin, B. Wursig, et J. G. M. Thewissen, Burlington, MA, Academic Press, 2009, p. 1056-1071.

5. W. W. L. Au, « *Echolocation* », dans *Encyclopedia of Marine Mammals*, édité par W. F. Perrin, B. Wursig, et J. G. M. Thewissen, Burlington, MA, Academic Press, 2009, p. 1056-1071.

6. V. V. Popov, T. F. Ladygina, et A. Y. Supin, « *Evoked Potentials of the Auditory Cortex of the Porpoise, Phocoena Phocoena* », *Journal of Comparative Physiology A* 158, 1986, p. 705-711 ; V. E. Sokolov, T. F. Ladygina, et A. Y. Supin, « *Localization of Sensory Zones in the Dolphin's Cerebral Cortex* », Doklady Akademy Nauk SSSR 202, 1972, p. 490-493 ; A. V. Revishchin, et L. J. Garey, « *The Thalamic Projection to the Sensory Neocortex of the Porpoise, Phocoena Phocoena* », *Journal of Anatomy* 169, 1990, p. 85-102.

7. Oelschlager et Oelschlager, « *Brain* ».

8. M. Kossl, J. C. Hechavarria, C. Voss, S. Macias, E. C. Mora, et M. Vater, « *Neural Maps for Target Range in the Auditory Cortex of Echolating Bats* », *Current Opinion in Neurobiology* 24, 2014, p. 68-75.

9. J. Parker, G. Tsagkogeorga, J. A. Cotton, Y. Liu, P. Provero, E. Stupka, et S. J. Rossiter, « *Genome-Wide Signatures of Convergent Evolution in Echolocating Mammals* », *Nature* 502, 2013, p. 228-231.

7. L'Âne de Buridan

1. M. Wells, « *In Search of the Buy Button* », *Forbes*, 1er septembre 2003, p. 62-70.

2. Vul dut finalement changer le titre de son papier pour quelque chose de plus sobre : voir E. Vul, C. Harris, P. Winkielman,

et H. Pashler, « *Puzzlingly High Correlations in fMRI Studies of Emotion, Personality, and Social Cognition* », *Perspectives on Psychological Science* 4, 2009, p. 274-290.

3. R. A. Poldrack, « *Can Cognitive Processes Be Inferred from Neuroimaging Data ?* », *Trends in Cognitive Sciences* 10, 2006, p. 59-63.

4. L. Barrett, « *Why Brains Are Not Computers, Why Behaviorism Is Not Satanism, and Why Dolphins Are Not Aquatic Apes* », *Behavior Analyst* 39, 2016, p. 9-23.

5. G. Berns, « *Dogs Are People, Too* », *New York Times*, 5 octobre 2013.

6. G. S. Berns, J. C. Chappelow, M. Cekic, C. F. Zink, G. Pagnoni, et M. E. Martin-Skurski, « *Neurobiological Substrates of Dread* », *Science* 312, 2006, p. 754-758.

7. R. J. Herrnstein, « *Relative and Absolute Strength of Response as a Function of Frequency of Reinforcement* », *Journal of the Experimental Analysis of Behavior* 4, 1961, p. 267-272.

8. Ce paradoxe remonte en fait au traité *Du ciel* d'Aristote.

9. M. Hauskeller, « *Why Buridan's Ass Doesn't Starve* », *Philosophy Now* 81, 2010, 9.

10. G. Loomes, et R. Sugden, « *Regret Theory : An Alternative Theory of Rational Choice Under Uncertainty* », *Economic Journal* 92, 1982, p. 805-824.

11. N. Camille, G. Coricelli, J. Sallet, P. Pradat-Diehl, J.-R. Duhamel, et A. Sirigu, « *The Involvement of the Orbitofrontal Cortex in the Experience of Regret* », *Science* 304, 2004, p. 1167-1170.

12. A. P. Steiner, et A. D. Redish, « *Behavioral and Neurophysiological Correlates of Regret in Rat Decision-Making on a Neuroeconomic Task* », *Nature Neuroscience* 17, 2014, p. 995-1002.

8. Parler aux animaux

1. J. Kaminski, J. Call, et J. Fischer, « *Word Learning in a Domestic Dog : Evidence for "Fast Mapping"* », *Science* 304, 2004, p. 1682-1683.

2. J. W. Pilley, et A. K. Reid, « *Border Collie Comprehends Object Names as Verbal Referents* », *Behavioural Processes* 86, 2011, p. 1641-1646.

3. S. Nishimoto, A. T. Vu, T. Naselaris, Y. Benjamini, B. Yu, et J. L. Gallant, « *Reconstructing Visual Experiences from Brain Activity Evoked by Natural Movies* », *Current Biology* 21, 2011, p. 1641-1646.

4. A. G. Huth, W. A. de Heer, T. L. Griffiths, F. E. Theunissen, et J. L. Gallant, « *Natural Speech Reveals the Semantic Maps That Tile Human Cerebral Cortex* », *Nature* 532, 2016, p. 453-458.

5. E. Van der Zee, H. Zulch, et D. Mills, « *Word Generalization by a Dog (Canis Familiaris) : Is Shape Important ?* », *PLoS ONE* 7, nº 11, 2012, e49382.

6. B. Landau, L. B. Smith, et S. S. Jones, « *The Importance of Shape in Early Lexical Learning* », *Cognitive Development* 3, 1988, p. 299-321.

7. P. Bloom, « *Can a Dog Learn a Word ?* », *Science* 304, 2004, p. 1605-1606.

8. S. Pinker, et R. Jackendoff, « *The Faculty of Language : What's Special About It ?* », *Cognition* 95, 2005, p. 201-236.

9. R. J. Schusterman, et K. Krieger, « *California Sea Lions Are Capable of Semantic Representation* », *Psychological Record* 34, 1984, p. 3-23.

10. J. C. Lilly, *Communication Between Man and Dolphin : The Possibilities of Talking with Other Species*, New York, Julian Press, 1978.

11. L. M. Herman, D. G. Richards, et J. P. Wolz, « *Comprehension of Sentences by Bottlenosed Dolphins* », *Cognition* 16, 1984, p. 129-219 ; L. M. Herman, S. A. Kuczaj, et M. D. Holder, « *Responses to Anomalous Gestural Sequences by a Language-Trained Dolphin : Evidence for Processing of Semantic Relations and SyntacticInformation* », *Journal of Experimental Psychology : General* 122, 1993, p. 184-194.

12. A. G. Huth, S. Nishimoto, A. T. Vu, et J. L. Gallant, « *A Continuous Semantic Space Describes the Representation of Thousands of Object and Action Categories Across the Human Brain* », *Neuron* 76, 2012, p. 1210-1224.

13. C. A. Muller, K. Schmitt, A. L. A. Barber, et L. Huber, « *Dogs Can Discriminate Emotional Expression of Human Faces* », *Current Biology* 25, 2015, p. 1-5.

14. C. G. Gross, C. E. Rocha-Miranda, et D. B. Bender, « *Visual Properties of Neurons in Inferotemporal Cortex of the Macaque* », *Journal of Neurophysiology* 35, 1972, p. 96-111 ; R. Desimone, T. D. Albright, C. G. Gross, et C. Bruce, « *Stimulus-Selective Properties of Inferior Temporal Neurons in the Macaque* », *Journal of Neuroscience* 4, 1984, p. 2051-2062 ; D. Y. Tsao, S. Moeller, et W. A. Freiwald, « *Comparing Face Patch Systems in Macaques and Humans* », *Proceedings of the National Academy of Sciences of the United States of America* 105, 2008, p. 19514-19519.

15. D. D. Dilks, P. A. Cook, S. K. Weiller, H. P. Berns, M. Spivak, et G. S. Berns, « *Awake fMRI Reveals a Specialized Region in Dog Temporal Cortex for Face Processing* », *PeerJ* 3, 2015, e1115.

16. L. V. Cuaya, R. Hernández-Pérez, et L. Concha, « *Our Faces in the Dog's Brain : Functional Imaging Reveals Temporal Cortex Activation During Perception of Human Faces* », *PLoS ONE* 11, n° 3, 2016, e0149431.

17. K. M. Kendrick, et B. A. Baldwin, « *Cells in Temporal Cortex of Conscious Sheep Can Respond Preferentially to the Sight of Faces* », *Science* 236, 1987, p. 448-450.

18. C. Nawroth, J. M. Brett, et A. G. McElligott, « *Goats Display Audience-Dependent Human-Directed Gazing Behaviour in a Problem-Solving Task* », *Biology Letters* 12, 2016, 20160283.

19. J. M. Marzluff, R. Miyaoka, S. Minoshima, et D. J. Cross, « *Brain Imaging Reveals Neuronal Circuitry Underlying the Crow's Perception of Human Faces* », *Proceedings of the National Academy of Sciences of the United States of America* 109, 2012, p. 15912-15917.

20. M. Coulon, B. L. Deputte, Y. Heyman, et C. Baudoin, « *Individual Recognition in Domestic Cattle (Bos Taurus) : Evidence from 2D Images of Heads from Different Breeds* », *PLoS ONE* 4, 2009, e4441.

21. J. M. Plotnick, F. B. M. de Waal, et D. Reiss, « *Self-Recognition in an Asian Elephant* », *Proceedings of the National Academy of Sciences of the United States of America* 103, 2006, p. 17053-17057.

22. S. G. Lomber, et P. Cornwell, « *Dogs, but Not Cats, Can Readily Recognize the Face of Their Handler* », *Journal of Vision* 5, 2005, 49.

23. T. Raettig, et S. A. Kotz, « *Auditory Processing of Different Types of Pseudo-Words : An Event-Related fMRI Study* », *NeuroImage* 39, 2008, p. 1420-1428.

24. C. Fellbaum, « *Wordnet and Wordnets* », dans *Encyclopedia of Language and Linguistics*, édité par K. Brown, Oxford, Elsevier, 2005, p. 665-670.

25. S. Waxman, X. Fu, S. Arunachalam, E. Leddon, K. Geraghty, et H. Song, « *Are Nouns Learned Before Verbs ?* », *Child Development Perspectives* 7, 2013, p. 155-159.

9. Une mort en Tasmanie

1. Cette histoire est reconstituée à partir des recherches de Robert Paddle. Voir R. Paddle, *The Last Tasmanian Tiger : The History and Extinction of the Thylacine*, Cambridge, Cambridge University Press, 2000.

2. « *Beauty and the Beast at the Hobart Zoo : Girl Whose Greatest Chum Is a Full-Grown Leopard* », Register News-Pictorial, 17 mai 1930, http://trove.nla.gov.au/newspaper /article/54241041.

3. S. R. Sleightholme, « *Confirmation of the Gender of the Last Captive Thylacine* », *Australian Zoologist* 35, 2011, p. 953-956.

4. « *Tasmanian Tiger / Thylacine Combined Footage* », YouTube, posté le 3 mai 2007, https://www.youtube.com/ watch?v=odswge 5onwY.

5. D. Quammen, *The Song of the Dodo : Island Biogeography in an Age of Extinctions*, New York, Scribner, 1996.

6. E. Guiler, et P. Godard, *Tasmanian Tiger : A Lesson to Be Learnt*, Perth, Australia, Abrolhos, 1998.

7. C. Wemmer, « *Opportunities Lost : Zoos and the Marsupial That Tried to Be a Wolf* », Zoo Biology 21, 2002, p. 1-4.

8. *Ibid.*

9. C. R. Campbell, « *The Thylacine Museum* », www.naturalworlds.org/thylacine/index.htm, consulté le 19 avril 2016.

10. E. R. Guiler, *Thylacine : The Tragedy of the Tasmanian Tiger*, Melbourne, Oxford University Press, 1985, p. 14.

11. *Ibid.*, p. 16.

12. *Ibid.*, p. 138.

13. *Ibid.*, p. 140

14. E. R. Guiler, et G. K. Meldrum, « *Suspected Sheep Killing by the Thylacine Thylacinus cynocephalus (Harris)* », *Australian Journal of Science* 20, 1958, 214, réimprimé dans Guiler, *Thylacine*, p. 141.

15. K. W. S. Ashwell, ed., *The Neurobiology of Australian Marsupials*, Cambridge, Cambridge University Press, 2010.

16. C. Bailey, *Lure of the Thylacine : True Stories and Legendary Tales of the Tasmanian Tiger*, Victoria, Australia, Echo Publishing, 2016.

10. Le tigre solitaire

1. US Department of Agriculture, « *Sheep and Lamb Predator and Nonpredator Death Loss in the United States* », 2015, USDA-APHIS-VS-CEAH-NAHMS.

2. B. Figueirido, et C. M. Janis, « *The Predatory Behaviour of the Thylacine: Tasmanian Tiger or Marsupial Wolf?* », *Biology Letters*, 2011, p. 937-940.

3. M. E. Jones, et D. M. Stoddart, « *Reconstruction of the Predatory Behaviour of the Extinct Marsupial Thylacine (Thylacinus cynocephalus)* », *Journal of Zoology* 246, 1998, p. 239-246.

4. W. Miller, D. I. Drautz, J. E. Janecka, A. M. Lesk, A. Ratan, L. P. Tomsho, M. Packard, *et al.*, « *The Mitochondrial Genome Sequence of the Tasmanian Tiger (Thylacinus cynocephalus)* », *Genome Research* 19, 2009, p. 213-220.

5. E. P. Murchison, C. Tovar, A. Hsu, H. S. Bender, P. Kheradpour, C. A. Rebbeck, D. Obendorf, *et al.*, « *The Tasmanian Devil Transcriptome Reveals Schwann Cell Origins of a Clonally Transmissible Cancer* », *Science* 327, 2010, p. 84-87.

6. C. Murgia, J. K. Pritchard, S. Y. Kim, A. Fassati, et R. A. Weiss, « *Clonal Origin and Evolution of a Transmissible Cancer* », *Cell* 126, 2006, p. 477-487.

7. Save the Tasmanian Devil, www.tassiedevil.com.au/tasdevil.nsf, consulté le 17 mai 2016.

8. T. D. Beeland, *The Secret World of Red Wolves : The Fight to Save North America's Other Wolf*, Chapel Hill, University of North Carolina Press, 2013.

9. La Smithsonian nous avait également prêté un cerveau de diable de Tasmanie préservé à la même époque que le thylacine, mais il avait rétréci lui aussi.

10. A. A. Abbie, « *The Excitable Cortex in Perameles, Sarcophilus, Dasyurus, Trichosurus and Wallabia (Macropus)* », *Journal of Comparative Neurology* 72, 1940, p. 469-487 ; L. Krubitzer, « *The Magnificent Compromise : Cortical Field Evolution in Mammals* », *Neuron* 56, 2007.

11. G. S. Berns, et K. W. S. Ashwell, « *Reconstruction of the Cortical Maps of the Tasmanian Tiger and Comparison to the Tasmanian Devil* », *PLoS ONE* 12, 2017, e0168993.

12. S. Wroe, C. McHenry, et J. Thomason, « *Bite Club : Comparative Bite Force in Big Biting Mammals and the Prediction of Predatory Behaviour in Fossil Taxa* », *Proceedings of the Royal Society of London B* 272, 2005, p. 619-625.

13. Cette section est basée sur N. Clements, *The Black War : Fear, Sex, and Resistance in Tasmania*, Queensland, Australia, University of Queensland Press, 2014.

14. *Ibid.*, p. 17.

15. *Ibid.*, p. 44-45.

16. *Ibid.*, p. 49.

17. *Ibid.*, p. 60.

18. *Ibid.*, p. 89.

19. E. R. Guiler, *Thylacine : The Tragedy of the Tasmanian Tiger*, Melbourne, Oxford University Press, 1985, p. 16.

20. Lee Jackson, « *Victorian Money : How Much Did Things Cost ?* », dans *Dictionary of Victorian London*, www.victorianlondon.org/finance/money.htm, consulté le 26 mai 2016.

21. Courriel personnel, 6 mai 2016.

22. C. Bailey, *Shadow of the Thylacine : One Man's Epic Search for the Tasmanian Tiger*, Victoria, Australia, Five Mile Press, 2013.

23. Les indications peuvent être trouvées auprès de Tastracks, http://tastracks.webs.com/southwest.htm#529486938, consulté le 2 juin 2016.

11. Le labo canin

1. « *Last Remaining Medical School to Use Live Animals for Training Makes Switch to Human-Relevant Methods* », *Physicians*

Committee for Responsible Medicine, June 30, 2016, https://www.pcrm.org/last_animal_lab, consulté le 22 juillet 2016.

2. J. Bentham, *The Principles of Morals and Legislation*, Amherst, Prometheus Books, 1988.

3. T. Cowan, « *The Animal Welfare Act : Background and Selected Animal Welfare Legislation* », Congressional Research Service, 2013.

4. United States Code, édition 2013, chapitre 54, « *Transportation, Sale, and Handling of Certain Animals* », https://www.gpo.gov/fdsys/pkg/USCODE-2013-title7/html/US CODE-2013-title7-chap54.htm.

5. W. M. S. Russell, et R. L. Burch, *The Principles of Humane Experimental Technique*, London, Methuen, 1959.

6. P. Singer, *Animal Liberation : The Definitive Classic of the Animal Movement*, New York, HarperCollins, 2009.

7. « *The Cambridge Declaration on Consciousness* », Francis Crick Memorial Conference, 7 juillet 2012, http://fcmconference.org/img/CambridgeDeclarationOnConsciousness.pdf, consulté le 3 août 2016.

8. « *Annual Report Animal Usage by Fiscal Year* », US Département of Agriculture, Animal and Plant Health Inspection Service, juin 2016, https://www.aphis.usda.gov/animal_welfare/down loads/7023/Annual-Reports-FY2015.pdf, consulté le 1er août 2016.

9. « *Questions and Answers About Biomedical Research* », Humane Society of the United States, n.d., www.humane society.org/issues/biomedical_research/qa/questions_answers.html; « *Mice and Rats in Laboratories* », People for the Ethical Treatment of Animals, n.d., www.peta.org /issues/animals-used-for-experimentation/animals- laboratories /mice-rats-laboratories, consulté le 1er août 2016.

10. H. Herzog, *Some We Love, Some We Hate, Some We Eat : Why It's So Hard to Think Straight About Animals*, New York, Harper, 2010.

11. M. Botvinick, et J. Cohen, « *Rubber Hands "Feel" Touch That Eyes See* », *Nature* 391, 1998, 756.

12. M. Wada, K. Takano, H. Ora, M. Ide, et K. Kansaku, « *The Rubber Tail Illusion as Evidence of Body Ownership in Mice* », *Journal of Neuroscience* 36, 2016, p. 11133-11137.

13. J. Greene, et J. Cohen, « *Forthe Law, Neuroscience Changes Nothing and Everything* », *Philosophical Transactions of the Royal Society B* 359, 2004, p. 1775-1785.

14. *Travis v. Murray*, Supreme Court New York County (NYSlip Op 23405, 42 Misc 3d 447), 2013.

15. *Rabideau v. City of Racine*, Supreme Court of Wisconsin (243 Wis 2d 486, 491, 627 NW2d, 795, 798), 2001.

16. A. Galante, R. Sinibaldi, A. Conti, C. De Luca, N. Catallo, P. Sebastiani, V. Pizzella, *et al.*, « *Fast Room Temperature Very Low Field-Magnetic Resonance Imaging System Compatible with Magnetoencephalography Environment* », *PLoS ONE* 10, 2015, e0142701.

17. Y. N. Harari, *Sapiens : A Brief History of Humankind*, New York, HarperCollins, 2015.

18. « *The Cost of Sequencing a Human Genome* », National Human Genome Research Institute, mis à jour le 6 juillet 2016, https://www.genome.gov/27565109/the-cost-of-sequencing-a-human-genome, consulté le 30 juillet 2016.

19. Yuval Harari qualifie la future espèce d'*Homo deus*, mais je ne supporte pas l'idée de dire de qui que ce soit qu'il est semblable à un dieu. Voir Y. N. Harari, *Homo Deus : A Brief History of Tomorrow*, New York, HarperCollins, 2017.

ÉPILOGUE

1. *Living Planet Report 2016 : Risk and Resilience in a New Era*, Gland, Switzerland, WWF International, 2016.

REMERCIEMENTS

D'abord les chiens. Ce qui a commencé avec deux chiens en 2011 a fini par dépasser les trente participants. Sans eux et la passion de leurs maîtres, rien de tout cela n'aurait été possible. Merci à Barrington (Bob Weber), Bhubo (Ashwin Sakhardande), Dixie (Alexandria Andrews), Eli (Lindsay Fetters), Gemini (Sami Griffth), Huxley (Melanie Pincus), King Tubby (Leah Dawson), Koda et Zula (Cathy Siler), Mason (Chris Mc Namara), Mauja (Rebecca Beasley), McKenzie (Melissa Cate), Myrtle (Carrol Farren), Nelson (Jeff Petermann), Ninja (Sairina Merino Tsui), Nook (Van Nguyen), Obi (Liz Diaz), Oliver (Yusuf Uddin), Sierra (Diana Bush), Sophie (Rachel Purcell), Tigger (Aliza Levenson) et Wil (Emily Chapman).

Certains chiens ont été exceptionnels et ont participé à de multiples expériences. Merci donc à Caylin (Lorrie Backer), Edmond (Marianne Ferraro), Jack (Cindy Keen), Kady (Patricia King), Libby (Claire Pearce Mancebo), Ohana (Cecilia Kurland), Ozzie (Patti Rudi), Pearl (Vicki D'Amico), Stella (Nicole Zitron), Tallulah (Anna et Cory Inman), Truffles (Diana Delatour), Tug (Jessa Fagan), Velcro (Lisa Tallant), et Zen (Darlene Coyne).

Sur le plan humain du Projet chien, Mark Spivak a prodigué ses conseils avisés à chaque instant de la formation des chiens. C'est aussi un bon ami et un bon partenaire commercial dans nos efforts pour utiliser les neurosciences afin d'améliorer la formation des chiens d'assistance, à Dog Star Technologies. Marian Scopa, en plus d'élever des chiots, nous a aidés à nous organiser. Andrew Brooks est associé au projet depuis sa création. Andrew a fait les premières expériences sur les chiens et a élaboré une grande partie du pipeline d'analyse que nous continuons d'utiliser. Ashley Prichard est la dernière venue au laboratoire, mais elle a déjà apporté ses propres idées pour faire avancer le projet. Elle a réalisé l'expérience mot-objet.

Je dois des remerciements spéciaux à Peter Cook. Plus que quiconque, il m'a ouvert les yeux sur la vie mentale des autres animaux. C'est Peter qui a proposé d'utiliser la DTI chez d'autres espèces et cette idée a modifié la trajectoire de la recherche en laboratoire. Peter est l'un de ces individus uniques, qui possède des connaissances sur un large éventail de sujets autres que la science, et cela nourrit tout ce qu'il fait. Lui aussi a progressé dans sa propre carrière universitaire et nos conversations philosophiques sur les esprits animaux me manqueront. Mais je continuerai à utiliser sa boussole morale quand la mienne partira à la dérive.

Beaucoup de gens ont rendu les projets DTI possibles. Karla Miller a partagé ses séquences IRM. Frances Gulland s'est chargée de l'expédition des cerveaux de pinnipèdes, tandis que Colleen Reichmuth a partagé ses connaissances sur leur comportement. Toutes deux furent des hôtes formidables quand je leur ai rendu visite. Lori Marino m'a indiqué sa collection de cerveaux de cétacés. Pour les marsupiaux, je remercie Ester Langan et Darrin Lunde de la Smithsonian Institution, Ken Ashwell de l'université de

New South Wales (UNSW), Marco Gruwel du laboratoire d'imagerie des ressources biologiques de l'UNSW, Sandy Ingleby de l'Australian Museum, Michael Archer à UNSW, Stephen Sleightholme, Col Bailey, Nicholas Clements, Kathryn Medlock au Tasmanian Museum and Art Gallery, et Carolyn Hogg du projet Save the Tasmanian Devil.

Quelques personnes ont eu la patience de lire les premières versions de ce livre. C'est une tâche ingrate, et, pour le faire correctement, il faut du tact et une appréciation délicate du fragile ego des écrivains. Merci à Peter Cook, Lori Marino, Julia Haas et Kathleen Berns. James Levine, de l'agence littéraire Levine-Greenberg-Rostan, a été un guide avisé et un ardent défenseur de ce projet. Il m'a placé dans les mains de TJ Kelleher à Basic Books. TJ a été le meilleur éditeur que je pouvais espérer, me poussant là où je devais être poussé.

Enfin, comme toujours, un merci particulier à ma femme, Kathleen, et à mes enfants, Helen et Maddy, pour leur patience et leur soutien à travers un énième « dernier livre que j'écrirais de toute ma vie ». Helen a pris de nombreuses photos pour le Projet chien, et Maddy a réalisé le site Web de l'Arche des cerveaux.

Cet ouvrage a été composé et mis en page
IGS-CP à L'Isle-d'Espagnac (16)

Imprimé en France par
CPI Bussière
en décembre 2021
N° d'impression : 2060331